高等学校
计算机类专业学术前沿系列

Software Defined Network:
Architecture, Theory and
Method

软件定义网络：

结构、原理与方法

胡 亮 付 韬 车喜龙　编著

高等教育出版社·北京

内容提要

　　软件定义网络（software defined network，SDN）将传统网络中的控制功能集中到全局决策的控制器，广泛应用于数据中心网络、广域网络和无线网络，极大提高了网络性能和管理效率。本书在综合分析与总结当前国内外较为权威的 SDN 专业论著、学术论文、技术指南等基础上，全面剖析软件定义网络的系统结构、基础原理与关键方法，并融入作者在该领域的研究内容和心得体会，汇总了数据中心网络、网络虚拟化等场景下的应用实践经验。

　　本书内容广泛，在凝练技术思想过程中突出结构、原理与方法的阐述，对相关专业高校本科生与研究生、计算机网络领域的软硬件研发人员、运营管理人员以及对 SDN 技术感兴趣的读者都具有较高的参考价值。

图书在版编目（ＣＩＰ）数据

　　软件定义网络：结构、原理与方法 / 胡亮，付韬，车喜龙编著. --北京：高等教育出版社，2018.12
　　ISBN 978-7-04-050684-6

　　Ⅰ．①软… Ⅱ．①胡… ②付… ③车… Ⅲ．①计算机网络-研究 Ⅳ．①TP393

　　中国版本图书馆 CIP 数据核字（2018）第 226086 号

策划编辑	刘 茜	责任编辑	刘 茜	封面设计	王 鹏	版式设计	徐艳妮
插图绘制	于 博	责任校对	刘丽娴	责任印制	田 甜		

出版发行	高等教育出版社	网　　址	http://www.hep.edu.cn
社　　址	北京市西城区德外大街 4 号		http://www.hep.com.cn
邮政编码	100120	网上订购	http://www.hepmall.com.cn
印　　刷	北京宏伟双华印刷有限公司		http://www.hepmall.com
开　　本	850mm×1168mm　1/16		http://www.hepmall.cn
印　　张	14.75		
字　　数	310 千字	版　　次	2018 年 12 月第 1 版
购书热线	010-58581118	印　　次	2018 年 12 月第 1 次印刷
咨询电话	400-810-0598	定　　价	34.00 元

　　计算机网络是计算机科学的核心领域，构成了云计算、大数据等新的科技热点的物理设施基础。因特网的出现使得信息和数据真正变成了社会可以随时取用的资源，极大地推进了信息化时代的社会发展，网络的研究与发展永远处在进行时。

　　在传统网络体系架构获得巨大成功之后，可以看到网络服务如雨后春笋般出现，极大地丰富了人们的生活，然而，成功的商业化使得传统网络的创新相对滞后。学术界早就针对互联网络的改革进行了大量的研究。

　　然而受制于多种因素，早期的网络改进方案并没有对网络产业界产生实质的影响。进入21世纪以来，综合技术水平的提高使得芯片计算能力提高、出现 TCAM 存储、传输介质稳定性更好，种种条件的改善使得应用更加智能的网络设备设计方案成为可能。在这些客观条件下，软件定义网络的出现恰逢其时，突出的特性使其很快获得了产业界的采纳。软件定义网络的焦点在于构建开放的网络环境、集中的网络操作系统和标准化的资源交换，这依托于数控分离、可编程性等特征，使得网络的管控模型发生了本质的重构，最终下一代网络将具备良好的开放性和透明性。如今，软件定义网络已经从一个学术研究领域，变成了下一代网络的必备技术。这意味着未来的云数据中心网络、高速骨干网络，甚至是物联网都可使用软件定义网络技术实现智能化的管理。

　　数据中心的软件定义网络已经创造了瞩目的成果，促进了网络资源的优化。高速骨干网和无线网络的软件定义化尚在进行中，也出现了众多极具创意的典型案例。最终，网络的改善将变成优化的应用服务和更好的用户体验。

　　目前，国内阐述软件定义网络及相关技术的文献十分丰富，但有些没有在全面性和纵深性上取得很好的平衡，过于关注某些解决方案或大量列举技术都会使读者难以把握软件定义网络这一新兴领域。《软件定义网络：结构、原理与方法》是胡亮教授及其所领导的团队在研究众多国内外软件定义网络学术文献、企业产品的基础上编写的专门著作，融入了该团队近些年在此领域的最新研究成果。该书对软件定义网络的概念、体系结构、软件定义网络操作系统、软件定义网络的性能模型、控制器优化、采用软件定义网络实现的网络虚拟化、无线软件定义网络等方面进行了专门的论述，兼顾了纵深性和全面性，是目前国内针对软件定义网络的专门著作中颇具特色的一部。该书的工作坚持追踪国际最新动态，包含了大量原创性的成果，具有很强的参考价值，对中国相关领域的教学和研究具有一定的促进作用。

郭斯清

美国得克萨斯大学达拉斯分校
计算机科学系、计算机工程系、电信工程系教授
2018 年 6 月 8 日 于美国

　　软件定义网络是近几年出现的新型网络，在学术界和产业界都产生了广泛的影响，软件定义网络方向的代表性文章*OpenFlow: enabling innovation in campus networks*最高被引量达5 971次（谷歌学术2017年6月），而CISCO、华为、爱立信、IBM、HP等厂商的广泛参与也让软件定义网络市场价值日益增大。随着软件定义网络技术在数据中心网络、广域网、骨干网、物联网、无线网等场景中的大量研究及应用，该技术已经成为未来网络的关键技术之一。其数控分离、提供可编程性、全局视野、面向数据流的管理、实现网络透明性等特征为网络管理带来了极大的方便，促进了计算机网络的开放与标准化进程，为网络管理技术带来了一次新的变革。

　　作为计算机网络领域的新热点，目前软件定义网络具有不断提升的新特性、广泛的应用领域、门类众多的企业级产品和开源产品，为了解软件定义网络的读者带来了一定的入门难度。自笔者关注该技术的学术、产业进展以来，注意到存在着各具特色的相关著作，有些侧重于探索软件定义网络的定义与特征，有些侧重于介绍前沿产品，有些侧重于给出该技术在具体场景中的应用等。软件定义网络至今仍在不断改进，本书在总结国内外工作的基础上对软件定义网络进行了解读。面向学习软件定义网络的相关知识的读者，本书涵盖了软件定义网络的全面内容，针对国内外的多个权威定义进行了讨论，读者可以通过这一讨论理解软件定义网络的演化过程，通过典型案例增进读者的理解，对相关定义和架构进行了总结和讨论，帮助读者更好地理解这一网络新兴领域。

　　作为计算机网络的一项新技术，软件定义网络的学习过程中需要具备一定的计算机网络基础，从而更好地理解数据平面设备的工作原理、控制平面的基本功能和应用平面的各项要素。在具备网络基础的条件下，读者能够从本书全面地学习软件定义网络的理念、典型系统、软件及丰富的应用场景。

　　本书的知识体系较为全面，在具体的章节中挑选典型案例以便读者理解，涉及的各种项目的详细信息可以从相应官网上获得，这些项目依然在不停地更新和发展。本书第1章详细分析了软件定义网络这一概念的形成过程，对比、讨论了多份国内外著作的相关论述，在讨论中辨明该领域的核心特征；第2章对软件定义网络的整体架构进行分层介绍，按层次列举了有重要影响力的代表性项目；第3章归纳了网络架构中控制器的典型架构，帮助读者更好地理解整个软件定义网络的控制中心；在了解控制器架构的基础上，本书第4章围绕网络性能这一关键问题阐述了网络性能模型与控制器性能模型；第5章以分布式控制器为基础，探讨了一些控制器优化研究问题；网络虚拟化是与软件定义网络深度耦合的下一代网络技术，软件定义网络的可编程性对实现网络虚拟化有着重要的作用，因此第6章系统地讨论了网络虚拟化问题；近些年物联网及无线网络的发展也十分迅猛，大量无线通信环境中引入软件定义网络实现面向数据流的调度优化，第 7 章总结了无线软件定义网络的几类典型应用场景；最后，本书给出了软件定义网络实现网络管理功能的实例。

软件定义网络是一个朝气蓬勃的领域，相关各种标准化协议、科研进展和代表产品仍在不断推陈出新，整个领域尚处在完善的时期。本书将在后续的版本中不断剔除糟粕、吸取精华，不当之处欢迎读者提出宝贵意见。

本专著（《软件定义网络：结构、原理与方法》）相关研究获得多个科技项目资助，包含国家重点研发专项（2017YFA0604500），国家科技支撑项目（2014BAH02F00），国家自然科学基金项目（61701190），吉林省青年科学基金项目（20160520011JH & 20180520021JH），吉林省中青年科技创新领军人才及团队项目（20170519017JH），吉林省省校共建示范项目（SXGJSF2017-4），吉林省重点科技研发项目（20180201103GX）。

胡　亮

2018 年 6 月 1 日

于长春　吉林大学

第1章 软件定义网络概论

软件定义网络（software defined network，SDN）自提出以来获得了学术界和工业界的广泛支持。随着重要的南向接口如 OpenFlow 的提出，诸多成熟的产品和技术不断涌现，软件定义网络的概念不断进化，从早期实现控制平面和数据平面分离的简单架构，到今日囊括了各种网络操作系统及服务的三层架构，相信随着研究的深入，SDN 会不断增加新的特性并对产业产生更大的影响。

SDN 是一个难以用一个概念、一个原型甚至是一本书来定义的问题。SDN 能与传统网络兼容，这说明在 SDN 中依然保留传统网络的一些功能与特征；然而 SDN 又能够以其数控分离和可编程的特性实现传统网络难以实现的工作。SDN 中的"软件定义"到底体现在哪些方面？是可编程性的直观体现？还是说明应用层软件在整个网络中的作用？亦或是集中控制平面的另一种描述方式？

在介绍 SDN 的概念后，本书将介绍 SDN 当下的体系结构，其中各部分都会以独立小节来讲解。当下的 SDN 领域呈现百家争鸣的盛况：从数据平面、控制平面到应用平面都存在各种不同的技术解决方案及其原型系统。这些工作难以穷举，为此本书选出其中最具代表性的一部分进行了细致的介绍，重点在于通过某一层的具体案例让读者理解 SDN 特性在这一层的体现，而非完整罗列该技术所有细节，继而探究了 SDN 控制系统的模型，并对 SDN 性能进行了建模。

最后，本书将结合几个重要的应用场景介绍 SDN 的产业价值，包括网络虚拟化、数据中心网络管理、入侵检测系统等。

1.1 SDN 背景

计算机网络是人类最伟大的发明之一，进入 21 世纪以来，互联网的广泛存在已经使得世界进入到一个数字化的时代，近年来火热的云计算、物联网、大数据等前沿领域也离不开网络的支撑，这无疑证明网络在人类社会中扮演越来越重要的角色。虽然网络在人们的生活中已经得到广泛使用，但是国内外网络研究人员一直在寻求更好的网络体系架构。

早期的网络中，控制平面和数据平面捆绑在一起，受限于硬件条件，网络遵循着边缘智能、中心简单的设计理念，最终使得传统网络既难以根据预先定义好的策略配置网络，也难以实时地响应故障、负载和变化来对网络配置进行动态地调整。出于利润最大化的需要，网络设备开发商将网络设备内部的实现对使用者保密，少数厂商提供了专门的硬件、操作系统、控制程序和网络应用的专有解决方案，使得网络设备的软硬件绑定使用并将网络设备变成了一个"黑盒"。不同厂商的设备之间使用的算法和协议难以良好地整合，通常大规模组网时只能选择在同一厂商的产品体系内部做业务对接或管理。

　　路由器和交换机内运行的分布式控制和网络传输协议是整个网络中最关键的技术，它们的工作直接决定数据包转发的正确性和效率。这些协议和技术标准在早期网络的建立和推广中发挥过积极的作用，但在性能与硬件成本之间的取舍决定了传统网络在当今是差强人意的信息传输方案。传统网络转发设备只支持生产厂商预装的功能，网络管理员为了必需的高级网络策略，往往要受限于设备供应商设计的命令，分别配置每个独立的网络设备，这种方式越来越难以适应随机出现的网络故障和网络变化。同时，难以穷举的应用在客户端/服务器模式、浏览器/服务器模式、云计算、大数据环境下不断出现于网络终端，极大地丰富了人们可以使用的服务，但这一现象没有出现在构成网络的节点上，路由器和交换机的应用创新远远落后于应用的爆炸增长。

　　计算机网络按照功能可以从逻辑上分成数据平面、控制平面和管理平面（如图 1-1 所示）。控制平面以路由协议和路由表的形式决定如何处理网络流量，数据平面根据路由转发表转发数据流，控制平面可选策略的受限降低了网络的灵活性。传统网络不经验证就使用新协议和算法会导致难以预估的经济损失，然而使用模拟网络环境去验证网络新协议并不完善，因此整个网络的创新与改革严重滞后于网络服务的发展。最终，传统网络的建设资本和运维开支居高不下，严重制约网络的进一步发展。

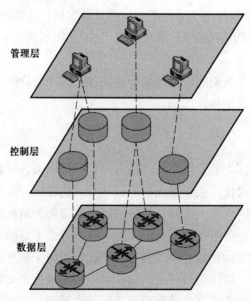

图 1-1　计算机网络逻辑分层

管理平面一般由网络设备生产商配套提供，包括软件服务，例如以简单网络管理协议（simple network management protocol，SNMP）为基础的工具等，它们用于实现远程监视、配置和控制的功能。网络策略由应用平面来定义，控制平面执行这些策略并且数据平面通过相对应地转发数据实现它，在传统的 IP 网络中每个设备只有有限的网络信息，因此整个网络中控制结构是高度分散的，策略的执行也难以保证最优。早期互联网遵循这种设计保证了网络的弹性，用较少的硬件资源达到了设计目标。事实上，这种方法当年被证明是相当有效的，在网络链路速率快速增加和端口密度急速增大的情况下有很好的表现。然而，与优点相伴的结果就是把网络变成了一个非常复杂和相对静态的结构。这也是传统网络采用刚性管理和控制的根本原因，使得网络管理员的工作变得更加复杂。因特网未来需要由多个独立的、软件控制的子区域构成[1]，需要快速响应网络业务的变化，互联网的发展、多种创新项目的合作和对大规模网络实验的需求导致新型网络必须打破传统网络的结构、原理与方法。

在当今的网络中，网络错误配置和由此衍生的执行错误是相当常见的，可以说人为失误是网络搭建环节中最大的不稳定来源，尤其是一个人处理成百上千设备的时候。例如，在边界网关协议（border gateway protocol，BGP）路由器端可以观察到一千多种配置错误。事实上，虽然少见但一个错误配置的路由器能够破坏整个网络的正常运行长达数小时。网络运营商必须雇佣人数众多的团队，不断购买新的运维软件，安装大量专门组件和中间件，不停处理软硬件故障，建设和维护一个网络基础设施的运营成本是巨大的，这成了改进网络的最大动力来源。综上，网络的实际运营者最看重的网络新特性如下。

① 自动重新配置机制。

② 动态环境中网络策略的灵活部署。

软件定义网络（software defined networking，SDN）[2]是一种新兴的网络管理模式，有望改变传统网络的缺点、打破当前的网络基础设施的限制。公认的特性是通过开放的协议分离控制逻辑和转发设备，集中网络控制并实现网络编程性。这种分离被称作数控分离，它将网络策略定义与其在底层硬件上的实现分离开来；在数据转发方面，实现了数据流管理的灵活性，剥离了复杂的网络控制计算，仅保留易于处理的转发部分，SDN 更易创建和引入新的抽象，简化网络管理。控制逻辑由一个逻辑上集中的控制器（或网络操作系统）实施，简化了策略执行和网络配置。这种架构如图 1-2 所示。需要强调的是，一个逻辑上集中的编程模型并不意味着在物理上的控制器是一个集中式系统。事实上 SDN 的顺利运行需要保证控制器的高性能、可扩展性和可靠性，这也是 SDN 控制平面亟待解决的问题。处理海量底层设备请求是目前 SDN 控制器的性能瓶颈，目前比较主流的思路是通过分布式控制器或配有 GPU 的单节点控制器来实现请求处理速度的提升[3]。企业级的 SDN 网络设计多采用物理分布式控制平面。

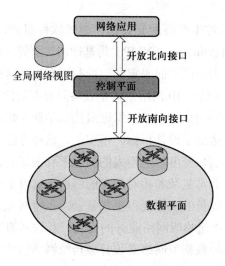

图 1-2   SDN 简化架构

控制器从定义良好的应用程序编程接口（application programming interface，API）直接控制数据平面单元的状态，如图 1-2 所示，这样的 API 称之为南向接口协议，这类 SDN 中的 API 最典型的例子是 OpenFlow[4]。虽然目前 SDN 在架构上只是一个不大的改动，没有增加新的平面或改变整个网络的结构，但却带来了许多至关重要的好处，本书后续将从各个层次、具体应用场景来说明 SDN 对于计算机网络的巨大推进作用。

采用 SDN 的重要结果是实现了网络策略的定义、策略在转发设备硬件上的实现和数据的转发行为之间的分离（这表现为当前的三层架构，具体见第 2 章）。SDN 最开始仅仅作为学术实验进行研究，在过去的几年里这些技术显著牵引行业的发展。商用交换机的大多数供应商已经在他们的设备中增加 OpenFlow 的 API。国内外的大公司起初对部署 SDN 技术持保留态度，毕竟改变现有架构会带来很大的风险。2012 年，谷歌在 SDN 商用化中起到关键作用，迈出了大规模使用 OpenFlow 的第一步，在其示范下大批公司开始使用 SDN 技术优化数据中心网络，浪潮、腾讯、百度等公司都积极将 SDN 技术应用于数据中心的智能化管理。2015 年，成熟的软件定义广域网获得业界的认可，使得 SDN 的影响力更加深远。学术界一直热心于将 SDN 应用于无线网络甚至是物联网，相信不久的将来 SDN 组件将成为无线传感器的必备模块。截至 2017 年，SDN 的市场已经由初期的创业型公司为主演变为众多传统大型厂商共同参与的局面，SDN 的商业前景和重要地位已经得到了巩固。在国外，Facebook、雅虎、微软、Verizon、德国电信、开放网络基金会（ONF）等企业和标准化组织共同参与推广和采用 SDN；在国内，华为、中兴、盛科等厂商积极在 SDN 产业中布局。据统计，从 2006 年至 2015 年，我国企业在 SDN 领域累计申请专利 1 252 项，获得的专利数仅次于美国，大于欧洲的 200 项。专利涉及回传网络、接入网、城域网、家庭网络、核心网、数据中心等典型网络，影响力日渐扩大。在前沿领域，欧洲通信卫星公司与欧空局、西班牙空客防务与空间公司设计了世界第一颗软件定义通信卫星，通过软件定义技术实现了通信功能的灵活控制，相信在未来卫星网络中 SDN 也将发挥更大的作用。

谷歌公司已部署了一个互连世界各地数据中心的、使用 SDN 技术管理的网络。该网络已经部署了三年，SDN 帮助公司提高运营效率和显著降低成本[5]。VMware 的网络虚拟化平台 NSX 是另一个例子，它是一个商业解决方案，完全是根据 SDN 原则提供了一个功能齐全的网络软件、配置独立的基础网络设备。SDN 实现逻辑上的集中控制有如下优点。

① 针对低级别的设备设计特有的配置，通过高级语言和软件组件来修改网络策略更简单。

② 节省了人力成本，更少的运维人员，更高的管理效率。

③ 控制程序能自动针对网络状态随机性的改变作出反应，从而保持高级别策略不变。

④ 随着控制器获得网络状态的全局知识，控制器的控制逻辑的集中简化了更先进的网络功能、服务和应用的开发。

⑤ 通过集中的应用和策略更新避免人为失误，提高网络运维效率。

⑥ 开放了网络市场的业务组合，使得创业公司具有了与传统网络设备供应商竞争的能力，促进了创新型企业的大量出现。

SDN 的出现也有利于在网络中分层构建策略规范，如图 1-3 所示，策略规范被网络应用程序用来表达所需的网络行为，通过虚拟化解决方案以及网络的编程语言可以让控制器变成整个网络的操作系统，向网络运维人员屏蔽底层资源使用细节。从而类似于操作系统在计算机中的作用，将网络功能的综合策略以一个简化的、抽象的描述来编辑，最终通过编译器转化成可直接在 SDN 控制器中显示的全局网络视图中各设备的物理配置。图 1-4 对比了传统网络与 SDN 架构的区别，传统网络中的设备相互独立，看不到提供全局视图的接口或统一管理的有效方法。与之相反，SDN 控制器成为应用与底层设备之间的桥梁，可以方便地实现底层信息的采集和上层策略的下发。

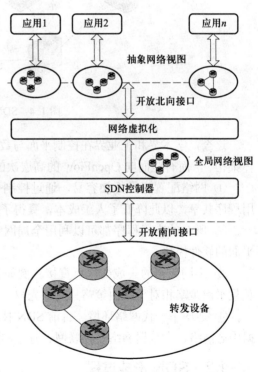

图 1-3　SDN 各层通过开放协议交互

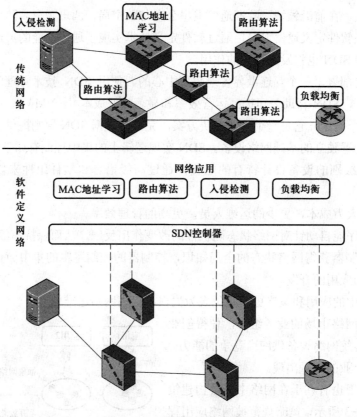

图 1-4　SDN 与传统网络对比

迄今，学术界和工业界在控制平面与数据平面上已经取得大量成果：有些涉及 SDN 具体架构[2]，而有些面向 OpenFlow 的高层次的网络服务。总的来说，SDN 具有几个优点。

① 网络配置变得更加容易，通过控制平台和网络的编程语言提供的抽象可以被所有应用程序共享，以此降低了人工成本，赢得了时间效益。

② 所有的应用程序都可以利用全局网络视图，在实现一致和有效的决策同时重用控制平面的软件模块。

③ 不同应用的集成变得更直接。例如负载平衡和路由应用可以按顺序进行组合，其中负载平衡策略相对于路由策略具有优先权。

④ 适应下一代网络环境。目前 SDN 技术已经成为网络中的关键技术之一，在云计算数据中心网络、大数据网络、物联网、骨干网络、天地一体化信息网络中都有大量的应用。

1.2　SDN 形成过程

尽管 SDN 本身是一个相当新的概念，但与 SDN 的思想类似的工作在整个网络研究的过程中已开展了较长的时间[7]，本书认为 SDN 是网络"操作系统化"的发展结果。特别是有些工作建立在可编程的网络上（如主动工作网络，可编程 ATM 网络等）。

类似地，数据平面的可编程性研究有着悠久的历史。主动网络的主要思想是让每个节点具备执行计算或修改数据包内容的能力。为此，主动网络提出了可编程的转发设备和封装，这意味着不改变现有的分组数据包或信元的格式。它假定转发设备支持下载关于如何处理数据包的具体说明的程序。第二种方法则建议数据报文本身应更换成开销更小的格式，这些方案都封装在传输帧中并在沿其路径的每个节点执行。对分离数据和控制信令的研究工作最早可以追溯到 20 世纪 80 年代和 90 年代。网络控制协议（network control protocol，NCP）[2]的研究可能是第一次尝试独立的控制平面和数据平面。NCP 由 AT&T 提出以改善其电话网络的管理和控制。这一变化加快了网络的创新步伐并提供了提高其效率的新手段，效率的提高是通过采用 NCP 提供的网络全局视野实现的。类似地，其他的工作如 Tempest、ForCES、RCP 和 PCE 提出了采用控制平面和数据平面分离的方案改进 ATM、以太网、BGP 和多协议标签交换（multiprotocol label switching，MPLS）网络的管理。

上述工作的思想具有一定的超前性，受制于当时的客观条件（如硬件性能、软件服务需求等），没有获得大规模的应用。近些年来，开放协议的技术方案通过提出标准化的可编程接口实现分离控制和数据的目标，在此基础上实现可编程性。ForCES、OpenFlow 以及 POF 代表近些年来设计和部署可编程数据平面设备的新方案。与主动网络不同的是，这些新方案基本上是靠修改转发设备使之支持数据流流表，通过远程实体添加、删除或更新数据流流表记录。这种方案顺应了计算机软硬件性能的提高，同时只少量修改转发设备，这一特点使它们不仅在网络研究界具有吸引力，而且在网络产业界也受到极大重视。支持 OpenFlow 协议的网络底层转发设备可以很容易地与传统的以太网设备共存，从而在现有网络的基础上获得下一代网络所需的众多特征。

SDN 最早的实践是在斯坦福大学校园网络中，采用 OpenFlow 南向接口协议的二层架构。在最初的定义中，SDN 是指数据平面的转发行为由一个远程的控制平面管理的网络体系结构。

SDN 的标准化进程随着时间的推移已经受到广泛支持。一些标准制定组织（如 SDO、ONF、IETF、ITU-T）正在开展 SDN 标准的制定工作，各种产品正由设备厂商公司或开源社区进行开发，而这些产品通常是开放源代码的系统，开放共享模式极大加快了 SDN、云计算和网络技术的研究和使用。ONF 是一个促进 SDN 相关理论和技术发展的组织，本书以该组织制定的标准介绍相关 SDN 知识，以促进采用 SDN 的 OpenFlow 协议作为开放网络设备通信控制决策标准。

1.3 SDN 概念

如果从字面意义上解析 SDN 的概念，"软件"指使用一系列按照特定顺序组织的计算机数据和指令的集合，在网络中这些软件主要负责管理数据包的转发以及其他服务（如安全、检测和统计等）。"定义"指的是管理控制的意思，可以理解为对管理的软硬件进行修改、配置或编程。所以，软件定义网络是指网络管理人员通过软件及其策略就可以获得网络中所有元素的管理权限和控制能力。这一改变打破了传统网络中对协议、设备的手动管理进而方便了管理人员的工作。

在专著 *SDN：Software Defined Networks* 中，Thomas D. Nadeau 和 Ken Gray 将 SDN 定义为一种优化和简化网络操作的体系结构方式，它将应用与网络服务、设备之间的交互（如服务开通配置、消息传递、警报）紧密结合。SDN 利用一个逻辑上集中式的网络控制（SDN 控制器），协调与网元设备进行交互的应用程序以及给应用的网元设备之间传送信息。然后，控制器通过应用友好的、双向的编程接口来展示网络的功能和操作。该定义刻画出了传统网络与 SDN 在架构上的区别，同时凸显了控制器在整个网络管理中简化操作的作用，然而该定义出现较早，没有对最新的各层间接口进行规范描述。

在黄韬、刘江编撰的《软件定义网络核心原理与应用实践》[8]中将 SDN 定义为一种数据控制分离、软件可编程的新型网络体系架构。SDN 采用了集中式的控制平面和分布式的转发平面，两个平面相互分离，控制平面利用控制转发通信接口对转发平面上的网络设备进行集中式控制，并提供灵活的可编程能力，具备以上特点的网络架构都可被认为是一种广泛意义上的 SDN。该定义突出了数据控制分离（亦称数控分离）与可编程性这两大特点，给出的系统结构图是现今学术界较为认可的应用平面、控制平面和数据平面的三层架构。

本书提出一个融汇上述定义特点的 SDN 解释，帮助读者理解本书对 SDN 特征和功能的概括。软件定义网络是使用一组开放网络接口衔接多个功能独立的平面、实现网络可编程的网络体系架构，各平面间实现了功能的解耦，平面内进行了工作模块的高度协同，集中的控制系统中实现了资源透明化和复杂的系统抽象，程序可以自由地控制网络中的各组成部分实现服务的灵活部署。

自 2015 年以来，原有的以 OpenFlow 为中心的 SDN 概念已经超出了它原本的范围，出现了许多广泛意义上的 SDN 架构，这些架构均具备一个清晰的解耦控制平面的接口。本书重点关注基于 OpenFlow 实现的重要特征所界定的 SDN，仅对广义的 SDN 进行简介。广义上的 SDN 有两类：① 控制平面/代理 SDN，保留现有的分布式控制平面，但提供新的 API 并允许应用程序进行交互化的方式（双向）与网络通信。有效地将控制平面数据呈现给应用程序，并通过编排功能和网络协议之间的外部插件允许一定程度的网络可编程。② 叠加 SDN，在叠加 SDN 中（基于软件或硬件的）网络边缘的节点通过动态编程来管理虚拟机程序或网络交换机之间的隧道。在这种混合组网的方式中，分布式控制平面提供的底层一直保持不变。控制平面提供了利用底层网络作为传输网络的逻辑叠加网络。

1.3.1 多平面分离

在早期的国内外文献中，SDN 最常见的特征被称为数控分离。所谓数控分离是指数据平面和控制平面不在运行过程中受制于特定的组合方案，SDN 通过开放的南向接口协议实现了一种开放的控制转发关系，只要控制平面与数据平面存在共同支持的南向接口协议，并都对该协议满足一致性要求，那么整个转发设备就能正常工作。

控制平面和数据平面的物理分离是 SDN 最知名的原则，它将控制平面从网络设备外化到被称为控制器（或称为网络操作系统）的网元上。值得注意的是在逻辑上控制与转发一直是独立的系统组成部分，传统网络中两者紧密耦合是指两者都存在于同一个物理设备之上或存在着开发商自定义的接口标准，这里的分离是指通过开放的南向接口使得控制与转发不再由特定厂商绑定配套使用，给予用户更大的自主选择和管理空间。使用开放的南向接口协议使得转发设备的管理信令格式保持一致，有助于进行大规模的管理，管理人员不再关心网络设备的实现细节，是实现网络资源透明性的关键核心和可编程性的基础。

控制平面和数据平面是网络转发设备中的两个独立工作的模块，在网络中最常见的转发设备就是路由器或交换机，它们是由大量输入输出端口组成的专用设备，在"边缘智能，中心简单"的指导思想下，转发设备的控制逻辑相对简单。典型的架构中都由处理器和板卡构成控制平面，由多个线路卡构成数据平面。其余部分为这两个最重要的模块提供服务，图 1-5 通过路由器的简单架构说明了这一点。在图 1-5 中，下方深色方框是由一个单独线路卡构成的交换结构，用专用的端口处理 ASICs 连接线路卡上的输入端口和输出端口。由转发信息表来决定端口收到的输入数据如何进行交换转发。传统转发设备的控制部分由路由器 CPU 和厂商预装的协议和应用构成，这些应用的算法决定转发信息表的记录，但只对用户提供预定的管理接口，极大地限制了用户的管理自由。CPU 和交换板之间使用高速内部总线来连接。

传统网络的设计理念是追求转发速度的最大化，将复杂的功能留给网络终端实现，所以整个网络边缘的终端更加智能，而构成网络的转发设备相对简单。转发设备为了提高转发速度只维护自行采集的网络局部信息，信息转发表依据转发设备获取的局部信息工作。过去网络在软硬件性能较差的条件下，这种传统网络架构的方案契合了当时的硬件设计水平和网络科技发展水平，取得了良好的实际应用效果。然而明显不是全局网络转发过程的最优方案。主要问题在于网络视图的局部性。

实现两个平面的解耦时，最大的难题在于打破网络供应商的"黑盒"，在传统网络下也有很多公司尝试网络设备的远程管理和脚本化管理，但无法实现对各种不同厂商的设备进行统一管理。开放的南向接口协议规范了转发设备被访问和控制所需的关键语法语义（具体见本书 2.1 节），有了这一类协议后所有支持该类协议的网络转发设备可以进行统一管理。

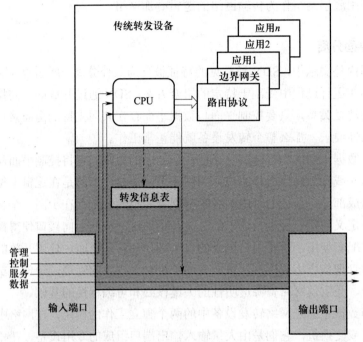

图 1-5　控制平面和数据平面的实现实例

　　SDN 的发展不仅实现了数控分离，近几年也提出了控制平面与应用平面的接口协议标准化问题，例如北向接口的标准化能更好地助力 SDN 的部署。传统的应用虽然各自独立，但往往受制于底层设备的硬件条件和接口，实现标准化的北向接口协议有利于实现应用层的开放共享。同时，网络规模的扩大也让控制器由早期的单节点控制器过渡到多节点、分布式的控制器上，这一跨越也吸引了众多研究者去实现分布式控制器之间的通信接口协议，更有一部分研究者认为需要在不同的分布式控制器之间开发开放的接口协议，所以多平面分离、形成 SDN 标准化协议族已经成为 SDN 网络必由之路，如图 1-6 所示。

　　传统网络依靠一个内部软件来管理控制平面，难以适应未来新型网络的业务需求。SDN 的优势在于通过外部控制手段直接改变网络单元的转发行为。控制平面和数据平面彼此分开降低了企业进入到市场的门槛，企业和网络使用者都可以按需构建网络。另外，软件实现的控制器也给对市场占有绝对影响力的硬件交换机厂商很大压力，这迫使他们仅提供转发硬件而不再强制销售绑定的软件。SDN 的开放性同样激励初创公司参与创新网络市场，客户也可以混合不同供应商的产品从而进一步优化网络的组成。交换机厂商对 SDN 的兴趣与日俱增，大量公司参与到 SDN 标准化组织、开源项目和专利申请的浪潮中，整个 SDN 网络市场蓬勃发展。

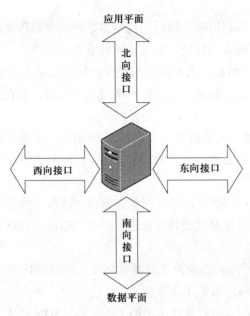

应用平面

北向接口

西向接口 东向接口

南向接口

数据平面

图 1-6 SDN 标准化接口协议族

早期的 SDN 研究中，数控分离一直作为 SDN 的核心特征，但随着国际标准化组织的工作进展，SDN 对网络的影响已远不止于数控分离，而是采用一系列开放的接口协议实现了网络多个平面的分离，使得整个网络的管理更加灵活、智能程度更高，具体的细节见本书第 2 章 SDN 系统结构中各种接口协议的介绍。

1.3.2 逻辑上集中控制

在 SDN 实现了数控分离之后，第二个关键特征就是实现了逻辑上的集中控制，这主要是通过控制平面的控制器来实现的。这里需要进行特别说明的是，本书中提到的控制器（或称为网络操作系统）都是代表对网络进行集中管理的核心网元。这里的集中是指逻辑上的集中，是指网络中的信息、决策、信令管理下发都是由该网元单独负责实现的。逻辑上集中与多节点控制器并不矛盾，多节点控制器只是为了在物理资源上扩展起来方便，在逻辑上其管理和工作流程还是遵循集中控制的理念，即面向应用平面屏蔽自身及底层细节。

集中控制优于传统的分布式控制，虽然它带来了很大的资源开销但能够实现更多高级的功能，如维护一个网络全局视图、动态改变策略算法和协议等。控制器自动化管理全网的网络设备也使得网络节点的部署以及维护更加敏捷。集中的控制平面不仅仅是面向全网络的管理，同时也获得了全网络的网络和设备信息，一般称之为全局网络视图，完备的信息和自动化的控制极大地便利了网络管理者，他们可以智能地管理和配置整个网络，合理地调动网络资源、优化网络，提高网络利用率。同时，控制器是网络可编程化的良好平台。

集中控制平面虽然有很多的好处，但是也面临着多方挑战。

① 控制器资源的扩展问题。大型网络有数千台物理交换机和数万台虚拟交换机，如果控制器的资源扩展能力有限，在应对大规模网络的集中管理、配置和故障定位时往往难以达到所需的实时性要求。

② 控制器软件的性能。控制器需要为进入 SDN 的每一条流选择一条转发路径，其软件的复杂性和有效性又必须符合网络用户的 QoS 需求，在这种条件下实现高效的管控需要产业界做出更多的努力。

③ 新旧网络的互通性。SDN 标准化组织在网络互通性方面持续进行大量的实验，证明在新老网络互联时确实会出现难以预料的互通性障碍，但这种问题可以通过在控制器上运行更完备的应用来解决。

④ 集中控制方式使得控制器成为了最易受到攻击的薄弱环节，一旦控制器受到攻击并瘫痪，会马上影响整个网络，后果不堪设想。

虽然有众多挑战，但相信随着硬件水平的不断提高、SDN 技术理论的进一步成熟，这些问题将迎刃而解，届时 SDN 集中控制的优势将得到更加完整的发挥。

1.3.3 可编程性

熟悉网络设备管理的人都能列举出多种管理接口，最早是使用命令行接口来配置转发设备，后来又出现了图形化用户界面来改善网络设备配置的不便；管理途径方面，早期使用转发设备的 Console 端口配置设备，后来使用 Telnet 等方式登录设备。虽然上述工作方式很普遍，但工程师分别配置大规模复杂网络中不同的网络设备，是一个枯燥、易犯错的过程。根据 Computer Economics 于 2014 年至 2015 年的统计，每个网络管理员要管理的网络设备从 37 个跃升至 59 个，企业的网络管理员将耗费巨大的精力管理网络设备。为了改善这种情况，许多企业自主研发一些自动化工具（如 Puppet）来简化他们的工作，或者编写脚本来批量处理网络。尽管简单网络管理协议（SNMP）也能实现网络简单管理，但是其适用范围和灵活程度都无法与 SDN 相比。

网络可编程性旨在转变网络管理流程：通过提供应用编程接口使用编程语言向网络设备发送所有的编程指令。使用这种编程接口就意味着网络的配置不需要网络工程师通过发送命令来实现，而是通过应用编写网络管理策略。

SDN 可编程性以 OpenFlow 为例，OpenFlow 已经成为使用控制器实现网络编程的主流协议，它可以用来表示网络设备所需执行的各种操作，使用各种匹配条件（或称为匹配域）来标识特定的数据流，然后在这些数据流上执行端口转发、丢弃、广播等操作。掌握整个网络拓扑信息的 OpenFlow 控制器可以面向网络执行策略，这极大地拓展了网络编程的作用范围。

OpenFlow 协议相当于计算机中的汇编语言的作用，已经提出了网络编程语言，通过使用这些语言实现策略编写、编译，再通过 OpenFlow 执行。以 OpenStack 为代表的云计算平台也很早便支持 SDN，在这些应用环境中需要集中的、可编程的网络以实现动态、灵活、用户隔离的数据中心网络。

综合来看，网络可编程实现了网络自动化和编排，降低运营人力成本；可加速部署新服务或快速切换服务，获得了更好的用户体验；自动化的管理流程更加适用于物联网等无线全天候网络。所以，可编程性已经成为下一代网络的趋势，SDN 将控制决策从转发设备抽离使得转发设备变"傻"了，但整个网络的智能程度由于可编程性的实现变高了。

1.4 SDN 术语

SDN 相比于传统网络增加了许多新的概念，为了方便识别 SDN 中的不同元素，本书总结了在 SDN 系统中采用的关键术语。

① 转发设备（forwarding device，FD）：本书中转发设备是执行网络基本操作的基于硬件或软件的数据平面转发设备，在不特意标明的情况下指支持 SDN 南向接口的交换机和路由器。转发设备具备已定义明确的指令集（例如流表记录），该指令集包括用于操作收到的数据包的各种指令（比如转发到特定的端口、丢弃、上传控制器、重写部分数据包报头等）。这些指令由南向接口定义并由采用对应南向接口协议的 SDN 控制器来下发到转发设备。

② 交换机（switch）：传统的交换机指工作在 OSI 网络架构中数据链路层的数据包转发设备，然而随着网络设备的发展，目前高端交换机可以处理多个层的信息并拥有极强的工作性能。SDN 中的诸多文献和论文中都提到了交换机这一概念，但这里的 SDN 交换机的功能则由其流表的匹配域决定，如果基于 MAC 地址进行数据包转发则该交换机为二层交换机，同理如若采用 IP 地址进行数据包转发则为三层交换机。

③ 数据平面（data plane，DP）：转发设备通过无线通信频道或有线电缆连接构成的网络基础设施。

④ 全局视图（global view，GV）：SDN 将传统网络中各转发设备的控制功能集中到控制器上，因此控制器需要动态维护一个包含整个网络各节点、链路、应用状态的全局信息，由于网络本身是以图结构存在的，因此将这整个网络信息呈现为全局视图。

⑤ 南向接口（southbound interface，SI）：南向接口定义了转发设备的指令集合以及转发设备—控制器之间的通信协议。该协议正式确定了控制和数据平面元素的交互方式。

⑥ 控制平面（control plane，CP）：控制平面通过定义良好的 SI 控制转发设备，在 SDN 中控制平面负责像操作系统一样对整个网络的资源进行管理。网络所有的控制逻辑掌握在应用程序和控制器中并形成控制平面。早期的应用程序是控制器的一部分，但随着 SDN 研究的推进，应用程序从控制平面中独立出来成为了应用平面。

⑦ 控制器（controller）：控制器是控制平面中具体实现服务的设备，它是一套工作在服务器上的软件，一般来说 SDN 控制器与网络转发设备不在一个物理节点上，目前个别公司的产品不遵循这一习惯。控制器运行网络应用程序并指导转发设备处理数据包。需要特殊声明的是，SDN 与传统网络的区别在于逻辑上将控制管理集中到控制器上，但物理上控制器在大规模网络中是需要工作在多个节点上的。在本书中也称为网络操作系统（network operating system，NOS），两个概念基本相同，在某些具体的章节中控制器指具备 SDN 基本网络管理功能的原型系统，而网络操作系统则代表能够在整个网络执行操作系统式管理的成熟系统。

⑧ 集中式控制器（single controller）：亦称单节点控制器，早期的控制器在实现上相对简单，由一个软件构成并工作在一个物理节点上。这类控制器有 NOX、POX、Ryu、Floodlight等，它们实现了 SDN 的基本功能，后期出现的分布式控制器也由多个集中式控制器组成。

⑨ 分布式控制器（distributed controller）：亦称多节点控制器，分布式控制器由多个集中式控制器使用特定的接口组合而成，与易于过载或出现单点故障的集中式控制器不同，分布式控制器易于扩展、有着弹性的资源并能在某一节点失效后正常运转。

值得强调的是 SDN 中的控制器在逻辑上都是集中的。所谓集中式与分布式的区别在于物理上是否采用多个节点运行控制器，这些名称主要是为了与国内外相关文献的定义保持一致。避免读者的混淆，在后面的章节中将使用单节点控制器和多节点控制器来进行介绍。

⑩ 控制器实例（controller instance）：由于分布式控制器将多个控制器节点组合到了一起，本书将分布式控制器管理下的每一个节点称为控制器实例，这一定义遵循 ONOS 发表的文章中的命名。

⑪ 北向接口（northbound interface，NI）：NOS 可以提供一个面向顶层的 API，通过这个 API 向应用程序开发人员提供底层信息和接收应用的信令。这个 API 即北向接口，能够成为通用的应用程序接口。一般来说，北向接口抽象使用南向接口进行编程，具备相似的底层转发设备指令集。

⑫ 应用平面（application plane，AP）：亦称为管理平面，它由一系列应用程序组成，这些应用使用 NI 提供的网络控制和操作逻辑。这些应用程序包括路由、防火墙、负载均衡、监控等。从本质上讲，一个管理应用程序定义了相应的策略，这些策略最终转化成该程序定义的转发设备的行为。

⑬ 东西向接口（east-west bound interface）：东西向接口是分布式控制器内部控制器实例间通信的接口，它负责在控制器实例间传输控制信息、应用信息和同步信息，系统使用该接口实现了各实例间的一致性。目前也有研究尝试将东向接口和西向接口区别开来，为它们赋予不同的功能，本书中对这两种接口不进行区分。

⑭ 网络要素（network element）：由于文中控制器管理的对象不局限于转发设备，还有控制器自身和一些应用。网络要素在本书中泛指网络中存在的一个具体的实体，该实体可以

是硬件设备、软件模块及其复数量的组合。

⑮ SDN 自治域（SDN AS）：分布式控制器的各个节点均是具备完整请求处理能力的控制器，它们各自管理的区间称为自治域，同时多个自治域间也可称为邻域或父子区域。Hyperflow、DISCO 中都有这一概念。

以上是目前公认的基本概念，在 SDN 的学术和产业领域中还不断有新的术语出现，那些尚未得到普遍承认的概念会在其具体章节提到时进行介绍和定义。

第 2 章　SDN 系统结构

　　SDN 的架构目前存在多种方案，自底向上看基本上遵循数据平面、控制平面和应用平面这三大部分，还有一些单独分离出来的中间层及各接口协议。本书首先介绍早期 OpenFlow 协议（南向接口协议 v1.0-1.3）中的架构。该架构重点体现了数控分离的实现，是作为 SDN 入门较好的范例，架构如图 2-1 所示。

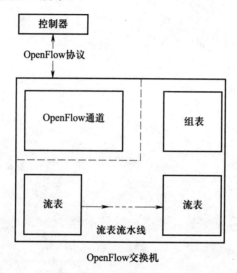

图 2-1　OpenFlow 二层架构

　　该架构来自"OpenFlow 交换机规范"这一重要技术文档，该架构以 OpenFlow 作为标准接口实现各转发设备控制逻辑的迁移，逻辑控制工作被挪到了控制器上，但是此时的学术界和产业界关心的是实现数控分离而非控制器的进一步细化。最早的 OpenFlow 架构难以适应 SDN 产业迅速发展的需要，ONF（Open Networking Foundation）组织随后提出了更为复杂的系统结构（如图 2-2 所示），图 2-2 的特点在于将原本嵌入控制器中的各类应用独立出来，构成应用平面并增加了跨平面的管理模块。该架构涉及最重要的几大部分：应用平面、北向接口、控制平面、南向接口、数据平面。本书在架构讲解时重点以图 2-2 为参考，以上五大部分是目前学术界公认的基本功能部分。

　　ONF 组织在图 2-2 中提出了 SDN 架构的要求和工作范围，如下所示。

　　① 支持基于开源 SDN 控制平面接口的互操作。

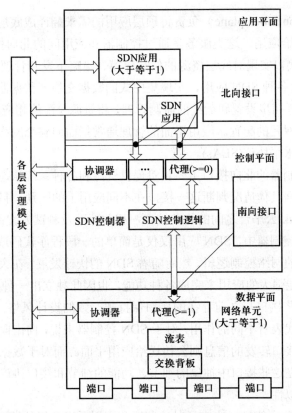

图 2-2 ONF 的 SDN 架构

② 与 SDN 控制器分布的特点相互独立。

③ 具有很强的扩展性并能够兼容所有 SDN 控制器。

④ 适用于各种转发平面，并能够简化和统一这些转发设备的配置工作。

⑤ 根据共享信息和信任状态来处理策略和安全。

⑥ 支持管理接口，通过这些接口可以实现资源的管理、策略的管理和各种传统网络下的管理功能。

⑦ 与业务和运营支持的现有系统共存，并在管理或控制技术的范围内相互结合。

一个逻辑上是集中式但在物理上可能是分布式的控制平面管理着大量的数据平面资源。在应用健全的情况下，控制器的功能包含了 OSI 组织定义的从物理层到应用层的 7 层架构所需的各种应用。

ONF 组织定义的 SDN 架构分为三层。

① 数据平面（data plane）包括了各种网络节点，实现网络中的转发设备以及数据平面与控制平面间的接口协议。

② 控制平面（controller plane）负责将顶层应用的需求翻译成底层数据平面可执行的命令并将相关信息返回给应用。这类服务是通过控制器和应用间的北向接口（A-CPI，也称为NBI）实现的，该类接口实现对底层资源的信息建模、策略下发和管理、远程管理功能等。

③ 应用平面包含各种 SDN 应用，实现集中式的数据交换、数据监测、网络安全等高层服务。对数据平面进行初步设置和后续的监测管理，将资源分配给相应的 SDN 控制器，在网络最初设置阶段决定网元的配置。应用平面的管理通常指面向整个网络的路由策略、安全策略、数据监测和服务水平协议(SLAs)。

在该架构中，控制器的北向接口主要负责提供资源和各种系统状态。由于北向接口尚未标准化，往往需要根据具体情况判断这一接口在不同应用上的区别，目前比较成功的北向接口是 SDN 与 OpenStack 云平台之间的北向接口，相关标准及测试方案都已成熟。

在早期的集中式控制器中，SDN 应用仅仅是简单的一段程序代码或小型程序，这时的应用仅仅为了实现简单的网络控制逻辑。然而随着 SDN 的快速发展，在大型网络中使用的控制器需要易于扩展、功能强大的应用来完成各种功能，也因此独立出一种控制器与专业的 SDN 应用之间的接口，这些接口与之前存在的接口保持了一致的设计风格。同一种接口（CPI）对于不同的实体来说代表着不同的作用，对于 SDN 控制器来说，向南向接口转发的都是指向数据平面的，向北向接口转发的信息则会传送给应用平面。而对于数据平面，南向接口则被用于与控制器通信。在这些接口中抽象的细节、功能的细节和接口协议可能有些不同，然而在表达形式上具有相似性。

SDN 架构多平面分离的目标决定了对控制器和应用采用分层的管理方式，这种方式使得应用的重用或聚合变得更加简单合理。人们可以通过组合一系列简单的应用来实现更加复杂的功能，目前已经有大量将网络中间件服务进行软件定义组合的工作。该架构显示出实现连接各独立的商业或研究领域实体的接口的必要性，表明了实现各种中间件和服务的结构基础。代理是实现各层间系统对底层资源进行透明管理和虚拟化的主要方式，向上屏蔽了转发设备的协议一致性支持程度，向 SDN 应用提供虚拟网络相关信息，甚至在云环境中将用户的服务相互隔离等。代理工作在各个不同层次上，提供不同的抽象和功能，在转发设备和控制器上可以同时存在多个不同功能的代理，这主要是由于 SDN 虽然规范了南向接口和控制平面，应用平面则没有统一的规范，应用和控制器间的通信存在多种格式，该架构并不追求采用唯一的北向接口。工作在转发设备和控制器中的协调器负责加载用户和租户需要的资源和策略，各转发设备和控制器上只能运行一种协调器。

随着 SDN 领域研究的迅猛发展，上述架构早已不能代表整个 SDN 的最新研究进展，为了更方便讨论国内外更细致的研究进展，下面给出更详细的 SDN 架构[2]，如图 2-3 所示，其中每个模块具有其自身的特定功能，但并不认为它们是独立的一层，如 SDN 编程语言、虚拟化、网络应用，它们只是控制器或网络操作系统的一部分。它最大的特色在于将 SDN 编程语言和虚拟化凸显出来，因为这两个模块是网络操作系统中的高级通用功能，有了高效的网络编程语言就可以提高应用开发效率，有了虚拟化功能就可以更灵活地调用资源，这和计算机系统是一样的。下面的章节以自下而上的方向介绍关键的模块。对于各模块的核心功能和理念会基于不同的技术和解决方案进行说明。

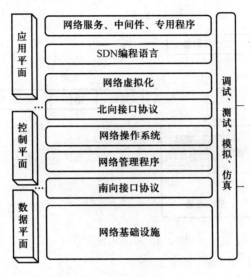

图 2-3　SDN 功能架构

　　SDN 的网络基础设施层类似于传统网络中的物理层，它由大量交换机、路由器和中间件应用组成，与传统网络物理层的主要差异在于支持一种以上的 SDN 协议。智能控制从数据平面设备上被除去，转而集中到逻辑上集中的网络操作系统上，这些系统即控制器，一般包含网络管理程序和应用。应用层上则有各种功能、策略级别各异的应用，为 SDN 控制器提供了强大的功能。更重要的是，这些新的网络概念被构建在开放、标准的南向接口协议之上，这是为了在不同的数据和控制平面的设备之间实现配置和通信的兼容性、互操作性。从图 2-3 中可以看出，南向接口协议与北向接口协议是实现分层的重要途径。

　　这些开放的接口使得控制器实体可以动态地对异构的转发设备进行编程，这在传统网络条件下很难实现。数据平面转发设备是专门从事数据包转发的硬件或软件转发设备，而控制器是一个在高性能硬件平台上运行的复杂软件（如图 2-4 所示）。

　　从 OpenFlow 产生的这种高层次、简化的模型目前是 SDN 数据平面设备最常见的设计形式。然而，支持其他 SDN 标准的转发设备也正在不断发展，例如 ONF 转发抽象工作组（FAWG）研究的协商数据通路模型（negotiable data path model，NDM）。

　　在 OpenFlow 网络中，SDN 转发设备通过流表定义的路径序列来决定如何处理数据包（如图 2-4 所示）。每当一个新的数据包到达时，转发设备查找流表，在流表中通过组合不同的规则定义不同数据流（在后期版本中称为匹配域，具体细节见介绍 OpenFlow 协议的章节）。在找到和收到的数据包规则匹配的记录后，会执行该记录的动作。在需要基于转发的情况中，还会给每个记录配置一些状态字段。如果没有默认流表记录，数据包将被丢弃，对于丢弃的数据包，常见的情况是预设一个默认流表记录来发送到控制器（或到转发设备的非 OpenFlow 处理方案中）。

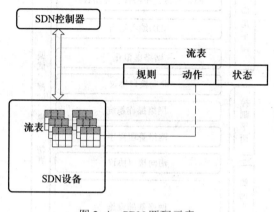

图 2-4　SDN 匹配示意

2.1　南向接口

南向接口是控制器和转发设备之间的连接桥梁，它的开放定义是实现控制和数据平面分离的重要手段。在传统网络中，这些 API 是紧紧地与底层物理硬件或虚拟架构相绑定的，思科、华为、Broadcom、H3C 等网络硬件厂商都有自己的一套接口定义与实现，这种服务体系带来巨大的利润。一个新的转发设备如果从头开始开发可能需要两年的开发周期，针对商业化准备而进行的升级周期可以长达 9 个月，一个新产品的软件开发则可能需要 6 个月至 1 年。一套完整的网络设备方案从设计到实现的初始投资高且风险很大，只有大型网络设备厂商能够做这种投资，形成了较为封闭的市场和不灵活的解决方案。对于普通用户来说，希望易操作的整套服务，减去了雇用专业人员的开销，对于运维大量网络设备的网络服务提供商来说，则希望能够自由组合市场上的软硬件产品，以达到性价比最优，甚至不排除自行开发所需的网络应用。相对于传统网络下的这种封闭的发展模式，SDN 南向接口协议的出现可以促进许多大规模网络管理工作，通过南向接口协议的标准化促进各厂商产品间的互操作性，允许设备厂商无关的网络设备部署在网络中协同工作，这已经被许多厂商证明是切实有效的，南向接口协议在不同厂商生产的设备之间，实现了 SDN 控制器与转发设备之间的通信协议，为两者提供共同理解的语法，从功能上说进行了语法、语义规范。

在控制平面的较低层中，南向接口协议可以看作是设备的驱动。南向接口将开放的语义推广，避免了不同厂商设备"自说自话"的问题。同时允许控制平面使用不同南向接口和协议插件来管理现有或新的物理或虚拟设备，提高了网络的互通性。因此，在数据平面会同时存在物理设备和虚拟设备及多种设备接口。

本书重点介绍支持 OpenFlow 协议的设备之间的互操作性，OpenFlow 是 SDN 领域最广为接受并部署的开放南向接口标准，它提供了一个通用的规范来实现支持该协议的转发设备并定义了用于数据平面和控制平面设备（例如交换机和控制器）之间通信的标准。

2.1.1 南向接口实例：OpenFlow

1．OpenFlow 简介

OpenFlow 一般公认起源于斯坦福大学的 Clean Slate 计划，Nick McKeown 教授及其团队致力于研究重新设计互联网的项目，OpenFlow 最早在大学校园网络中得到了实际应用，随后经过多次版本升级，目前最新的版本为 OpenFlow 1.5。本书按照最新版本介绍该协议最核心的概念与细节，需要研究协议高级规范的读者可以从 ONF 官网上下载协议原文。

2．OpenFlow 的特点

随着人们对网络性能需求的提高，研究人员不得不把很多复杂功能加入到路由器的体系结构当中，使得路由器等交换设备越来越臃肿而且性能提升的空间越来越小。而与网络领域面临的困境截然不同的是，计算机领域实现了日新月异的发展。计算机有公用的硬件底层，所以不论是应用程序还是操作系统都取得了飞速的发展。很多主张重新设计计算机网络体系结构的人士认为，网络可以复制计算机领域的成功经验。在这种思想的指导下，将来的网络将是这样的：底层的转发设备"非智能、简单、轻量级"，具备对外开放的关于流表的 API，同时采用控制器来控制整个网络。OpenFlow 正是这种网络创新思想的推动者。OpenFlow 论坛提出新的交换设备解决方案必须满足以下 4 点要求。

① 设备必须具有商用设备的高性能和低价格的特点。

② 设备必须能支持各种不同的研究范围。

③ 设备必须能隔绝实验流量和运行流量。

④ 设备必须满足设备制造商封闭平台的要求。

3．OpenFlow 控制架构

OpenFlow 协议使用的架构如图 2-5 所示，作为一个南向接口协议，OpenFlow 是一种用来实现控制器和转发设备间通信的开放通信协议。OpenFlow交换机将原来完全由交换机/路由器控制的报文转发过程转化为由 OpenFlow 交换机和控制服务器来共同完成，从而实现了数据转发和路由控制的分离。控制器（controller）是用来控制网络设备转发行为的程序或服务器。这里主要介绍 OpenFlow 交换机的内部组成结构。

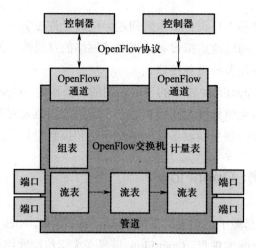

图 2-5　OpenFlow 网络抽象

OpenFlow 控制信息通道（channel）：由于 OpenFlow 实现了数控分离，需要一个稳定安全的通道来实现控制器与转发设备之间的控制信息通信。在早期的 OpenFlow 版本中，该安全通道是一个独立的、专用的链路，目前的 OpenFlow 协议中采用了普通的通信链路作为OpenFlow 控制通道。

流表（flow table）：流表是一个由控制器控制、转发设备管理的数据结构，转发设备在接收到数据包后会通过匹配流表来决定如何转发该数据包。

组表（group table）：OpenFlow v1.1 中增加了组表的概念，并一直被后续的版本所沿用。组是 OpenFlow 为数据包指定在多个流中执行相同操作集的高效方法。每一条 OpenFlow 组表记录都包括组标志符、组类型、计数器和动作桶。利用组表，每个数据流可以被划分到相应的组中，动作指令的执行可以针对属于同一个组标识符的所有数据包，这非常适合于实现广播或多播，或者规定只执行某些特定操作的集合。

计量表（meter table）：计量表包括一系列的计量表记录（entry），这些记录针对特定的数据流并对其进行约束。计量表可以实现简单的服务质量保障，如数据流速率限制等。

端口（port）：端口包括物理端口、逻辑端口和保留端口。物理端口是转发设备真实存在的转发端口。逻辑端口是转发使用到的概念上的端口，如所有端口（all）、端口组（group）等。保留端口是特殊条件下用到的端口，如和控制器相连的端口（controller）等。

（1）流表

作为转发设备对数据包进行处理的依据，流表扮演着至关重要的角色。流表由大量的流表记录（entry）聚合而成，流表记录的内容主要包括以下几个部分。

匹配域	优先级	计数器	指令	生存期	配置记录	标记

匹配域（match）：该字段用来对数据包的特征进行描述，包括源 IP 地址、目的 IP 地址、

源 MAC 地址、目的 MAC 地址等信息。这一字段还记录了数据包进入的端口（ingress port）和前一个流表进行过的操作的元数据。

优先级（priority）：表明流表中该记录的处理顺序，在同样满足匹配条件情况下，优先级更高的是转发设备最终采纳的记录。

计数器（counter）：OpenFlow 交换机中维护了一组计数器，这些计数器会在处理数据包的过程中进行信息的采集和记录。

指令（instruction）：用于流表流水线内部处理的操作，主要用于修改动作集和数据包在流水线中的状态。该概念最早在版本 1.0 中与动作（act）并没有严格区分开来，但在后续版本中形成了独立的概念。动作是指数据包在完成流表流水线分析后执行的一系列具体的修改或转发，而指令是用于流表流水线内部处理的操作。由于作用的区域不同，两者的具体工作内容也不同。

生存期（timeout）：对一条流表记录有效时间的控制，指明了在转发设备销毁该记录之前可以存在的时间。可以选择的方式有两种：定量的生存期（hard timeout）和特定时间未匹配的生存期（idle timeout）。

配置记录（cookie）：是关于控制器对这一条记录修改历史的数据，用于方便控制器对过去的修改进行追溯，它被用于流表记录的修改、统计和删除，但不会用于数据包的处理过程。

标记（flag）：表示目前该记录被管理的状态。

流表记录是由它的匹配域和优先级来识别的，满足特定的匹配域和优先级就可以确定一个数据流。特殊的记录是 table-miss，该记录优先级为 0，表明在其他所有情况下均无法找到相符合的选项。

（2）组表

为了加速数据包的处理，除了流表之外又定义了组表，该表能够对满足一定特征的数据流集中处理，取得较高的效率，其结构如下。

组标识	组类型	计数器	动作桶

组标识（group identifier）：该标识采用了 32 bit 的空间来作为该记录的唯一标识。

组类型（group type）：该字段决定了这一个组是间接执行一个单独的动作（indirect），或执行全部（all）。

计数器（counter）：对组表处理的数据进行相关的统计。

动作桶（action bucket）：类似于对数据包操作的模板，每个动作桶包括一系列操作及其参数。

（3）计量表

OpenFlow 协议本身支持一些简单的 QoS 操作，通过计量表可以实现各个流表记录的限速，从而对数据流限速。它可以进一步结合端口和队列来实现更高级的 QoS 架构（例如

DiffServ）。计量表的架构如下。

计量表标识	计量带（meter band）					计数器
	带类别	速率	粒度	计数器	描述	

（4）端口

OpenFlow 协议中对端口进行了详细的定义，从传递方向上来看，收到数据包的端口称为入口端口（ingress port），而将数据包送出的端口称为出口端口（output port）。根据端口的功能可以分成三类：物理端口、逻辑端口和保留端口。

4．OpenFlow 数据包处理流程

（1）OpenFlow 流水线

OpenFlow 转发设备使用流水线的结构去处理接收到的数据包。这样可以获得更高的效率：采用了多个流表逐步对数据包进行流水处理。早期版本 1.0 中采用单流表使得每条流表记录的规模都变得十分巨大（200～300 字节）。将流表切割成多个流表后，相当多的数据流绕过了部分流表从而提高了处理速度。该处理流程如图 2-6 所示。

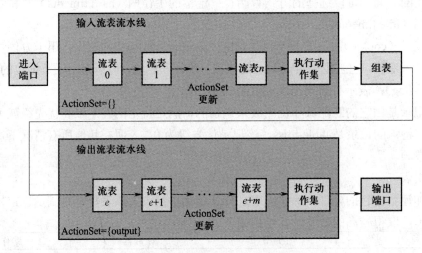

图 2-6　OpenFlow 流表流水线

当数据包从进入端口进入后会先进入一条流水线，在流水线中，系统会为该数据流初始化一个动作集（初始状态为空），每经过一个流表（flow table x, x=0, 1, …, $e+m$）动作集就会加入新的操作并传递给下一个流表，当数据包被传递至流水线末端时会执行动作集中的所有操作。流表传递过程中只能向序号更大的流表传递数据包，但整个过程中可以跳过某些流表。在 OpenFlow 1.4 及之前的版本只有一条流水线，在 OpenFlow 1.5 版本中分成了两个阶段，第一个阶段流水线处理完数据包后，会由组表进行汇总处理再交由第二阶段流水线做处理，最后再将数据包从流表制定的输出端口转发出去。

（2）流表匹配过程

在流水线处理过程中，每一个流表也需要对数据包进行匹配的处理，这一过程如图 2-7 所示。

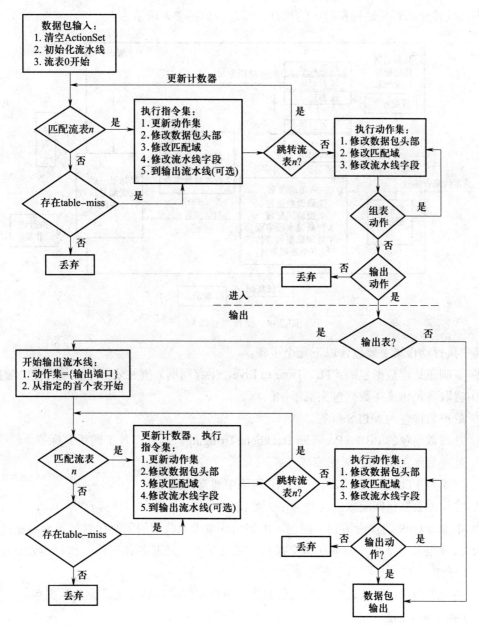

图 2-7 OpenFlow 数据包处理流程

一个数据包的特征信息和流表中的匹配域一致时即找到了正确的记录，在实际查找流表时，会出现多个记录同时匹配同一个数据流的情况，此时就使用流表中各个记录的优先级来进行对比，优先级最高的最终会被执行。

下面具体介绍匹配过程和指令的执行，该过程如图 2-8 所示。

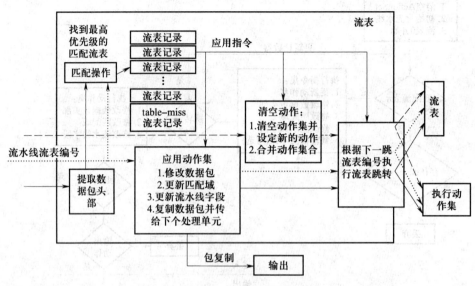

图 2-8　操作执行流程

其中执行动作集主要包含以下几个步骤。

① 复制正处理数据包的 TTL（Time to Live，生存周期）值并分析是否是有效的数据包。

② 提取各种协议在数据包头部添加的标签。

③ 处理数据包的 MPLS 标签。

④ 处理数据包的 PBB（Provider Backbone Bridging，运营商骨干网桥）标签。

⑤ 处理数据包的 VLAN 标签。

⑥ 开始对 TTL 进行修改，在 TCP/IP 网络中通常是减 1。

⑦ 将修改数据包匹配域的动作应用到数据包。

⑧ 将各种 QoS 动作应用到数据包，例如由计量表或队列的限制缓存或丢弃数据包。

⑨ 执行组表的操作，如果在该交换机中定义了组表及其具体操作，执行组表动作桶中的一系列操作。

⑩ 当组表的操作完成之后，向之前的操作所指定的端口转发处理完的数据包。

5．OpenFlow 消息详解

OpenFlow 协议截至 1.5 版本将控制平面与转发平面间的通信消息分为三类：控制消息

（controller-to-switch）、异步消息（asynchronous）、对等消息（symmetric）。这三类消息都是 OpenFlow 的核心消息。这些消息分类的依据是消息的发送者。控制消息的发送者是控制平面（大多数情况下是控制器），异步消息的发送方是数据平面（一般是转发设备），而对等消息则是双方都可以作为消息发送方。

（1）OpenFlow 消息简介

控制消息：控制消息由控制器发送给转发设备，这一类消息不一定需要接收方给予回复。

异步消息：当转发设备的状态发生改变或收到无法处理的数据流时会使用异步消息将相关的信息发送到控制器端。

对等消息：对等消息是双方均可发送的消息，用于确定通道畅通、报告错误和建立连接等。

（2）OpenFlow 消息的处理过程

消息传递（message delivery）：在 OpenFlow 网络中除了出现整个 OpenFlow 通道故障的情况，消息的传递均是有效的，否则控制器将无法获知转发设备的具体情况和状态，出现整个 OpenFlow 通道故障时，转发设备则进入到独立工作模式。

消息处理（message processing）：转发设备必须处理从控制器接收到的每一个消息并返回应答消息。如果转发设备不具备实现控制器下达的控制消息的能力，它会发送错误消息给控制器。对于 PACKET_OUT 消息来说，处理该消息并不能保证相关的数据包已经存在于转发设备中。相关的数据包有可能被一些应用如 QoS 策略、ACL 等丢弃，也有可能被阻塞或发送到了无效的端口。

消息分组（message grouping）：控制器可以使用操作集消息将相关的消息分到同一个组中，操作集中的消息会作为整体被处理，设备处理相关一系列操作时会保持操作结果的一致。在操作集中可以设置严格的消息执行顺序。该执行过程也独立于其他的消息的执行过程。

消息排序（message ordering）：可以使用栅栏同步消息对消息的处理进行简易的排序，在没有栅栏同步的情况下，转发设备可以对待处理队列中的消息按任意顺序进行处理以将性能发挥至最大，因此，控制器发出的消息之间不应该存在依赖关系。特别是流表记录是按任意顺序插入到表格中的，与其被转发设备接收的顺序不一定一致。但有了栅栏同步之后，栅栏同步前后的消息则不可改变执行顺序，即栅栏同步之后的消息只能等待前面的消息全部执行完毕之后才开始执行，更具体地说：

① 在某一个栅栏同步之前的消息必须全部在该消息之前执行完毕（包含相关的应答消息和错误消息）。

② 之后该栅栏同步被执行并将结果发送到对应的控制器上。

③ 栅栏同步之后的消息再被执行。

（3）OpenFlow 通道的建立

OpenFlow 通道上交换的是转发设备和控制器间的各种消息，一个典型的 OpenFlow 控制器根据管理转发设备的数量维护着多条通道。在 OpenFlow 协议中为了防止通道的意外中断允许转发设备维护多条通道，但每一个通道只和一个控制器相连。OpenFlow 通道一般是控制器或转发设备用 TLS 或 TCP 进行连接，同时，也可以使用多条通道来实现并行化。目前这一连接是由转发设备发起的，因为如果由控制器去将一个可用的转发设备连入网络中会影响安全性。

（4）连接 URL

在 OpenFlow 转发设备上通过一个唯一的连接 URL（Connection URL）识别相关的控制器，该 URL 遵守 RPC3986 中定义的 URL 规范，尤其是编码风格方面。可用的格式如下：

protocol: name-or-address: port

protocol: name-or-address

其中：protocol 是采用的协议，可选的协议包括 TLS 或 TCP 等；name-or-address 是控制器的主机名称或地址，这里的名称如果是在本地定义的推荐使用地址表达，如果该名称可以通过 DNS 服务器获取，则可使用 URL 表达；port 是与转发设备连接的端口号，在默认的情况下是 6653。

（5）多控制器

每一个交换机可与单个控制器建立通信，也可以与多个控制器建立通信。与多个控制器保持通信提高了网络的可靠性，使交换机能够在一个控制器连接操作失败（可能是控制器或控制器通道故障）的情况时继续在 OpenFlow 模式下工作。跨自治域切换控制器这一操作是由控制器本身实现的，这使网络能够快速从失败中恢复过来，也有利于控制器启动负载平衡。控制器彼此之间转移交换机的管理权限的机制目前存在大量研究工作[9]。多个控制器都可以发送控制消息给转发设备，有关这些命令的应答或报错消息必须返还给与该命令相关联的控制器。异步消息因此可能需要被发送到多个控制器，该消息是重复的并通过所有有效的 OpenFlow 通道发送到各控制器。原则上控制器需要与转发设备一一对应，否则会出现多重管理的问题，OpenFlow 多控制器机制的解决方案引入了角色概念，控制器对于转发设备可以是下列三种角色之一。

① master 主控制器实例。

② equal 辅助控制器实例。

③ slave 备份控制器实例。

（6）流表同步

在控制器的控制下，一个转发设备的流表可以与另一个转发设备的流表同步。这两个流表一个称为源流表，一个称为目的流表。这种信息交互机制使交换机的 OpenFlow 流水线能够在不同时间点以不同的操作对相同的数据进行多次匹配。同步可以单向（目的流表从源流表更新同步信息）或双向（两个流表彼此同步信息），一个转发设备也可以被设定成同步来自于多个表或本身的信息。流表的同步表中的描述由特征信息（feature message）传递。如果一个源流表中的一个流表记录被添加、修改或删除，目的同步流表记录必须由转发设备自动添加、修改或删除。OpenFlow 协议并不指定这些目的流表和源流表记录之间的映射，该映射取决于具体转发设备实现和配置。例如，目的流表记录可具有不同的指令集和操作，匹配字段可以调换（源地址和目的地址反转）。在 ONF（开放网络基金会）的规范中建议只描述简单和通用的同步配置（如仅涉及两个表），特别是应避免同步环路。

2.1.2 OpenFlow 表类模式

1. 表类模式（Table Type Pattern，TTP）简介

ONF 倡导的 OpenFlow 协议规范已经成功地应用于各种网络数年之久。然而应用最为普遍的还是最早的 1.0 版本。该版本虽已具备管理网络的各种能力，但在随后的版本（OF1.1、1.2、1.3）中，ONF 对流表及其处理数据包的流程不断地改进，最终使用了流表流水线（pipeline）对数据包进行灵活的转发和处理。多流表向控制器提供了一系列远程可控的流表，这中间每一个流表都可以使用匹配域和动作集的组合来实现复杂的功能和服务。

OpenFlow 的 1.3 版本重视互操作问题，在该版本中对不同的网络管理者维护的控制器间的交互问题进行了一定程度的规范。多流表实现上的差异是巨大的，需要一个新的标准做相关规范。表类模式是对上述问题的解决方案，可以清晰地描述任何支持 OpenFlow 的转发设备中的转发流水线。

TTP 是一种用来描述特定转发设备的转发行为的抽象模型，代表了一个 OF 逻辑转发设备（OFLS）的数据流处理能力。

它通过改进 OpenFlow 框架使其能够实现控制器和转发设备之间关于转发流水线协商的机制。转发流水线的实现细节将由特定的 OpenFlow 流表记录集合组成，这些流表记录将被应用到流水线上的每个流表上。通过针对应用场景创建这些表类模式，在同时存在多个网络设施持有者的环境中，这些来自不同持有者的控制器和转发设备可以更简便地进行互操作。实现表类模式的最重要的好处便是使 SDN 控制器能够直接对使用 ASIC 实现的转发设备进行操作。

转发设备可以支持各种不同的逻辑转发流水线。因为每一个流水线可以被表示成不同的 TTP，转发设备需要支持多种 TTP。类似地，一个优质的 SDN 实例可能支持多个流水线，所以应用和控制器也应与多种 TTP 执行互操作。这两端的灵活性实现了一个动态的模型，同时 TTP 的具体信息是在两者建立连接时进行协商的。两端都会获得所需的、有效的关于转发行为的上下文信息。TTP 需要具备唯一的名字，以方便转发设备和控制器进行协作和互操作。

2．SDN 互操作的挑战

OpenFlow 多流表在带来好处的同时增加了复杂性。多流表机制对之前的单流表进行了切割，每级流表只是原流表的一部分，从而节省了大量的空间。转发设备在进行 MAC 地址学习和使用逆向路径转发技术时可以利用多流表获得较好的性能。虽然多流表有诸多好处，但也带来了一些新的问题。当出现多个 OF 设备持有者时，这些设备上的流表流水线在性能和设计的形式上差别很大，最终会增加控制平面上设计的复杂程度。这主要是由于 OpenFlow 在设计之初就不是一个 SDN 技术的完整实现，仅仅规定了实现的基本要求，这导致了具体厂商在实现时可以采用不同的选择。此外，控制器目前尚无很好的手段来获取它控制下的各种转发设备之间的内部实现上的区别。在 SDN 中可以做到针对多种多样的应用对网络进行优化和配置，同时额外的、针对高性能任务的系统需要避免转发设备做超越其处理能力的工作。如果控制器可以实时观测它们控制的转发设备的性能参数，它们就可以优化对每条流表记录的处理过程，如图 2-9 所示。

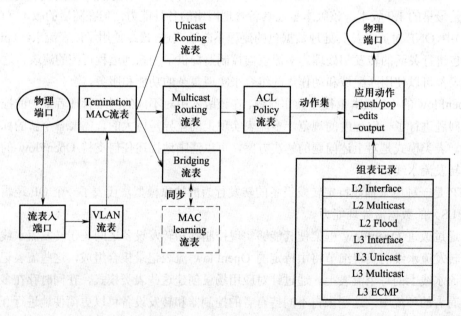

图 2-9   以桥和路由为例的转发设备流水线抽象 OF 及流水线

在没有表类模式的环境下，OF1.3 版本的流水线是使用"FlowMod"对每一个流表逐个进行定义的。这种逐个定义的方式适用于可以满足任何需求的转发设备。但这种模式不适用于需要具备扩展性的、资源有限的、硬件实现的转发设备。

OpenFlow 协议中主要关注各种网络设备的行为，这些规范并未对协议的部署细节去做详细严格的设计。这当然有利于厂商自行发挥各自技术优势去实现产品，加快了 OpenFlow 应用的速度，但也带来了细节上的模糊空间。

在 SDN 设备中，TTP 提供了一种在实际数据流到达之前的、基于优先级或协商决定的处理端到端数据流的方法。这对于 SDN 环境具有极大的好处，可以提高一致性和预测性。由于 SDN 必须在异构和分布式的网元之间传递一致的控制信令，必须实现一种能够支持任何应用对各种转发设备和控制器下发流表记录的方法。该模式描述基于 OF1.x 以上版本的多流表转发设备模型并提供了底层网络设备对 OpenFlow 数据流处理能力的抽象。通过实现网络设备中唯一的数据流处理流水线和一系列表、有效记录之间的映射，可以进一步地定义具备一致性的转发行为。该规范可以经受严格的分析、模拟及验证，并且具备较强的鲁棒性。这使得在网元来自于不同公司及设计机构的情况下部署 TTP 变得更加简单有效。

控制器通过 TTP 可以了解使用哪些 OpenFlow 协议的子集来进行相关的操作。OpenFlow 转发设备同时可以支持多种 TTP，控制器也可以同时理解多种 TTP，但一个转发设备在任意时刻只能使用其中的一种。

在使用 TTP 架构时，在控制器向转发设备发送信令之前，两者要先对转发设备支持的 TTP 进行协商，这种协商结果可能是隐含的（双方通过预先设定优先级实现）或在转发行为开始之前进行。TTP 架构可以简化实现 OpenFlow 控制器或 OpenFlow 转发设备代理的过程，提供对所需的转发设备行为的抽象，从而可以执行更多性能优化或进行更为复杂的转发行为（能够实现很多在单流表条件下实现不了的功能）。TTP 定义了一系列转发表和一个 OpenFlow 逻辑交换机上的有效流表组表记录。

图 2-10 可以帮助了解 TTP 的整个设计过程。用户需要明确了解控制网络的能力并将这些满足应用需求的控制流表记录转化成 TTP 信令。芯片和转发设备的持有者需要升级这些设备使它们支持通用的访问接口，将控制逻辑开放给网络应用开发者。TTP 的目标是对网元中的、在任意环境下的逻辑（抽象）转发流水线进行抽象，从而提供这些流水线的通用理解和描述形式。TTP 是一个可选的（非必要的）改进技术，该技术可以实现 OpenFlow 架构内不同网络服务提供者之间的互操作。该技术并不一定需要用于所有的部署工作中，这种模板化的转发设备配置方式在各种开放环境中可以被各种应用和控制器所使用。

3．TTP 生命周期

（1）任何团体都可以定义自己的 TTP。首先网络架构需要掌握网元的各种物理信息。在图 2-10 中第一步存在三种任意类型的网元,应用的提供者可以构思各种在其使用的网络中的面向转发设备需要的行为，这些行为最终以 TTP 的形式出现在网络设备上。转发设备提供商需要针对他们平台上的每一类需求实现对应的 TTP。ONF 组织提供一些常见的 TTP 方案来加快 TTP 的发展、部署和应用。

（2）将模型设计成 TTP 的格式。TTP 描述包含了许多元数据（metadata），例如命名权限、协商数据通路模型（negotiating data path model, NDM）、名字和版本号。

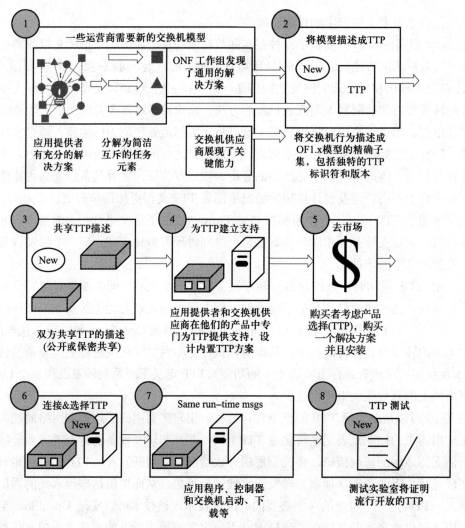

图 2-10　TTP 使用流程

（3）共享 TTP 描述。如之前提到的，TTP 设计的目的是让 OpenFlow 协议中的控制通道两端的网元能够共享同样的转发设备行为模型。控制器和转发设备都需要访问该模型。

（4）编译阶段。在该阶段，TTP 描述中的信息会被解释成转发设备的行为。

（5）购买 TTP 方案。在没有可用的 TTP 时，可以通过购买成熟的方案来完成网络的管理。针对 OpenFlow 协议网络设备的多样性及 OpenFlow 协议中规范的各种复杂可选特性，用于复用的 TTP 方案需要具有能够明确地告知用户其相关属性的信息，全面完备的 TTP 描述有助于用户更好地利用 TTP 实现网络的互操作性。

（6）在连接时选择适合的 TTP。如果用户在支持 TTP 的网络下进行网络控制，那么控制器和转发设备必须使用一种通用的上下文进行 TTP 的同步。该上下文由两大部分组成，一部分是 TTP 名称（或者唯一对应某个 TTP 的编号），另一部分是该 TTP 所需的各项变量的值。

（7）使用 TTP 发送实时消息。

（8）TTP 监测与验证。

2.2　SDN 网络转发设备

传统的网络转发设备负责接收数据包、判断如何转发数据包并最终选择合适的端口和链路转发数据包。SDN 将控制功能从转发设备中剥离出来，这使得原本具有独立工作能力的转发设备变"傻"了，这本质上是减少了转发设备用于购买高性能 CPU 的成本，使得网络控制计算"云"化。由于网络中存在不均衡的工作负载，将这些计算任务集中也有利于优化使用计算资源。这些转发设备在成本上比传统交换机、路由器节省很多，但硬件结构是相同的。本书既介绍了部分硬件交换机，又介绍了开源的软件交换机和一些网络模拟软件，读者可根据需要自行选择适合的 SDN 网络转发设备。

目前市场上已有一些支持 OpenFlow 协议的转发设备，这中间既有商业产品也有开源产品，如果读者希望尝试使用 SDN 转发设备，可以直接使用 SDN 软件交换机配上几块网卡，就能"DIY"一台能与任何 SDN 控制器协作的物理 SDN 转发设备。

在实现物理转发设备时，成本最高的就是存储。早期市场上的交换机只有相对小的内容可寻址存储器（ternary content-addressable memory，TCAM），其价格比传统存储器昂贵，最新发售的转发设备所支持的存储空间已经远远超出这一数字。

随着 SDN 从早期的数据中心应用于 WAN、无线网络等新领域，流表规模会随着未来 SDN 网络的部署需求而增长。网络硬件制造商已经生产各种支持 OpenFlow 协议功能的转发设备，这些设备包括小型企业的设备（如千兆以太网交换机）、高级数据中心设备（例如密度高达 100 G b/s 的连接以太网的边缘和核心应用的交换机机架），这些设备在流表容量上的需求越来越高。软件交换机也正在成为有前途的解决方案，被广泛应用于数据中心和虚拟化的网络基础设施。网络虚拟化一直是这个趋势的内部驱动力之一。软件转发设备如 Open vSwitch 已经将网络功能移动到边缘（与传统 IP 转发的执行一起）来实现网络虚拟化[10]。小企业更积极地致力于 SDN 的研究与开发，如 Big Switch、Pica8、Cyan、Plexxi 和 NoviFlow。SDN 原有的目标之一是创造一个竞争性更强和开放程度更高的网络市场，在这种市场环境中软件和硬件分开销售，从而让用户自由选择网络操作系统。

本书主要介绍开源免费的软件交换机及 SDN 网络模拟软件，有物理机需要的读者可以查询华为、博通、盛科等厂商的官网。在介绍网络模拟与仿真主流工具之前，首先对模拟与仿真的概念进行区分：计算机模拟是对目标系统的软件模拟，它主要利用数学抽象模型来模拟目标系统的行为，而不需要了解目标系统完成这一行为的内部过程。而仿真不同，它在模拟目标系统行为的时候需要"真实"地实现目标系统的运行过程从而得出结果。例如，如果目标系统是一束花，那么计算机模拟就是这束花的照片，而计算机仿真则是塑料花。

2.2.1 Open vSwitch

Open vSwitch（以下简称 OVS）是适合初学者研究的一款软件虚拟交换机，它在 Github 上有开源代码，很多公司也直接在 Open vSwitch 上进行优化。广义上讲，Open vSwitch 即开放虚拟交换标准，Open vSwitch 是在开源的 Apache 2.0 许可下的产品级质量的多层虚拟交换标准。它旨在通过编程扩展，使庞大的网络自动配置、管理与维护，同时还支持标准的管理接口和协议。狭义上讲，Open vSwitch 支持 Xen/XenServer、KVM 以及 VirtualBox 等多种虚拟化技术。在这种某一台机器的虚拟化的环境中，一个虚拟交换机主要有两个作用：传递虚拟机之间的流量，以及实现虚拟机和外界网络的通信。Open vSwitch 可用于 OpenStack 云平台下构建云租户网络，也被盛科、Broadcom 等厂商用于实现实体交换机，也可以用于协议评估、SDN 网络教学、网络模拟等。

Open vSwitch 实现了 OpenFlow 规范的控制转发设备数据流的流行为以外的特性。例如，它允许控制器上创建多个虚拟交换机实例、对端口设定服务质量（QoS）策略、为交换机增加接口、配置 OpenFlow 数据流路径的隧道接口、管理队列并收集统计数据等。因此，对于 Open vSwitch 来说，OVSDB（Open vSwitch Database Management Protocol）是与 OpenFlow 互补的协议。

虚拟交换就是利用虚拟平台，通过模拟的方式形成交换机部件。跟物理交换机相比，虚拟交换机具备众多优点。一是配置更加灵活。一台普通的服务器可以配置出数十台甚至上百台虚拟交换机，且端口数目可以灵活选择。例如，VMware 的一台 ESX 服务器可以仿真出 248 台虚拟交换机，且每台交换机预设虚拟端口可达 56 个。二是成本更加低廉。通过虚拟交换往往可以获得昂贵的普通交换机才能达到的性能，例如微软的 Hyper-V 平台，虚拟机与虚拟交换机之间的联机速度轻易可达 10 Gb/s。思博伦 SDN 测试仪则可以模拟 500～2 000 台的虚拟交换机构成的网络。

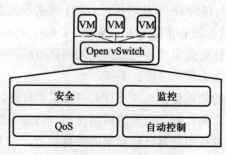

图 2-11 OVS 概念图

图 2-11 给出了 Open vSwitch 概念图，Open vSwitch 通过支持 OpenFlow、OVSDB、mgmt（management port）协议实现了向用户开放、灵活、动态的控制，同时实现了流量整形等基本的 QoS（服务质量）的控制，包括了 Open vSwitch 支持使用开源的软件插件实现网络监控，例如：Netflow、sFlow、SPAN、RSPAN。在安全性方面，它支持 VLAN 隔离和数据流过滤。

Open vSwitch 软件交换设备可以实现虚拟机和外部网络的桥接。在基于 Linux 的操作系统中，该转发设备使用了 Linux 内置的、快速稳定的 L2 转发设备（Linux 网桥）。Open vSwitch 可用于部署多服务器的虚拟化网络，这些虚拟网络往往需要由高度灵活的终端和逻辑抽象来定制，Open vSwitch 可以快速构建虚拟网络。

Open vSwitch 代码是用 C 语言实现的。从 Open vSwitch 官网资料得知目前有以下功能。

① 基于 802.1Q 标准的 VLAN 模型。

② 使用链路汇聚控制协议实现的网卡汇聚。

③ 使用 NetFlow、sFlow(R)等网络监控软件实现可视化监控。

④ QoS 配置和增加策略。

⑤ GRE 隧道、GRE 嵌套 IPSEC 隧道、VXLAN 技术和 LISP 管道。

⑥ 802.1ag 联通性错误管理。

⑦ OpenFlow 1.0 及其他版本扩展。

⑧ 通过 C 语言或 Python 语言实时配置数据库。

⑨ 使用 Linux 内核模块高效转发。

Open vSwitch 包含以下的特性，使其满足了后面提到的技术需求。

① 状态的转换：所有网络中的任何实体的状态（如虚拟机）可以通过简单的方式识别和获取，这些实体的状态可以简单快速地在不同的主机间进行变化。这些功能包括了传统的"软状态"方式（例如使用 L2 层的 MAC 地址学习）、L3 转发状态、路由策略状态、访问控制表（ACL）、服务质量策略、网络监控（如 NetFlow、IPFIX、sFlow）等。

Open vSwitch 已经支持配置和更改各实例的配置和状态。例如，如果一个虚拟机在终端主机间迁移，可以在移动各种服务配置（SPAN 流表记录、ACL、QoS）的基础上对网络的实时状态（如已有的比较难以重新建立的状态）进行移动。此外，Open vSwitch 状态已经被一个事实的数据模型进行了规范化和模板化管理，该数据模型易于实现结构化的动态系统的开发。

② 对网络变化的响应：虚拟环境经常面对网络快速的变化。虚拟机会经常根据用户的需求进行迁移和改变，这都导致逻辑上的网络拓扑发生变化。

Open vSwitch 支持应对网络发生变化的一系列功能。这包括了对网络变化的统计监控和可视化呈现，例如：NetFlow、 IPFIX 和 sFlow。较为独特的是，OVS 支持网络状态数据库

OVSDB，该数据库可以远程访问，可以从各种角度观察网络并在管理应用时进行变化。OVS 同样支持 OpenFlow 协议，用这种方法实现了对数据流的远程控制。该功能可以用来实现全局网络的拓扑发现（例如 LLDP、CDP、OSPF 等）。

③ 逻辑标签的维护：分布式的虚拟交换机（如 VMware vDS 和 Cisco's Nexus 1000 V）经常维护一些添加或修改数据包的标签信息。这些标签可以被用来唯一地识别一个虚拟机（在同一个地址池分配的空间中）或保留虚拟空间的信息。管理好这些标签就可以很好地解决构建分布式虚拟交换机的问题。

OVS 包含多种识别和维护标签的方法，这些方法都可以供远程进程在编排工作中使用。此外，很多情况下这些标签流表记录使用了优化的格式，所以他们不会大量占用网络设备资源。这就使得成百上千的标签可以被配置、修改和迁移。类似地，OVS 支持 GRE 隧道技术，可以同时处理成千上万的 GRE 隧道的建立、配置和删除。该功能可以应用于构建跨越多个数据中心的虚拟机网络。

④ 硬件的整合：在处理数据包过程中，OVS 的转发路径被设计成可以减少硬件芯片的开销。这使得 OVS 可以很好地应用于单纯软件实现的交换机或硬件交换机。目前已有很多公司尝试将 OVS 使用到硬件交换机上，例如 Broadcom 公司和 Marvell 公司。将 OVS 部署到实际的硬件交换机中不仅可以加快 OVS 处理数据流的能力，还能简化硬件转发设备的管理工作，因为物理的环境和虚拟的环境可以采用同一套模型进行工作。

综上，OVS 在设计理念上与早期的虚拟网络设备不同，它在基于 Linux 的虚拟网络环境中实现自动和动态的网络控制。OVS 将内核代码压缩到很小并使用了很多可重用的模块。在 Linux 3.3 内核中，OVS 已经被许多广泛应用的软件使用（如 OpenStack、Mininet 等）。

图 2-12 给出了 Open vSwitch 的典型工作流程，具体解释如下。

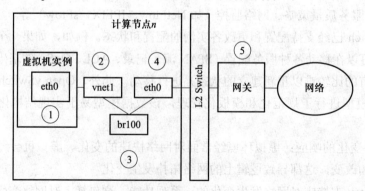

图 2-12　Open vSwitch 工作流程

① 虚拟机实例产生一个数据包并发送至实例内的虚拟网络网卡 eth0。

② 该数据包会传送到物理节点上的虚拟网卡接口 vnet1 上。

③ 数据包从 vnet1 的端口输出并到达虚拟网桥 br100。

④ 数据包经过交换机的处理，从物理节点上的物理接口 eth0 发出。

⑤ 数据包按照物理节点上的路由以及默认网关从 eth0 发出。

2.2.2 Mininet

Mininet 是一个目前较为流行的开源网络仿真器。它由 Stanford 大学 Nick McKeown 的研究小组基于 Linux Container 架构开发。使用 Mininet 可以在 PC 上使用脚本编写、测试一个 SDN 网络。Mininet 既可以通过直接给拓扑参数赋值来实现典型的网络拓扑，也可以指定交换机数量、主机数量以及它们之间的链路连接方式。Mininet 集成了 Open vSwitch，所以其代码可以无缝迁移到真实的硬件环境中，在单点资源受限的情况下还可以通过隧道将多个物理节点上模拟的多个 Mininet 网络组合成更大的网络。自由灵活的网络构建方式使得使用者可以将精力放在控制器应用的开发上。

Mininet 通过对网络通信过程的模拟和 Linux 内核支持的名字空间来创建虚拟网络。在 Mininet 中，主机使用工作在名字空间中的 bash 进程来模拟，所以在 Mininet 模拟出的 host 主机上可以运行任何能够在 Linux 服务器（例如 Web 服务器或客户端程序）上的程序或代码。Mininet 主机拥有自己的私有网络接口并且只能看到自己的进程。转发设备使用软件实现，例如 Open vSwitch 或其他支持 OpenFlow 协议的软件交换机。链路是由虚拟的以太网对（ethernet pair）来实现的，这些以太网对工作在 Linux 内核并能够将虚拟的转发设备和主机相互连接。

Mininet 可以将终端、交换机、路由器和链路的仿真在一个 Linux 内核下实现，主要利用了轻量级的虚拟化技术将一个单独的系统虚拟成复杂的网络。利用 Mininet 仿真出来的终端所表现出的行为就像一台真实的机器一样，用户可以远端登录或者在其上运行任意的程序。这些程序通过 Mininet 发送数据包进行网络通信，不仅有链路速度还有一定延迟。这些数据包像在真实的网络环境中一样被交换机和路由器处理。Mininet 作为轻量级网络研发和测试平台，相比 NS2 等网络模拟软件更加简单易学，且运行速度快。不但支持系统级的还原测试，而且有很好的硬件移植性（Linux 兼容），已作为学术界普遍使用的模拟软件。

2.2.3 NS3

NS3 是一种基于 C++ 和 OTcl 的离散事件的网络模拟器，是开源的、面向广大科研人员和学生的免费软件，采用了 GNU GPLv2 许可证。NS3 内置多种网络模式和网络性能模型，提供了便于进行实验的模拟引擎，它模拟的范围不仅包括网络系统，也包括非基于网络的系统。NS3 提供图形化的用户接口环境并且集成了很多数据分析和可视化工具。NS3 目前主要应用于 Linux 系统，也支持 FreeBSD 和 Cygwin。

目前 NS3 支持对 OpenFlow 交换机环境的模拟，在 NS3 中 OpenFlow 交换机可以通过 OpenFlow 来配置，提供了 quality-of-service 和 service-level-agreement 支持的 MPLS 扩展。通过这样的扩展，NS3 模拟的 OpenFlow 交换机具有可配置和可 MPLS 扩展的能力，可以良好地并且准确地模拟多种 OpenFlow 交换机。

NS3 模拟器的开发模块中包括了模拟并使用 OpenFlow 转发设备的模块，该模块已经广泛地应用在研究工作中。该模块具备使用 MPLS 实现服务质量和服务级协议，通过扩展将这些功能扩展到 NS3 模拟器，其中的转发设备能够使用 MPLS 并动态配置，NS3 模拟器可以模拟多种不同的转发设备。

OpenFlow 模块包含 OpenFlowSwitchNetDevice 和 OpenFlowSwitchHelper 两个模块来帮助配置节点。网桥模块（bridge module）使用一系列 NetDevices 来启用端口，支持转发或者洪泛操作。NS3 能够真实模拟转发设备并维护一个可配置的流表，该流表具备完备的功能如匹配数据包、执行不同的操作等。模块能够识别各种 OpenFlow 消息并对控制器和其上的应用进行测试。NS3 中的转发设备对 TCAM 存储也进行了模拟，已实现和真实环境一致的结果。

为了方便实用，控制器的某些功能（例如下发控制信令至转发设备并管理数据流）可以由虚拟控制器实现。用户可以使用 ofi::Controller 命令增加控制器。只要用户熟悉 OFSID 标准和 OF 协议就可以在其上编写很多应用。

2.2.4　EstiNet

台湾思锐科技开发了一款名为 EstiNet 的 OpenFlow 网络仿真器，它的特色在于提供了用户友好的可视化工具，可以直观地对数据包经过多台 OpenFlow 交换机时的互通性问题进行故障诊断。EstiNet 还可以用于构建 OF 转发设备和控制器构成的网络并进行故障排除、网络虚拟化、资源抽象和管理、网络安全等。图 2-13 给出了 EstiNet 系统架构和使用界面。

2.2.5　OFTest

OFTest 是专门测试 OpenFlow 协议的软件，目前在 Github 上的最新支持测试的 OpenFlow 协议版本为 1.0/1.2/1.3/1.4。OFTest 是最早获得 ONF 组织认可的 OpenFlow 协议一致性测试软件，它只对 OpenFlow 协议做测试并且只测试交换机。SDN 的好处是实现了跨越厂商壁垒的设备组网，但在 SDN 推广过程中也由于各厂商对协议理解不一致导致协议实现不完全或存在差别，如果不经检测就将设备放入网络会导致不可预知的问题，因此网络测试在网络的设计、设备选取、建设和运维中都起着重要的作用。为了进行一致性测试，在测试环境中，OFTest 会模拟成控制器用来测试 OpenFlow 交换机，根据测试的消息主动或者被动与交换机连接，测试 OpenFlow 协议中所规定的所有测试点。OFTest 测试 OF 交换机的系统结构如图

2-14 所示。

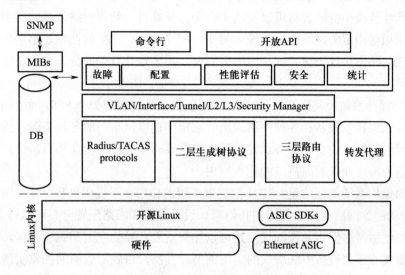

图 2-13　EstiNet 系统架构

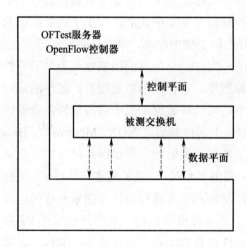

图 2-14　OFTest 测试原理

2.3　网络操作系统

操作系统提供用于访问底层资源的高层次编程 API，管理协调访问硬盘驱动器、网络适配器、CPU、内存等设备。在 PC 领域有 Linux 和 Windows 操作系统，而智能手机领域有 iOS 和安卓系统。这些操作系统对功能和资源的统一管理最终给用户提供了良好的使用体验。它们的广泛使用已经对计算机的发展带来了巨大影响。很多高速网络设备的性能先进并且价格高昂，一台高性能路由器的价格可以买几十台个人计算机，然而网络领域的路由器和交换机一直使用功能相对固定的网络操作系统，与 PC 相比功能少、扩展性差、不同厂商间互操作性极低。因此，路由协议研究者解决网络问题时，需要设计复杂的分布式算法来解决不同厂商设备的差异。

SDN 网络操作系统（又称 SDN 控制器）是逻辑上集中管理一个 SDN 网络的关键网络设备，负责集成底层转发设备和各种网络应用。它集中调度网络中的各种资源，维护全局视野并执行整个网络最基本的一套服务。目前规定它需要具备开放的南向接口协议，具备扩展东西向接口的能力，可加载北向接口的代理应用。

与传统的操作系统类似的是，SDN 控制器关键的作用在于提供抽象、基本服务和通用的 API。通用的功能如网络状态、网络拓扑信息、设备发现和网络配置分布可以作为设在 NOS 的应用服务。使用网络操作系统的优点是可以加载功能各异的应用和编程语言，从而使开发人员不再需要关心路由设备中低层次的实现细节。其次，对底层资源的抽象实现了网络底层透明性，降低了 SDN 网络管理复杂度。

从架构的观点来看，国外文献最常见的分类方式依据物理上集中式或分布式进行分类，但在逻辑上所有的 SDN 控制器都是集中式的，而出于性能扩展的需要存在着多节点的控制器，它们通过网络视图保持逻辑上集中控制，即所有的控制器节点都维护着统一的网络视图，定期进行同步并保持决策的一致。一个节点的控制器称为单节点控制器。单节点控制器是指仅有一台物理机器构成的控制器，它存在单点故障及扩展性的限制。在数据中心数以万计的设备面前，单节点控制器不足以管理数据平面中的海量转发设备资源，但在中小规模网络中也是简易可靠的选择。典型集中式控制器有 NOX、Maestro[11]、Beacon 和 Floodlight 等。NOX 是最早的控制器，在性能上受到很大限制。很多国外的研究工作是在单节点的基础上通过增加器件来增加控制器能力，利用多 CPU 实现了高度的并行化，从而支持企业级网络和数据中心所需的处理能力。这些控制器基于多线程设计并探索并行的、多核的计算机体系结构。例如，Beacon 通过使用高性能的云计算节点可以处理每秒超过 1 200 万的数据流。也有针对特定环境设计的控制器，Ryu 针对数据中心、云计算基础架构和运营商级网络直接支持运行在 OpenStack 网络模块中。Rosemary 控制器提供了特定的功能来保障安全性和应用程序隔离，通过使用以容器为基础的架构（称为 Micro-NOS）实现隔离应用程序和阻止 SDN 协议出错的主要目标。

面临网络规模急速扩张的紧迫形势，分布式控制器可以动态地扩大资源池从而满足任何从小至大规模网络的潜在要求。分布式控制器是两个以上单节点控制器组成的控制器机群。在这种情况下，每个单节点控制器被本书称作控制器实例，控制器实例之间需要不停地对这些信息进行交换，其中包括各节点链接及其能力的发现、拓扑信息、计费信息等。目前多为单独开发的分布式控制器，重点在于实现网络视图的同步，否则会出现分布式控制器内部的不一致性问题。借鉴集群的原理实现的分布式控制器可以为非常密集数据中心提供高吞吐量，通过网络视图的多备份冗余更好地适应不同类型的逻辑和物理故障，快速实现控制节点的切换。Google 的 B4 证明了数据中心网络集中优化服务的可行性，云服务提供商可以通过使用分布式控制器跨越广域网管理多个数据中心，让网络主动适配上层应用的需求。Onix[12]、HyperFlow、ONOS[13]、DISCO、yanc、PANE、SMaRt-Light 和 Fleet 是分布式控制器的典型例子。分布式控制器的一致性是逻辑上集中控制的关键，每个控制器实例所管理的网络都是动态变化的，对于数据中心来说上层应用对网络的需求也实时更新，如何尽快将整个网络中所有控制器实例的网络视图和配置信息保持同步是网络正常工作的关键问题。虽然目前的分布式控制器更新目标节点将最终更新所有控制器节点，但基本上存在一定的延迟，一致性问题的性能将影响 SDN 网络在更大范围内的应用和推广。全局视图同步收敛速度慢意味着有一段时间在目标节点对于相同的属性可以读取不同的值（旧值或新值）。未来的分布式控制器应具备强一致性，确保所有控制器节点都会在写操作后立即读到更新后的属性值。

一个单节点控制器可能足以管理小型的网络，但它是存在单点故障隐患的。分布式控制器的容错性较强，当一个节点出现故障，另一个邻近节点应接管失效节点的职责和转发设备，但这一过程依然有延迟，会短暂影响转发设备工作，OpenFlow 提出了在控制器失效时让转发设备暂时使用传统网络工作机制运行的方法。

南向、北向接口的系统结构在本书中作为单独的一个部分，东西向接口被作为分布式控制器所需的一个接口服务，它和分布式控制器处在一个层次上，事实上很多东西向接口本身就作为分布式控制器的一部分来实现。东西向接口以协调和互操作的方式增强分布式控制器的可扩展性和可靠性。互操作可以增加控制平台的多样性。在将多个单节点控制器聚合起来的过程中，很多各节点本身已实现的功能不需要重复开发，如拓扑发现、转发设备连接、南向接口协议等。分布式控制器的设计重点在于实现这些单节点控制器之间协作的功能，包括在控制器实例之间实现数据导入/导出、数据一致性模型及算法、监测/通知功能（例如，检查某一个控制器是否有效地接管一组转发设备）。在南向和北向接口的标准化成为重要议题后，东西向接口作为分布式控制器的重要组成部分，为了使不同的控制器之间相互识别并提供共同的一致性和互操作性，实现各控制器实例间的互联互通，就必须制订标准的东西向接口。东西向接口功能主要分以下几个方面。

① 通用信息交互和事件通知：Hyperflow 最早实现了东西向节点间通信，但实现的功能十分不完善。SDNi 定义了通用的、用于实现关键协调的要求，例如协调流表记录的安装和跨多个域交换可达性信息。其他实现东西向接口的工作包括 Onix 的数据导入/导出功能、ForCES 的 CE-CE 接口、ForCES Intra-NE coldstandby mechanism 的高可用性和分布式数据存储。

② 控制器状态协同：如 DISCO 使用的改进型消息队列协议（AMQP）、分布策略并发和

同步组合技术、协作数据库和 DHT（应用在 Onix 中）或具有强一致性和容错性的高级算法。在多域的网络环境中，东西向接口可能需要更具体的 SDN 控制器域间通信协议。这些协议的重要功能是协调应用下发的流表记录、交换可达性信息来实现跨域 SDN 路由和保持整个网络的信息一致。

③ 分布式应用安装与更新：在分布式控制器实现信息数据同步后，当分布式控制器上的应用需要添加或删除时，需要使用自动化的变更机制。只有这样才能使得控制器更满足一个操作系统的要求。

目前的东西向接口、北向接口是异构存在的，这与两者实现上存在过多不同的技术路线有关。除了与同样的 SDN 控制器实例交互之外，控制器也应该可以与同一个控制器集群中不同的控制器实例通信，甚至和非 SDN 控制器通信。为了实现互操作性，东西向接口应该支持其他控制器的接口及其具体的服务集合，并隐藏底层架构的不同特性，例如网络技术的多样性、地理上的跨度和规模以及广域网和局域网在边界上的区别。在物联网等环境下，不同网络间的东西向接口将变得更加复杂，除了做到网络信息的同步，如何将这些异构网络视图合理表达也是需要进一步规范的工作。

SDN compass 这一研究[14]提议系统地讨论并定义东向接口和西向接口的区别，将西向接口定义为 SDN 到 SDN 协议和控制器到控制器接口，而东向接口则用来与传统网络控制平面进行交互。北向接口则需要进一步实现标准化、通用化和实用化。

2.3.1 OpenFlow 单节点控制器

早期 SDN 领域中主要使用单节点控制器管理网络，这些控制器目前依然活跃在小型网络和学术研究环境中。本节主要介绍几个较为知名且应用较广的单节点控制器。

1. NOX/POX

NOX 作为 SDN 领域第一款 OpenFlow 控制器在 2008 年被 Nicira 捐献给开源社区。作为最早的 OpenFlow 控制器，NOX 是很好的学习案例。NOX 虽已不再更新，但它在学术研究和早期的产业界中产生了巨大的影响。NOX 存在一个使用 Python 语言编写的版本 POX，POX 可以支持 OpenFlow 1.3 协议，具备完善的事件处理机制，在路由、网络信息管理等方面只实现了基本的功能，而在安全虚拟化等方面则完全不具备任何能力。由于 NOX 出现较早，各类研究工作中都可以见到它的身影，Mininet 的默认控制器也是 NOX。当然，目前存在很多基于 NOX 开发的商用控制器版本。NOX 的架构如图 2-15 所示。

2. Ryu

Ryu 控制器是日本 NTT 公司研发的一款开源的 SDN/OpenFlow 控制器，为软件组件提供了定义良好的 API，方便开发人员创建新的网络管理和控制应用程序。Ryu 采用 Apache 开源协议标准，支持与 OpenStack 结合使用并应用于云计算领域。Ryu 支持各种协议来管理网络设备，如 OpenFlow、Netconf、OF-Config 等，对于 OpenFlow 支持 1.0、1.2、1.3、1.4 以及 Nicira 的扩展。Ryu 采用 Python 开发基于组件的开源软件定义网络控制应用，使得开发者可以在了解其工作原理后，继承已有的策略基类创建新的网络管理与控制应用。

图 2-16 给出了 Ryu 的控制器架构，Ryu 同时支持用户自行编写应用、OpenStack 的网络模块 quantum 的调用以及已有 App 的直接使用。同时，Ryu 控制器提供用户现成的 RESTful 接口，开发者可以按需添加组件和库文件，实现快速策略设计。Ryu 架构是一个提供了 OpenFlow 协议的平台，相当于一个没有应用软件的操作系统，仅提供了内置应用如租户隔离、消息收发、协议封装。通过 Ryu 提供的 API 编写相应功能的 APP，这些 APP 就相当于网络操作系统的应用软件。

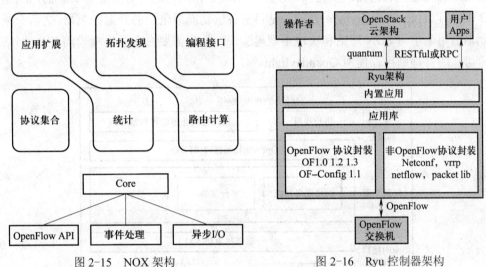

图 2-15　NOX 架构　　　　　　图 2-16　Ryu 控制器架构

3．Opendaylight

Opendaylight（https://www.opendaylight.org/）是 Linux 基金会的一个合作项目[15]，汇聚了大量产业界企业加盟，因此其发展十分迅猛、功能完善，其最新版本为 2017 年 4 月 26 日发布的 Carbon。Opendaylight 社区的成员包括了方案提供者、独立开发者和使用者。目前 Opendaylight 已经应用于网络资源优化、网络可视化控制、云和 NFV、自动化服务实现等，成为适用范围很广的控制器。

截至 2017 年，Opendaylight 拥有 27 个用户组，预计有 3 500 以上的独立使用者，社区中的开发人员也达到 600 人以上，其功能完善与新功能开发的能力达到了大型企业的水平。

Opendaylight 使用 Java 编写，其官网文档推荐的最佳运行环境为最新的 Linux（Ubuntu 12.04+）及 JVM 1.7+。Opendaylight 提供了一个模块化的开放 SDN 控制器，它提供了开放的北向 API（开放给应用的接口），可以同 OpenStack 云平台组合使用。同时支持多种 SDN 南向接口，支持混合模式的交换机和纯粹的 OpenFlow 交换机。

Opendaylight 在设计时遵循了以下 6 个基本的架构原则。

① 动态应用模块化更改。

② 多种南向接口协议的支持。

③ 服务抽象层。

④ 开放的可扩展北向接口。

⑤ 支持多租户、网络切片。

⑥ 一致性聚合。

Opendaylight 控制器主要包括开放的北向 API、控制器平面、南向接口和协议插件。上层应用程序利用这些北向接口获得网络全局视图，运行应用进行分析并部署新的网络策略。从图 2-17 可以看出 Opendaylight 控制器是目前各层功能最全面的开源控制器，之前介绍的几款控制器适用于学习 SDN 理论和实现小规模验证，如果需要在有一定规模的 SDN 网络中进行稳定可靠的管理则推荐使用 Opendaylight。

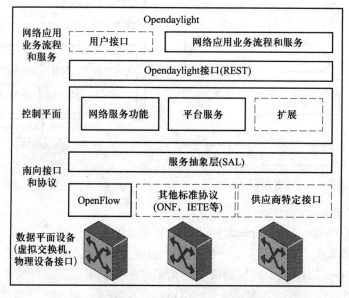

图 2-17　Opendaylight 控制器架构

Opendaylight 可动态组合提供不同服务[15]，如图 2-18 所示。其中主要包括拓扑管理、转发管理、主机监测、交换机管理等模块。服务抽象层通过自动适配底层不同的协议实现了资源透明性。南向协议驱动模块支持多种协议插件，屏蔽不同协议的差异性，支持的协议类型在目前的开源控制器中最全面。Opendaylight 的结构层次从下到上依次划分为数据平面设备（包括物理交换设备与虚拟交换设备等）、南向接口与协议、控制平面（包括核心控制部分与相关服务）、网络应用业务流程和服务。

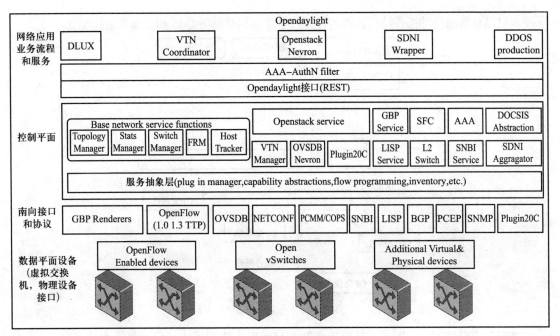

图 2-18　Opendaylight 模块图

Opendaylight 还具备最完善的技术文档体系，目前在官网上可以下载的文档如下。

① 综述指南（getting started guide）：该文档介绍了 Opendaylight 的总体架构、相关特性，可以初步解释系统中的各种模块。

② 用户指南（user guide）：用户指南全面介绍了 Opendaylight 的使用方法。

③ 安装指南（installation guide）。

④ 开发者指南（developers guide）：该文档面向具备一定 Opendaylight 使用基础、编程基础和 SDN 理论基础的用户，指导用户开发所需的功能。文档中以详细的案例给出 Opendaylight 应用开发方法。

⑤ OpenStack 调用指南：介绍了如何在 OpenStack 云平台使用 Opendaylight。

⑥ 版本变化介绍（release notes）。

4. Floodlight 控制器

Floodlight 是一个基于 Java 实现获得了 Apache 许可的企业级 OpenFlow 控制器，它的开发由一批社区工程师完成，依然在不断地更新。Floodlight 作为目前主流的 SDN 控制器之一，它在稳定性、易用性等方面有目共睹，完全开源的特性让它获得了更多的赞誉。控制器作为 SDN 网络中的重要组成部分，Floodlight 能集中地灵活控制 SDN 网络，为核心网络开发及应用层创新研究提供了良好的扩展平台。

Floodlight 是 SDN 控制器和一系列模块化的 Floodlight 应用的集合，如图 2-19 所示。它实现一系列常用功能来控制和查询 OpenFlow 网络，与此同时上层应用程序通过实现不同的服务功能解决用户在网络上的不同需求。对用户而言，通过这些应用可以完成对整个 OpenFlow 网络的掌控，可以获取网络的拓扑结构、管理控制网络流量和对网络 QoS 相关参数进行配置。

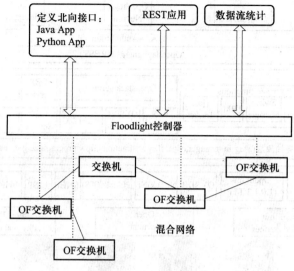

图 2-19　Floodlight 架构

如图 2-20、图 2-21 所示，FloodlightProvider 作为核心模块，负责将收到的 packet_in 消息转换为一个事件，模块管理器将应用分成保留应用和附加应用，保留应用是 Floodlight 自带的服务，而附加应用向 Floodlight 控制器进行注册后成为一个可使用的服务，具体机制就是在注册完成后事件会分发给注册的模块。

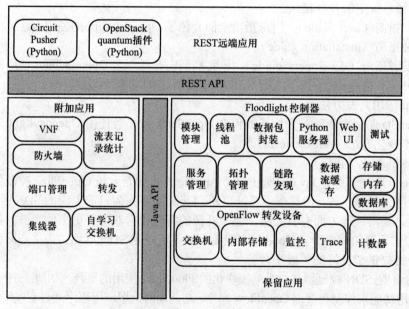

图 2-20　Floodlight 模块详解

在 OpenFlow 网络中，交换机向控制器发送最多的是 packet_in 消息。在 Floodlight 中，一个事件会广播给很多模块，各模块自行决定如何处理 packet_in 消息。在 Floodlight 中所有监听 OpenFlow 消息的模块都需要实现 IOFMessageListener 接口，在 Eclipse 里打开 IOFMessageListener，Type Hierarchy 窗口可以看到所有监听 OpenFlow 消息的类，如图 2-22 所示。它们之间执行的先后顺序如图 2-23 所示。

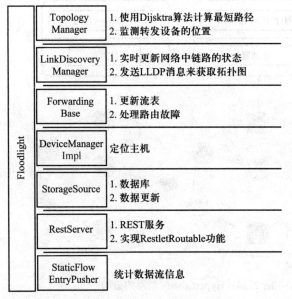

图 2-21　Floodlight 主要模块介绍　　　　　图 2-22　IOFMessageListener 接口

2.3.2　OpenFlow 分布式控制器

分布式控制器的出现是为了应对大规模网络全局管理的需求，所以分布式控制器必须具备弹性扩展的特点。现有的分布式控制器大多是采用多个单节点控制器组成的分布式系统，这就直接保留了单节点控制器具备的各种基本网络管理功能。分布式控制器本身侧重于实现各节点的一致性、原子性等功能。本节重点介绍典型的分布式控制器。

1．Hyperflow

分布式控制器在每个节点上部署全套的应用，Hyperflow 是早期提出的分布式控制器的典范。Hyperflow 的架构如图 2-24 所示，可以看到各种功能会作用在所有的节点上，这导致某些不适于部署在每个节点上的应用占用大量空间。Hyperflow 解决了多个控制器节点的组合和同步问题，但在成为稳定的网络操作系统的过程中显得太过简单。

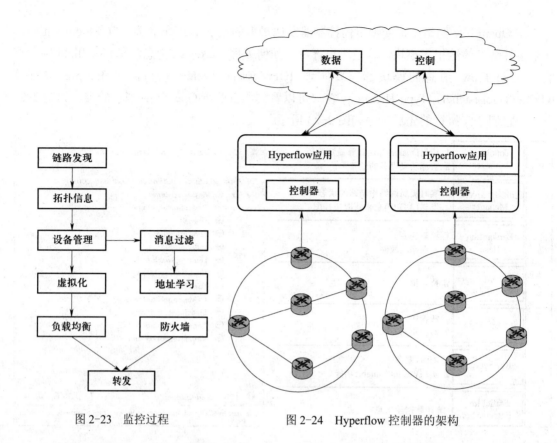

图 2-23　监控过程　　　　　　　　图 2-24　Hyperflow 控制器的架构

2. ONOS 控制器

ONOS 是开源的分布式 SDN 网络操作系统，主要面向服务提供商和企业骨干网。ONOS 以 Floodlight 为底层控制器实例，设计宗旨是满足网络的弹性需求，实现可靠性强、性能好、灵活度高的综合 SDN 控制器。ONOS 采用了先进的并发访问控制 Zookeeper，存储支持图数据库，在性能上十分先进。ONOS 实现以下功能。

① SDN 控制层面实现商业级服务功能，提供可靠性、性能、灵活度的保障。

② 提供网络敏捷性。

③ 帮助服务提供商从现有网络转变为透明、可编程的智能网络。

④ 减少服务提供商的资本开支和运营开支。

ONOS 的第一个模型使用了若干个开源软件来构建整个系统，如图 2-25 所示。例如使用 Floodlight 的一些现有模块，如转发设备管理器、I/O 模块、链路发现、模块管理器以及 REST 接口，通过调用 Floodlight 实现基本功能，高级的分布式同步功能则使用 Zookeeper、Titan、

Cassandra 以及 Blueprints 等开源软件。

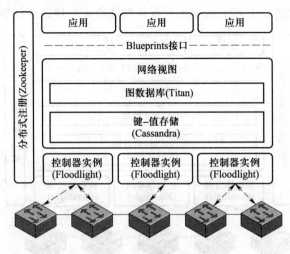

图 2-25   ONOS 架构

全网视图：全网拓扑视图的维护是分布式控制器的关键功能，否则 ONOS 集群内的实例之间无法相互分享网络信息，更不能保证网络及决策的一致性。Hyperflow 并没有给出如何保持一致性的细节，ONOS 使用泰坦图数据库来存储拓扑信息，保障了按图搜索信息时的高效性。节点和关系的信息存储使用 Cassandra 来保障分布式和可持续性，Cassandra 具有一致性存储的特性，它保障了网络视图的最终一致性。

可扩展性：ONOS 的一个关键特性就是扩展性。ONOS 分布式运行在多个服务器上，每一个实例是其管理的网络子集中各个交换机的控制器。一个 ONOS 实例能独立地完成网络的控制，并始终保持与全网视图的一致。网络中发生状态变化，如添加交换机等事件，都应该由 ONOS 实例负责将这个事件传播到全局网络视图（global network view）。

容错性：分布式的 ONOS 允许某一个组件或某一个 ONOS 实例失败，这不会影响整个系统的运行。ONOS 允许组件作为一个单独的实例运行，不过也提供了冗余容灾的能力。ONOS 可以允许交换机连接到多控制器，对于交换机而言只有一个控制器是 master，其他的是 slaver。当某一个 ONOS 发生故障后，它所管理的交换机将由别的 ONOS 实例接管。

并发访问控制：共享数据库将面临 ONOS 所有节点的频繁读写访问，这就需要高效的控制机制保存整个管理信息，使用 Zookeeper 来存储交换机和控制器之间的关系数据。每一个 ONOS 实例都需要连接 Zookeeper。Zookeeper 主要是用来解决分布式应用中经常遇到的数据管理问题，如：统一命名服务、状态同步服务、集群管理、分布式应用配置项的管理等。

ONOS 第二个模型关注于提升性能。第二个模型改变了网络视图架构，还增加了一个事件通知框架。在第一个模型中，远程操作是造成性能瓶颈的重要原因之一，所以在第二个模型中，通过减少远程操作的数量和加快远程操作的速度来解决这个问题，如图 2-26 所示。

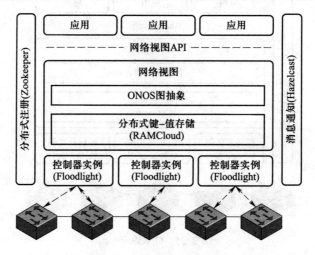

图 2-26　ONOS 实验架构

ONOS 的核心功能主要包含北向接口抽象、分布式核心控制器、南向接口抽象、模块化软件。图 2-27 给出了 ONOS 的设计架构。

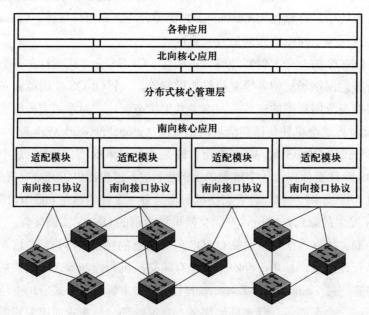

图 2-27　ONOS 的设计架构

Intent 架构和全局网络视图是通过北向接口实现的服务：Intent 屏蔽服务运行的复杂性，应用向网络请求服务而不需要了解服务运行的具体细节。应用更多的集中于能做什么，而不是怎么做。全局网络视图为应用提供了网络视图，包括主机、交换机以及和网络相关的状态参数，如利用率。应用可以通过 APIs 对网络视图进行编程，一个 API 可以为应用提供网络视图。北向接口抽象层和 APIs 将应用与网络细节隔离，而且也可以隔离应用和网络事件（如连接中断）。网络操作系统可以管理来自多个竞争应用的请求。从业务角度看，提高了应用开发速度，并允许在应用不停机的状态下进行网络更改。ONOS 设计架构包含以下几部分。

（1）分布式核心

分布式核心平台提供组件间的通信、状态管理，领导人选举服务。因此，多个组件表现为一个逻辑组件。对设备而言，总是存在一个主要组件，一旦这个主要组件出现故障，则连接另一个组件而无需重新创建新组件和重新同步流表。对应用而言，网络图形抽象层屏蔽了网络的差异性。另外，应用可以获悉组件和数据平台的故障代码。这些都大大简化了应用开发和故障处理过程。从业务角度看，ONOS 创建了一个可靠性较高的环境，有效地避免应用遭遇网络连接中断的情况。而且，当网络扩展时网络服务提供商可以方便地扩容数据平台，且不会导致网络中断。通过相同的机制，网络运营商也可以实现零宕机离线更新软件。分布式核心平台是 ONOS 架构特征的关键，目的是将 SDN 控制器特征提升到电信运营商级别。

（2）南向接口抽象层

南向接口抽象层由网络单元构成，例如交换机、主机或是链路。ONOS 的南向接口抽象层将每个网络单元表示为通用格式的对象。通过这个抽象层，分布式核心平台可以维护网络单元的状态，并且不需要知道底层设备的具体细节。这个网络单元抽象层允许添加新设备和协议，以可插拔的形式支持扩展。所以，南向接口抽象层确保了 ONOS 可以管控多个使用不同协议的设备。南向接口抽象层的主要优势如下。

① 可以用不同的协议管理不同的设备，且不会对分布式核心平台造成影响。

② 扩展性强，可以在系统中添加新的设备和协议。

③ 可以轻松地从传统设备迁移到支持 OpenFlow 的白盒设备。

（3）软件模块化

软件模块化是 ONOS 一大结构特征，方便软件的添加、改变和维护。ONOS 的主体架构是围绕分布式核心平台的三层架构，核心平台内部的子结构也能体现模块化特征，核心平台的存在价值就是约束任何一个子系统的规模并保证模块的可扩展性。此外，连接不同模块的接口是至关重要的，允许模块不依赖其他模块独立更新。这样就可以不断更新算法和数据结构，并且不会影响整体系统或是应用，这一特点是确保软件稳定更新的关键。ONOS 建立树形结构不仅仅了遵循而是要加强这些结构原则。合理控制模块大小并且模块之间保持适当依赖形成一个非循环的结构图，模块之间通过 API 进行关联。

3. Kandoo

Kandoo 是最为典型的分层式控制器，它将控制器实例分成两类：根实例和本地实例。两类实例位于不同的控制平面层，本地实例间不发生信息同步与控制协调。这种设计让根实例成为运行面向本地实例的应用，从而实现了实例的差异化配置，如图 2-28 所示。

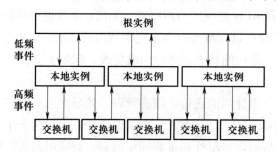

图 2-28　Kandoo 架构

本地实例—转发设备之间的关系与单节点控制器—转发设备的关系相同，因此可以直接使用现有单节点控制器做本地实例。根实例则是分层式控制器的一大亮点，它负责进行本地实例的管理并运行非实时的应用。它能够将本地实例从繁重的非实时服务中解脱出来，实现"全局任务高层处理，局部任务底层处理"的合理配置。如果根实例想要下发策略，需要经由本地实例转发到转发设备上。

Kandoo 作为一种学术界提出的控制器，为人们提供了协作式控制器之外的新的选择，然而该控制器需要改进的地方也很多，首先没有一个系统去界定应用的类别，其次应用仅依据响应时间来分类也并不完善。未来，分层架构作为一种相对高效的控制器类别需要完善系统评估的模型，最终实现产业级系统的开发。

4. Orion

Orion 同样是学术领域提出的混合分层控制平面，旨在在大型网络的管理中解决控制平面的超线性计算复杂性增长的问题和集中抽象分层控制平面结构带来的路径拉伸的问题。Orion 架构如图 2-29 所示。

Orion 主要组成部分如图 2-30 所示，其中，主机管理、拓扑管理、路由、存储和垂直通信模块在域内层次和域间层次上各有两个同名模块，高层控制器实例和底层控制器实例在功能上虽然重叠但管理区域上不同，底层子模块负责域内信息处理，而高层模块负责域间信息处理。Orion 为了在高层实现网络视图一致性，特别规划了水平通信模块，水平通信模块使用一个可扩展的 NoSQL 数据库来支持动态存储全局主机信息、全局交换机信息和全局抽象拓扑信息。进而在此基础上，水平通信模块的分布式策略主要实现了唯一的控制器实例编号。域间控制器使用分布式锁方法来保证自己的唯一控制器标识。同时，域间控制器负责为所有它连接的域内控制器生成唯一标识，这防止了编号重复引发的二义性问题。域间控制器使用分发机制来发布和订阅信息（如分发路由规则），可以创建主题供其他域间控制器订阅。

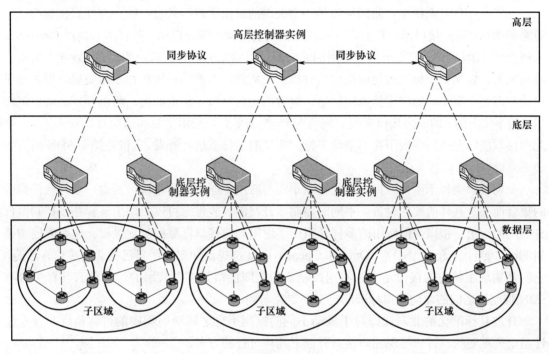

图 2-29　Orion 架构

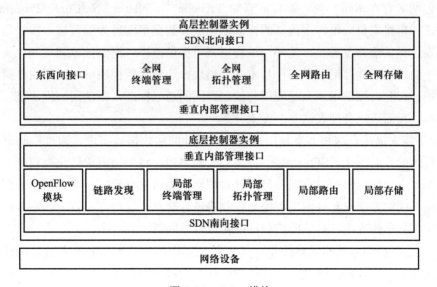

图 2-30　Orion 模块

2.4　北向接口

在整个 SDN 系统中，北向接口是一个关键的通信手段，其设计的合理性直接影响应用策略的效率。南向接口已经有了一个被广泛接受的方案（OpenFlow）并且本书也以 OpenFlow 为例介绍 SDN 网络，但提出一个通用的北向接口仍然是一个悬而未决的问题。就现在的研究进展来看，定义一个标准的北向接口的时机仍未成熟，当前的应用仍在不断发展，很难针对用途和开发方案不同的应用抽象出简洁、有效的北向接口。无论如何，可以预期必将出现通用（或事实上的）的北向接口来统一规范 SDN 控制平面与应用平面间的交互。如果存在一个北向接口能够允许网络应用在不依赖于特定实现的条件下进行开发，它将是挖掘 SDN 潜力的必要基础。

北向接口类似于南向接口，它是控制平面与应用平面之间的连接，是由一系列软件构成的集合而不是具体的硬件设备。不同的控制器开发的经验肯定可以归纳出一套在该控制器自身通用的应用层接口，但应用的多样性阻碍了通用北向接口标准的制定进程。现有的控制器如 Floodlight、Trema、NOX、Onix 和 Opendaylight 都提出和定义了自己的北向接口。然而，它们都实现了特定的接口定义，不同控制器的北向接口是难以共用的。目前云计算平台与 SDN 控制器之间的北向接口标准制定工作走在前列。

开放且标准化的北向接口对于推动不同的控制平台之间应用程序的可移植性和互操作性是至关重要的。目前实现北向接口有以下几种可行的方案。

① 用编程语言作为北向接口。这种方案将编程语言设计工作和北向接口标准化制定工作统一，但两者存在本质不同。编程语言如 Frenetic[16]、Nettle、NetCore、Procera、Pyretic 和 NetKAT[17]也将来自应用程序内部的控制器功能和数据平面行为细节进一步抽象，进而以更简洁的表达提供给开发人员。此外，编程语言可提供范围广泛的抽象和机制来实现应用组合、数据平面的透明性容错以及各种基本功能模块，这些功能模块可以缩短软件模块和应用的开发周期。但北向接口本质上是应用与控制器间的通信标准，即使用编程语言定义还是无法确定标准，反而可能会使表达复杂度上升。

② 应用需求描述。这种方案使用应用自行设计的结构描述需求，通过控制器上的解释器转化为具体的控制方法。SFNet 是一种高层次的 API，将应用需求转化为较低级别的服务请求。SFNet 应用的范围相对有限，只能针对识别多播请求导致的网络和服务的拥挤状态。其他工作用不同的方法来允许应用程序与控制器进行交互。这种方法较为普遍，但通用性不强，适用于不共享的应用，对北向接口标准化没有帮助。

③ 采用已有操作系统的策略抽象。yanc 控制器提出了基于 Linux 和抽象的通用控制平台如虚拟文件系统（VFS）。这种方法使得程序员都能够使用传统文件作为实现网络应用和控制器的通信。

目前北向接口标准化没有最优的方案，不同的网络应用的要求是完全不同的，只能根据需求单独编写 API。用于入侵检测、防火墙、QoS 管理的接口与路由或计价应用程序完全不同。ONF 组织一直重视该难题并单独创建北向接口标准化工作组，该工作与其他工作组的工作平行展开。ONF 的研究工作包括将北向接口变为一个提供资源的渠道，使网络资源最终从不同的企业和组织的边界中抽取出来，让客户应用程序可以动态而精细地控制这些网络资源，这是将网络资源不断进行整合的过程。本书认为应该采用编程语言的设计理念为标准化北向接口设计较为精简的语法、语义，在此基础让北向接口信息的标准格式既能反映数据信息又能体现其功能。

SDN 架构中目前较多使用 RESTful 架构实现控制平面与应用之间的通信，虽然北向接口还没有相对完善的标准化协议，在当前工作中大多使用基于 Web 服务的方案。在前面章节的介绍中，很多控制器均使用 RESTful 架构和应用平面通信。

1. RESTful 设计风格

REST（representational state transfer）描述了互联网环境中的网络系统设计原则，SDN 控制器与应用间的远端协作模式使得当前控制器都支持这种架构。它首次出现在 2000 年 Roy Fielding 的博士论文中，很快获得了事实上的广泛使用。在目前主流的三种 Web 服务交互方案中，REST 相比于 SOAP（simple object access protocol，简单对象访问协议）以及 XML-RPC 更加简单明了，无论是对 URL 的处理还是对负载的编码，REST 都倾向于用更加简单轻量的方法设计和实现。因为目前的北向接口很多都采用了 REST 的设计理念，遵守其约束和原则，因此都被视为采用了 RESTful 架构。

（1）RESTful 原则

最重要的 REST 原则是 Web 应用程序的客户端和服务器之间的交互在请求之间是无状态的。这就在两者通信时减轻了双方维护连接状态的资源开销，在整个网络中存在数以百万计的通信的情况下节约了巨大的资源。无状态的交互还有利于防止意外的会话中断，只要客户端和服务器之间每个请求包含完整的信息，数据的交换就是连接无关的，可以随时用其他机器继续未完的工作。该特性十分适合云计算之类的环境。

服务器端将各种资源使用 URI（universal resource identifier）发布到网络中，URI 标识唯一的地址。客户端和服务器之间传输状态时资源对外接口是统一的。REST 使用 GET、PUT、POST 和 DELETE 这 4 个标准的 HTTP 方法。

（2）RESTful 约束条件

① 网络软件分成客户端和服务器两部分实现。

② 无状态性：早期使用的 Web 服务设计满足状态性，这种情况下服务器需要划分大量的内存为服务保存状态，在 Web 服务负载增加的情况下会损害服务器性能甚至导致服务器故

障，同时很多网络攻击可以针对这种大开销模式发起攻击。在出现意外连接中断的情况下，重建连接十分复杂，无状态的服务在这方面取得更好的效果。

③ 可缓存的响应：服务器对响应使用适合的中介进行缓存。

④ 统一的接口：要求客户端与服务器使用统一的接口进行通信，这些接口是由 HTTP 规范定义的，服务器方法包括 GET、PUT、POST、DELETE。所有的统一标识符是通过 URI 实现的。对资源处理的表述是自描述的。

⑤ 分层系统解耦了处理流程中不同层次的处理逻辑，使得业务组合更灵活，故障诊断更迅速，屏蔽了其他层的工作。

⑥ 按需代码：客户端的应用程序都是可扩展的，允许动态下载，客户端支持脚本或插件来加载媒体服务类型。

2．采用 RESTful 的案例

在 Chowdhury 等人的研究中实现了一个 SDN 环境下的网络监控管理模块，该模块结构如图 2-31 所示。

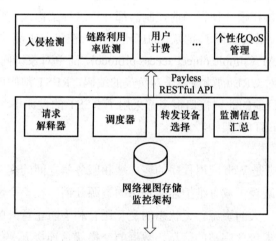

图 2-31　RESTful 的 Payless 监控模块

该模块对上层应用提供实时、完整的网络数据，这一交互过程是通过 RESTful API 来实现的，这一通用的 Web 服务提供方法可以方便该模块向各种第三方应用提供服务。在进行监控数据请求时采用了通用性较强的表述。

2.5　网络编程语言

软件定义网络通过开放的、标准的 API 提供了可编程性，控制器因此可以直接控制底层的交换机。但是，可编程并不等同于智能，现有的 SDN 控制器只提供了一个类似于汇编语言的低级编程接口，这种低级别编程接口在实现高级策略时复杂度往往难以接受。管理当今的计算机网络是一个复杂且容易出错的任务，先进行网络架构设计，确定每一个设备的详细配置，再逐一将配置写入各设备，在 Telnet 敲入保存命令后松了一口气，这个过程中易于出现语法、语义的错误，多个策略间的冲突或人为失误，这涉及策略所描述的多种网络设备和应用，包括从路由器和交换机到防火墙、网络地址翻译、负载均衡器以及入侵检测系统等。当配置出现错误时改正的代价也十分巨大。网络管理员必须通过烦琐的方式表达策略，同时处理多种协议和特定接口。软件定义网络正在重新定义管理网络的方式。但是程序员应该怎么写这些控制器应用？在早期的 SDN 控制器只提供程序员一个低级别的交换机接口。这迫使程序员在编写应用程序时直接考虑每一条流表记录的设置，烦琐且容易出错。这种开发模式就像可以自己 DIY 蛋糕却笨拙地做成了面糊，SDN 技术可以做得更好，帮助网络管理人员使用更加简洁的方式定义网络行为。

编程语言已经迅猛发展了几十年。学术界和工业界的研究已经从低层次的硬件特定的机器语言（如组件 x86 体系结构），发展为高层次、功能强大的 Java 和 Python 等高级编程语言。在可移植性和代码可重用性方面的进步已经推动计算机工业发生显著转变。同样的这一过程也是 SDN 发展过程的必经之路，可编程的网络也开始由 OpenFlow 消息的简单"组装"变为使用高层次的编程语言。最近几年提出了一些 SDN 编程语言，如 Frenetic、Net-Core、Maple 和 NetKAT。一般来说，一个 SDN 编程语言的编译器以高级的服务描述作为输入，生成实现流表记录语义的流表操作，因此未来也将支持网络策略的重用和派生，最大化利用编程语言的理念助力网络管理的发展。

高层次 SDN 编程语言的使用通常包含 4 个主要任务，如图 2-32 所示。第一，根据用户需求制定网络策略描述，在必要条件下可以利用已有的策略库继承、派生新的网络策略；第二，语法编译器将从高级语言中解析的模块的流表记录转换为流表记录模块的中间表示；第三，组合编译器通过模块间的组合关系，消除潜在冲突关系，将各个流表记录表模块集成到一个一致流表记录表的模块中间表示。第四，流表记录生成器将一致流表记录表的中间表示转换成 OpenFlow 兼容的流表。

底层的南向接口消息如 OpenFlow 和 POF 基本上是直接针对底层转发设备的行为做操作，迫使用户花太多的时间用于低层次细节上的处理。原始的 OpenFlow 程序必须处理底层硬件的行为细节，如出现重叠的流表记录、流表记录优先级排序和数据平面的不一致问题。使用这些低级规则难以重复使用代码、创建通用模块，阻碍了应用平面的快速发展，导致更容易出错的开发过程。有了编程语言的辅助，程序员的工作由图 2-32 的最底层上移到最顶层。用高级编程语言提供的抽象可以解决许多较低级别的指令集的问题，实现设计简单、可重复使用的、高层次的编程抽象，使系统可以高效地自动生成和安装转发设备相应的低级别规则。由此，创造更高层次的、简化的策略任务，用于对转发设备的编程控制；为网络软件程序员创造更关注生产效率和以问题为重点的开发环境，加快网络程序发展和创新，减少人为设计的工作量及相关错误。

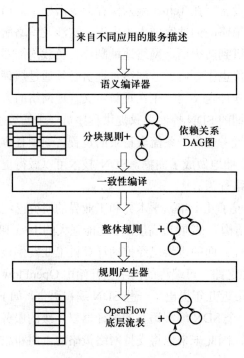

图 2-32　策略编译过程

编程语言抽象的另一个功能是为虚拟网络拓扑提供创建和编写程序的能力。这个概念类似于面向对象的程序设计，对象负责抽象数据和应用程序，使开发人员不必担心数据结构，从而专心解决特定问题。在一个 SDN 环境中，当创建网络策略时，不再关心每个转发设备安装流表记录的细节，网络管理人员可以用原有模板直接创建整个网络的一个子集或虚拟网络拓扑结构，在此基础上再编写相应策略。编程语言或实时系统应该自动负责产生和安装每一个转发设备需要执行的用户策略的较低级别的指令，并根据网络拓扑自动实现优化。网络编程所提供的网络虚拟化能力还可以将一个单一的物理转发设备逻辑上表示为一组虚拟交换机，其中每一个虚拟交换机都属于不同的虚拟网络。这两个例子的抽象网络拓扑结构在低级别的指令集下实现时复杂度很大。

高级别 SDN 编程语言可以执行和提供不同 SDN 重要性质和 SDN 功能抽象，例如网络范围的架构构建、分布更新、模块化组合、虚拟化和形式化验证，具体的优势如下。

① 避免整个网络中底层转发设备特有的配置和依赖性，防止因为不同设备命令集合而出现的管理困难。

② 使用高级别语言可以使策略描述更贴近于人们易于实现、理解和维护的形式。

③ 多个来自不同应用任务去耦合，降低修改任务组合时的难度，相关案例见 3.2.1 节中间件策略部署。

④ 以自动的方式解决转发流表记录的错误。

⑤ 简化基于状态的应用程序设计（如状态控制的防火墙），详细案例见 3.2.1 节采用状态机表达的策略。

⑥ 提供网络策略的自动监测和优化机制框架。

2.6 应用平面

SDN 网络应用在整个 SDN 体系中代表了网络的智能水平，它们实现了控制逻辑，这些逻辑将被转换成安装在数据平面的信令，描述和指导转发设备的各种行为。SDN 可以部署在传统的网络环境，从家庭和企业网络到数据中心和互联网交换节点。各种环境中的不同需求导致了 SDN 网络必须具有广泛应用以实现不同的功能。现有的网络应用程序已实现传统的功能，如路由、负载均衡和安全策略，而且还在探索引入 SDN 新的特性使系统更高效（如降低功耗等）。其他案例包括故障处理和可靠的数据平面、端至端 QoS 保障、网络虚拟化、在无线网络中实现移动管理等。SDN 的全局视图也使得应用设计可以采用更优的方案。尽管具有各种各样的用途，大多数 SDN 应用可分为五个类别[2]：流量工程、移动和无线网络、测量和监控、安全性和可靠性以及数据中心网络。

1. 流量工程

流量工程应用的主要目标是通过对流量管理实现功耗降到最低，最大限度地提高整体网络利用率，提供优化的负载平衡，以及其他常规流量优化技术。将业务流映射到现有物理拓扑上的任务被称作流量工程。互联网流量工程是处理 IP 网络性能评估和优化问题的互联网工程技术，实际上是一套工具和方法，用来确保网络设备或传输线路在任何情况下，都能从现有的基础设施中提取最佳的服务，让实际网络业务量以一种最优的方式存在于物理网络之中，从而实现高效、可靠的网络资源利用。从另一角度来说，它是对网络工程或网络规划的一种补充和完善措施，包括对网络流量的测量、分析、建模和流量控制等方面的原理和技术。相关的性能指标包括时延、网络抖动、丢包率和吞吐量等。

流量工程的关键性能优化的目标主要为流量和资源两个方面。面向流量的性能优化目标即为增强业务流的服务质量。面向业务的关键性能目标包括数据包丢失率最小化、时延最小化、吞吐量最大化以及分级服务协议的执行。面向业务的性能优化目标主要是对网络资源利用率的优化。资源利用率的优化需要通过有效的算法来辅助，以确保其他子网可替代路径没有被充分利用时，子网路径不被过度使用而发生拥塞。带宽是网络中的重要资源，流量工程的核心功能就是高效地管理带宽资源。

与基于 IP、MPLS 的常规的流量工程方法相比，SDN 中可采用集中式的流量工程系统实现更加高效和智能的流量工程机制。SDN 优势有以下几点：首先，集中可见的全局网络信息，包括网络状态的动态变化、网络资源限制等，满足全局应用信息，QoS 需求就是此类；其次，数据层无需改动，可以动态地在集中控制器重新编程，实现分配网络资源的最优化以避免网络拥塞，从而增强 QoS 性能；第三，SDN 交换机中的多流表流水线机制为流量管理提供了更加灵活与高效的方式。对于数据中心来说负载均衡是 SDN /OpenFlow 重点实现的应用程序之一，很多学者在数据中心中提出了负载均衡的具体方法和方案。虽然传统网络也有一些方法，SDN 特别值得关注的优势是为负载均衡解决方案提供了可扩展性，允许这种类型应用扩展的一种技术是使用通配流表记录来执行主动负载均衡。SDN 通过使用简单的技术，如针对流量负载动态关停链路和智能化设备，在正常通信情况下，数据中心运营商可以节省网络能量的 50%[44]。

2．移动和无线网络

无线网络当前的分布式控制平面并不是最优的方案，在管理有限的频谱、分配无线电资源、执行越区切换的机制、管理干扰并进行高效率负载平衡方面还有很大改进空间。基于 SDN 的方法使其更容易部署和管理不同类型的无线网络，如无线局域网和蜂窝网络。传统的无线网络中难以实现但确实需要的功能在以 SDN 为基础的无线网络中将成为现实。这些措施包括通过有效切换实现无缝接入点切换、负载均衡、创建按需的虚拟接入点（VAPs）。

3．测量与监控

网络拓扑发现是控制器的保留应用，应用平面的测量监控是面向更精准网络测试和评估的信息采集，如果仅仅是为了做粗略的统计，转发设备上的计数器已经足够。如果需要进行 SDN 网络优化，那么就需要采集更加复杂的网络信息，往往就需要通过算法和系统设计实现测试精度的提高和系统开销的降低。测量和监控的改良方案包括减少控制平面由于统计信息的收集而超负荷等。BISmark 实现的网络性能可视化监测采用了 SDN 技术的家庭网络带宽，使家庭网络中的控制器可以针对带宽的变化作出实时反应。至于提高信息采集手段则可以通过数据包采样技术、流量矩阵估算、细粒度通配符流表记录监控、两层 Bloom 过滤器，这些工作旨在提供高测量精度的网络监控而不会产生过多额外的内存或控制平面流量开销。

4．安全性和可靠性

在 SDN 研究领域中，安全性和可靠性的研究是最近十分重要的研究方向。控制器成了网络中心，同时也成了网络攻击收益最大化的目标，攻破一个控制器实例就可以扰乱一个 SDN 网络区域。目前 SDN 安全工作包括确保控制器和网络转发设备服务的稳定性、健壮性，安全措施包括访问控制、防火墙、网络安全中间件、DoS 攻击检测和防御、随机主机突变（即随机地变异终端主机以打破攻击者假设的静态 IP 地址）、监控云基础架构并进行细粒度的安全检查（即自动分析和提交恶意数据流给专门的网络安全设备，如深度数据包检测系统）、流量异常检测、细粒度流量的网络访问控制、个人移动应用细粒度策略的实施等。其他解决 OpenFlow 网络中的服务问题有数据流优先级法则、安全服务组合、防止流量过载和防范恶意管理员。

5. 数据中心网络

从小型企业到大型云供应商,大部分现有的 IT 系统和服务的实现强烈依赖于高度可扩展和高效的数据中心,数据中心是大数据、云计算时代网络服务的核心。然而,这些基础设施仍然在计算、存储和网络的业务协同方面有着显著的挑战。在进行数据中心网络的设计和部署时,设计者往往需要提供高灵活带宽、低延迟的网络方案,满足 QoS 的应用需求,通过减少能耗来提高整体效率,通过网络虚拟化技术来优化网络资源的配置。SDN 技术可以通过北向接口与计算和存储实现业务对接和协同,从而实现整个云平台的全方位同步。数据中心网络使用 SDN 后显著受益(如实时网络迁移、改善网络管理、故障回避、快速部署网络、故障排除、网络优化利用研究、灵活和弹性的中间件服务等)。SDN 可以帮助基础设施供应商实现虚拟网络隔离,向客户开放更多订制的网络原语并放置中间件和虚拟桌面云应用程序。为了充分发掘云在虚拟网络方面的潜力,一个虚拟网络可以按需从一个地方移动到另一个地方。结合虚拟机和虚拟网络的实时迁移必须动态重新配置所有受影响的网络设备(物理或虚拟),可以实现更加灵活的服务,带来更多经济增长点。

2.7 SDN 网络视图

SDN 集中控制的方式决定了控制器必须维护一个完整的网络视图,该视图需要实时反映网络各实体的变化。目前的控制器中有些使用本地的数据结构来存储相关信息,也有些控制系统(如 Onix、ONOS 等)使用独立的图数据库来存储网络信息。本节从网络信息的管理操作角度出发,讲解其获取和存储方式。

2.7.1 网络拓扑信息获取

假设某应用的逻辑是定义从 A 点流到 B 点的数据流所应路过的网络路径,为了实现该目标,路由应用程序必须基于网络拓扑输入来决定使用网络中的哪条路径,指示控制器向所选择路径上的所有相应转发设备安装相应的流表记录以实现正确转发。这就需要得到整个网络的拓扑图,目前大多数控制器的链路发现技术用于采集整个网络静态的拓扑信息,主要采用链路层发现协议(link layer discovery protocol,LLDP)进行链路发现工作。

1. LLDP 简介

网络设备的种类日益繁多且各自的配置错综复杂,为了使不同厂商的设备能够在网络中相互发现并交互各自的系统及配置信息,提出使用标准的信息交流协议来实现设备发现,实现这一功能可以依靠路由协议、SNMP 协议等方法,但上述方法均有自身的限制。LLDP 是一种标准的链路层发现方式。2005 年 5 月，链路层发现协议已被认可为 IEEE802.1AB-2005 标准，它代替了供应商私有的协议，并在大多数 SDN 控制器中得到应用。只要 SDN 网络中的设备都开启了 LLDP 协议，控制器就可以在较短时间内获取网络拓扑信息。

链路层发现协议是一个厂商中立的、允许网络设备自行交换身份信息和能力参数的二层协议。厂商中立是指能够获得不同厂商支持，非常适合 SDN 网络的需求。LLDP 是一种邻近发现协议，为以太网网络设备（如交换机、路由器和无线局域网接入点）定义了一种标准的方法和消息格式，使用 LLDP 可以向网络中其他节点公告自身的存在，并保存各个邻近设备的发现信息，完成网络信息收发。LLDP 由交换消息标准、交换传输协议和网络信息存储数据结构组成，设备将自身信息封装成 TLV（type/length/value，类型/长度/值）和 LLDPDU（link layer discovery protocol data unit，链路层发现协议数据单元）进行发送，多条网络拓扑信息可以放在一个数据包内传输。用于交换的信息包括本端设备的主要能力、管理地址、设备标识、接口标识等信息，邻居收到这些信息后将其存入标准 MIB（management information base，管理信息库）。

2．LLDP 包头结构

LLDP 信息由网络设备从每一个端口以固定周期发布。LLDP 中每一个包的结构都包含一个 LLDP 数据单元（LLDP data unit，LLDPDU）。LLDPDU 包含多个有序的 TLV 数据结构的信息。LLDP 在发送时将目的 MAC 地址默认设置成一个特殊的多播地址从而保证 802.1D 协议的网桥不会对其进行转发。每一个 LLDP 结构由 Chassis ID、Port ID 和 Time-to-Live 这三个固定的 TLV 开始，固定 TLV 之后紧接着是几个可选的 TLV，最后是一个特殊的结尾 TLV。该 TLV 在 type 和 length 字段上赋值 0。以太网条件下的 LLDPDU 采用了如下的架构：

目的地址	源地址	以太网类别	Chassis ID	port ID	TTL	可选 TLV	结束 TLV	校验部

TLV 组成部分如下：

类型	长度	值
7 比特	9 比特	0～511 字

该协议的细节可查询 RFC2922。在使用 LLDP 作为链路发现协议的网络中可以从控制器查询 MIB 数据库来获得网络拓扑信息。

3．LLDP 工作流程

LLDP 是一个用于网络拓扑信息交互的协议， LLDP 发送的信息通告不需要确认，不能发送获取某些信息的请求，也就是说 LLDP 是一个单向的协议，只能被动地接收并无需确认。

LLDP 主要完成如下工作。

① 初始化系统，生成本地 MIB 库中的信息。

② 从本地 MIB 库中提取信息，将信息封装到 LLDP 数据包中。

③ 接收并处理邻近节点发送的 LLDPDU 数据包。

④ 更新 MIB 信息库。

⑤ 当本地 MIB 信息库中有信息发生变化时，发出通告消息。

2.7.2 SDN 网络监控

SDN 网络监控需要耗费大量的计算、存储和网络带宽资源，同时这些资源的使用情况会直接影响对网络信息采集的准确性。SDN 使用集中控制的方式来实现全局视野下的应用和算法，这种技术节省了大量的底层硬件资源并可以动态地更换配置。SDN 的优点虽然明显，但也为网络监控工作带来了更大的挑战。在实现基于全局信息的应用（例如流量统计、流量工程、负载均衡、网络性能诊断）时，SDN 架构必须具备在多种采集条件下准确、实时采集信息的功能。否则，系统就无法针对实际情况做出正确的决策。一个成熟的 SDN 监控方案应该能够将不同时间和空间条件下的采集工作进行模板化的编排并针对每个转发设备的具体工作状况实现采集工作的最优化处理。

1. SDN 监控方式

（1）基于协议标准的计数器

在 SDN 的具体实现技术（如 OpenFlow）中，每个转发设备会占用一定的资源来建立一系列的计数器，这些计数器会针对特定信息类型进行统计，该方式在所有的 OpenFlow 转发设备上都会实现，基于相同的协议使得控制器可以用通用的接口进行网络信息的查询。

协议支持的计数器的优点是对多种控制器开放接口，但占用了大量的存储资源。目前实现 OpenFlow 流表的转发设备大多采用 TCAM，这种存储价格很昂贵，限制了转发设备的性能。同时，计数器本身不具备主动发送信息到控制器的功能，因此需要控制器占用大量的网络带宽去采集各转发设备计数器中的信息。

（2）基于 Hash 算法的统计

为了使监控工作的速度得到提高并节省数据占用存储的费用，也有许多相关工作采用独立的基于 Hash 算法实现的数据采集。在这一类方法中，根据待采集的数据流的特点利用 Hash 函数处理成较短的 Hash 值表，这一过程使转发设备大大缩小了记录信息时的查询范围。

在目前可用的软交换机（如 Open vSwitch）中，可以使用控制器下发信令获取其上的统计信息，国内外有许多工作使用这些计数器进行网络监控，虽然会有一定的误差，但这是最简单易行的方式。一般情况下，使用这种方式的信息获取属于主动监控，控制器会根据应用的要求在一段时间间隔之后对其中的信息进行访问。

HASH 的方法采用相对便宜的 SRAM 硬件实现，相比于 TCAM 可以将存储容量增大许多。使用这种数据采集方法的转发设备会将查询速度提高，随后将信息发送到控制器端做进一步的分析。

（3）网络监控插件

为了减少控制器定期查询转发设备上的信息所产生的网络带宽开销，可以用一些开源的网络监控插件或自行编写简单的信息采集工具，这些软件会自动进行数据采集工作并周期性地将信息发送到控制器。这种方法会占用一定的转发设备的 CPU 资源，但系统信息采集能力会得到提高。使用这种方法，系统能够应对流量变化快、采集时间动态变化的数据流。

使用现成的数据采集程序来进行信息采集。目前有很多开源的软件可以进行不同采集频率及精度的监控。典型的软件如 sFlow 和 Netflow。sFlow 使用抽样的方式进行数据的采集，占用较少的计算、存储资源，但在精度上略有缺点。Netflow 是思科公司提出的一种网络监控技术，持续对网络设备转发的数据流进行监控，可以满足关键交换设备的需求。这类软件一般分为两个部分：工作在转发设备上的监控插件和工作在服务层的数据汇总模块。监控插件会定期地对所在的转发设备上的数据流进行信息采集并发送到上层。这使得整个网络中的控制信令开销较低。

2．监控信息分类

（1）转发设备信息

网络的核心功能是数据流的路由选择及其优化，因此对转发设备信息的监控十分重要，但这部分转发设备信息指的是用于评价网络转发设备工作状态的信息。目前包括但不限于计算资源总量及占用情况，存储资源总量及占用情况，各端口最大吞吐量及占用情况，缓冲队列长度及实际使用状况，流表及其使用状况，组表及其使用状况。

（2）控制器信息

随着分布式控制器的发展，未来的实际应用场景中必然是由多个控制器实例进行大规模网络管理，这就要求网络服务提供方针对控制器的工作状态进行智能化的管理。从这个意义上说，针对控制器的状态进行数据采集是十分必要的。目前包括控制器进程对主机计算、存储、网络带宽资源的占用，控制器管理的局部网络的拓扑信息，控制器的历史信息，控制器运行的应用状态及相关数据，控制器对应的数据库信息。

（3）数据流信息

在本书中数据流相关信息的采集主要是通过 OpenFlow 协议中的计数器来实现，当然使用 sFlow 等插件也可以对数据流进行监测，但 SDN 南向接口协议提供的计数器是非常方便的。

3．网络监控场景

采集的场景可以依据数据流本身的变化快慢及数据采集的频率进行划分，这里需要注意数据变化快并不一定就需要加快数据采集，而是根据顶层应用的需要进行设置。同时判断数据流的稳定性也并没有规定固定的时间间隔，根据具体环境满足用户的需要即可。本书将监控场景分为三类。

（1）稳定的数据流且采集时间间隔较长

在这种情况下，可以利用转发设备本身实现的、基于不同匹配域前缀的 OpenFlow 计数器进行相关数据的采集。随后由控制器对这些信息进行在线或离线的分析和存储。该方法的有效性主要由转发设备支持的计数器种类和数量、转发设备和控制器之间的信令往返延迟决定。转发设备上的 TCAM 芯片的容量和控制通道带宽共同决定了网络转发设备能够支持的计数器的数量。TCAM 价格昂贵且是存储流表的主要方式，计数器作为流表的一部分，太多会占用很大的存储资源；如果计数器过多但转发设备与控制器之间的信令传输通道的带宽相对较低，整个设备需要更多的时间来传输监控数据，从而降低性能。整个控制信令的延迟时间对控制器的工作有很大影响，整个工作时间包括传输监控信息的时间、控制器算法计算的时间、转发设备更新流表记录的时间。当整个工作时间小于或等于采集时间间隔时可以认为采用这种方法是合理的。

（2）变化较大的数据且采集时间间隔较长

由于采集时间间隔较长，频繁针对变化较大的数据流进行监控是很困难的，提高查询的速度是重要的改进方向。在这种情况下，可以采用 HASH 表实现数据的采集，这种数据结构在查找过程中具有很高的效率。同时，采用了 SRAM 的数据采集模块更加便宜、容量更大。在这种情况下，需要将计数器与 HASH 相结合，在变化相对较慢的数据流上使用计数器，在变化较快的数据流上使用 HASH 数据结构，同时可以将一些数据流聚合起来进行监控来减少对资源的占用。

（3）变化较大的数据且采集时间间隔较短

可以将这种数据流理解为短暂的数据流，这就需要对特定数据精确捕捉，要捕捉这类数据流具有技术难度大、资源占用多的特点。

① 使用 Count-Min Sketch。采集所有的数据流的匹配域前缀并将它们进行聚合，取最大的关键流进行数据采集。

② Space-saving 算法。在可编程的转发平面上，使用对存储空间占用较小的算法编写数据采集程序。

（4）采集时间间隔动态变化

在现实网络中数据流会根据网络用户的需求动态变化，同时也很难只针对一种应用场景进行网络监控设置。在这种情况下，需要将以上三种方法结合使用。这是一个很具有挑战性的工作，一个很好的思路是利用各方法的共同部分进行优化。这一过程可以采用以下方案中的一种。

① SDN 网络的可编程性给控制器以动态监测能力，控制器可以根据智能算法动态决定需要针对哪些数据流进行信息监控以及针对稳定数据流采集信息的时间间隔。

② 控制器只负责决定关心的数据流的集合，而底层转发设备会用所有可行的采集时间间隔进行全方位的监控。

2.7.3　网络信息存储

近年来出现的图数据库能够天然地提供网络拓扑信息存储，ONOS 等分布式控制器均采用图数据库存储拓扑信息。传统数据库也可用于 SDN 网络，但相关知识不在本书的范围，读者可自行查阅相关文献，本节介绍适用于 SDN 网络信息存储的图数据库。以 ONOS 为例，该控制器使用 Titan 图数据库对顶层网络信息进行存储，底层每个节点上的信息则采用 Cassendra 数据库存储。这种方式既能从网络拓扑的角度进行查找和更新，同时也能高效地存储各个节点上的信息。

在计算机领域，图数据库是使用图结构实现对节点、边的表达及对存储数据的属性进行语义查询的数据库。图形数据库是易与图数据库混淆的概念，它是将地图与其他类型的平面图中的图形描述为点、线、面等基本元素，并将这些图形元素按一定数据结构（通常为拓扑数据结构）汇聚成数据集。

图数据库是依据图论思想设计并实现的数据库，与传统的关系型数据库有本质区别，由于能够很好地表达社交网络、知识图谱、异构数据网络、通信网络的连接特征，在依据这些领域信息的数据存储中具有较高的工作性能而成为数据库领域的研究热点。该数据库的信息包括了节点信息、属性信息和边的信息。

在图数据库中节点（node）代表着存储的某一个实体，这些实体按图的应用场景可以是购物网站用户、复杂的订单、纳税计费信息或者任何和该用户相关的关键信息。属性信息（property）是节点上的静态信息，这些信息的列表一般不会改变，但每个单一属性的具体值可以进行修改。例如，如果 tmall 是视图中的一个节点，它可能包含某些属性诸如 website、items、customer，属性的多少和分类最终是由包含这一节点数据库的应用需求决定的。节点间、节点与自身属性之间是通过边来连接的，这些边代表了任意两者之间的关系。绝大多数重要信息存在于边之中，查询也是基于边来传递。在用图表示数据之后，可以通过分析节点、属性和边之间的直观的或内在的联系获得有用的数据，这使得图数据库的查询更有针对性，在面向领域知识下的查询时效率更高，即相比传统的关系型数据库，图数据库可以更快、更好地反映数据的结构和数据之间的相互关联。由于不需要大开销的连接操作，图数据库易于进行扩展。由于网络本质上就是以图的形式存在的，图数据库与计算机网络存在结构上的天然关联，可以很自然地管理网络相关的数据。图数据库在面向图的查询方面做了单独的优化，因此当查询数据的语义包含图结构时图数据库的能力较强。

2.8　东西向接口

东西向接口是指控制平面内部用于控制器实例间控制信息、数据信息同步的接口。东西向接口的提出主要应对多节点控制器的出现，各个节点间需要使用一套完备的接口以实现控制信令和信息数据的同步，否则无法依据全局视图实现控制器负载均衡、单点容错、应用的需要等，保障整个分布式控制器的一致性。在多个节点同时存在时，某个策略任务需要从某个控制器实例发起并将子任务发布到其他控制器实例上。东西向接口没有事实上的统一标准，各控制器都有自己的一套操作集来实现节点间的互操作。也可以将东向接口与西向接口区分看待[14]。

西向接口是指在不同的网络自治域间进行信息通信的管道，它的作用是在各控制器实例间进行网络状态信息的交换来影响路由决策，最终实现跨域数据流的流表记录无缝下发。为了对这些信息进行同步可以使用已有的域间路由协议 BGP。这些西向接口协议由各个控制器开发者设计实现，通过这些接口在多节点控制器的每个实例上维护全局视野。当然多个节点上维护一致的网络视图相对困难，但理想状态下能够在所有节点上保持一致性。

东向接口在学术界有很多不同的使用建议：一种建议是将东向接口作为不同类型控制器之间的通信接口，因此该建议也是一种通用接口并工作在控制器平面之内；另一种则将东向接口视作 SDN 网络和非 SDN 网络的通信接口，例如通过多协议标签转换（multi-protocol label switching，MPLS）实现控制平面，这种实现方式依赖于非 SDN 网络所使用的技术。事实上需要存在一个 SDN 网络和非 SDN 网络之间的桥梁，即两者之间的翻译模块，目前有很多工业界产品支持转发设备工作在 SDN 与非 SDN 两种模式下，这是硬件设备对网络协议的支持，并不是两者之间存在信息通信的接口。这两种建议目前都还没有形成通用标准，但两者都是未来 SDN 体系中重要的组成部分。通过使用东向接口可以使网络中的各个区域进一步整合，SDN 网络也可以使用非 SDN 网络正运行的路由协议或对路径计算元协议（path computation element protocol，PCEP)的请求进行处理。

西向接口的工作范围虽是不同自治域但仍在同一种控制器系统内，而东向接口则面向不同的控制器或与传统网络、其他类型网络间的信息通信。这些工作将 SDN 控制器平面内部通信进行了较为初步的规范，在细节上东西向接口的开发尚有大量工作需要完成，包括多节点控制器的组合、各接口协议标准化等。

控制平面是整个 SDN 中最为关键的部分，即使北向接口标准化后应用平面从控制平面中分离出来，控制平面还是应用层和底层设备之间实现资源透明性的关键纽带。本章首先归纳单节点控制器和多节点控制器的典型架构，包括控制器的各基本模块及分布式控制器各节点如何部署。继而，介绍控制系统中控制策略的工作原理。该过程完整包括了采用何种方式描述一个 SDN 网络策略，如何将策略转化成易于底层设备处理的形式，将这些策略流表记录转化成信令下发到数据平面的所有相应设备上。介绍并讨论目前国内外在该领域所作出的颇具代表性的研究成果。

3.1　控制系统模型

控制器的核心功能集合包含了一系列 SDN 网络管理功能。这些功能与操作系统应具备的基本功能是相似的，例如应用层程序的执行、输入/输出操作控制、通信、防护等基础服务。这些服务往往是实现其他操作系统级的服务和用户应用的基础。很多功能如拓扑、统计、消息通知、设备管理、最短路径转发和安全机制都是用户开发高级的网络应用时必需使用的功能。消息处理模块应能够接收、处理并转发事件，例如时间通知、安全警告、状态改变等。安全机制则是提供服务和应用之间基本的隔离和安全执行的关键组件，例如，高优先级服务生成的流表记录不能被低优先级应用产生的流表记录覆盖。

3.1.1　单节点控制模型

在第 2 章中曾经介绍过许多单节点控制器，它们实现了 SDN 网络管理的基本功能，诸多控制器各具特色。能够反映这些控制器架构共同点的单节点控制模型如图 3-1 所示。

集中式控制器需要一个核心模块用于控制器应用的加载和管理，该模块衔接网络系统应用与底层功能模块。虽然各种功能主要在各应用上实现，但这些应用一般不与底层设备直接通信，底层网络的变化需要由核心模块转发给各应用。核心模块是控制器中的管理者，维护控制器中的消息传递并将其余各模块按照工作流程进行组织和管理。

拓扑发现模块使用链路发现协议采集底层的各转发设备的信息，进而形成以该控制器视角观测的全局网络图，该模块一般为控制器内置模块，采集的信息是整个控制器工作所需的网络基本信息。该模块对于计算路由、流量工程、保障服务质量是不可或缺的，否则控制器就难以感知到网络中的状态变化，也就无法进行适当的决策。

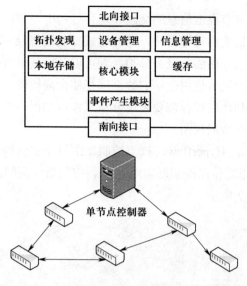

图 3-1　单节点控制器示意

单节点控制器没有外部存储，因此需要本地存储来维护一个全局视图。

事件产生模块负责根据收到的信息生成具体的事件序列，事件的类型需要由控制器系统定义，生成事件的过程是将收到的数据包中的信息提取出来并生成相应的事件类对象。这些对象并不针对某一特定的应用设计，核心模块会将事件发送给注册的应用，这些应用自行决定是否处理这些事件。

北向接口在目前一般是以特定系统的插件实现，负责向上发送信息和数据。

南向接口驱动指控制器中用于处理数据包的模块，由于目前存在多种不同的 SDN 南向接口，所以南向接口驱动模块应包含多种不同协议的处理能力和同一种协议不同版本的处理能力。

设备管理模块在资源虚拟化功能中扮演着重要角色，控制器对底层网络资源的管理、转发设备的调整等都需要通过该模块实现。

3.1.2　多节点控制模型

多节点控制器由多个控制器实例聚合而成，其中每个控制器实例首先必须是一个单节点控制器，本节重点介绍分布式控制器模型如何通过东西向接口将这些节点组合到一起。分布式的多节点模型相比单节点模型具有较大的实际应用前景，它具有良好的扩展性、容错性和灵活性。目前典型的多节点控制器结构主要有两种：协作式和分层式。这两种具体模型在组织控制器实例上有一定的区别，但每个底层节点均管理着一个网络子区域。如果每个控制器实例与周围的节点没有信息上的共享，则各控制器实例无法获得最优的全局视野，因此多节点控制模型着重解决的是各节点上信息的交互和运行过程中一致性的问题。针对上述问题，协作式控制器将所有控制器实例对等看待，而分层式控制器将控制器实例分到不同层次上并运行相应程序。如果从信息存储的角度去分类，则可以分成共享数据库式控制器和分布存储式控制器。共享数据库式控制器使用远端的数据库存储全局视图，由于多个节点均会频繁访问共享数据库，信息同步和读取过程需要采用分布式锁机制保障数据一致性；分布存储式控制器则在每一个节点上保存全局视图。

协作式控制器的代表是 Hyperflow，该类控制器中每个实例均是配置了同样应用的集中式控制器（有的也作为应用工作在控制器实例上），各控制器实例间同步网络信息、应用信息，并可以分担任务，如图 3-2 所示。

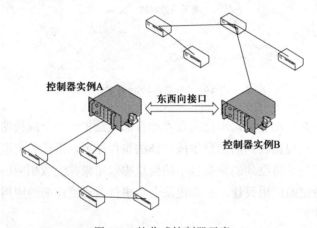

图 3-2　协作式控制器示意

协作式控制器的核心工作是让每个控制器实例都维护一个一致的工作状态，这个状态包括全局的网络视图、跨控制器实例应用的协同等，这需要各控制器实例不停地将各自管理区域内发生的变化通过东西向接口发送给其他的节点，同步过程的触发条件是某些关键事件（如出现新的网络设备、虚拟网络映射变化等）或系统设定的周期。该模型理论上能够让每一个控制器实例及其上的应用基于全网信息进行各种决策，但现实应用效果表明，同步过程中的某些决策只能依据非实时、弱一致性的信息，解决该模型下的一致性问题也是当前的一大研究难点。例如，ONOS 和 ONIX 的相关研究都曾提出集中存储的方案，该方案虽然减少了存储占用，却提高了系统对网络底层设备的响应时间。协作式控制器目前是该研究领域的主流，可以通过增加新的控制器实例实现资源的扩展。

分层式控制器以 Kandoo 为代表，该类控制器将控制器实例分成两层：底层控制器实例被称为本地控制器实例（local controller），高层控制器实例被称为根控制器实例（root controller），Kandoo 在两层不同的控制器实例上实现了应用的差异化部署，结构示意如图 3-3

所示。

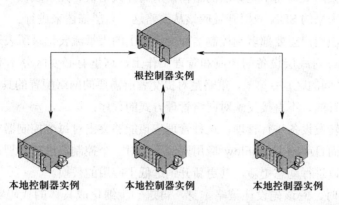

图 3-3　分层式控制器示意

从图 3-3 中可以看出分层式控制器不具备同层控制器之间的通信能力，网络状态的协同或大型任务的协调工作只能在根控制器实例上实现。该类控制器不是对控制器实例的简单堆叠，而是对控制器实例进行了分工。以 Kandoo 为例，控制器的类别主要依据应用的响应频率进行划分。响应频率高意味着应用需要实时响应来保障服务质量，此时 Kandoo 会将这类应用部署到本地控制器实例上。当响应频率较低即应用可以采用较长时间做决策时，控制器会将应用部署到根控制器实例上。分层式控制器的研究工作相对较为少见，但其方案随着网络应用的不断丰富会被越来越多的控制器采纳。

3.1.3　控制器模型对比

目前在研究领域较为活跃的多节点控制器均采用协作式 SDN 控制器模型，并且扩展到多种网络结构。协作式控制器带来了巨大的管理、同步通信开销[18]。这在 SDN 中造成了巨大的影响，反观分层式控制器则在这方面更优，但平均响应时间相对较长。各种控制器架构的比较在表 3-1 中给出，评价参照了 Diego Kreutz 等人的综述文献[2]。

表 3-1　控制器对比

控制器类型	性能参数				
	扩展性	存储开销	通信开销	响应时间	鲁棒性
单节点	无	少	少	快	无
协作式	有	巨大	巨大	快	强
分层式	有	一般	一般	慢	一般

3.2　控制策略

随着 SDN 新的应用案例不断提出和开发，编程框架方面的缺失迫使程序员在工作过程中着重考虑该框架的架构而不是算法的结构，从而导致错误、冗余或低效率。本节提出策略的概念就是认为未来的 SDN 应用开发应该从策略这一高层描述来进行。一个 OpenFlow 网络的策略最终应该由用户想要部署到控制器和交换机上的大量流表记录所表达和实现。策略和应用最终都反映在对底层设备的控制和管理工作上，这里有必要区分本书所定义的策略与 OpenFlow 应用之间的区别：第一，策略是对提交者所需要的网络配置的具体配置描述，应用则是一套独立运行的、不直接反映对网络管理方式的程序；第二，一个策略应该同时对多个控制器及其下辖转发设备进行管理，这种管理应该能够突出对每个控制器实例进行有针对性的差异化配置，而目前的 OpenFlow 应用则侧重于对一个控制器进行管理；第三，策略作为一种系统输入可以进行动态更新，其更新开销远低于应用的替换。

在设计策略时，应该先设计策略本身，再进一步细化成具体的代码实现，然而，当前 OpenFlow 版本所使用的细粒度操作描述使得大量时间浪费在编写低粒度操作的代码。使用高度抽象的数据结构来表达策略可以有效简化策略的描述工作，从而让研究人员投入更多的精力在改善策略本身。在许多已有的工作中，研究人员们使用功能交互式的语言来描述策略，或者采用网络编程语言设计策略代码，他们的工作使得流表记录的可读性大大提高，然而这些网络流表记录是基于条件和事件的，由此用户需要不断地派生新的功能来适应条件的变化。

对于一个可自由编程的网络，管理人员应该可以灵活地部署多种不同的策略，这些策略可以提高网络管理的效率和用户的体验，目前在 SDN 的各种研究中都有策略制定的阶段，但不同的工作使用的策略表达、策略转化、策略部署理念和方法都有较大差别，为了能够深入地理解 SDN 网络管理策略，先从网络策略定义谈起。

传统意义上的策略（strategy）是指在不确定条件下达成一种或多种目标的、高层次的规划。SDN 中实现了整个网络的可编程性，在此条件下，网络管理者可以更加自由地将自己的策略添加到网络中，这些策略包括控制数据包的转发、建立虚拟网络、构建安全组件等。策略可以是全局的规划也可以是面向数据流的管理，但无论针对何种对象，都需要在应用平面上配置网络管理策略。在实际的网络中策略则由工作在控制器上的各种应用执行，最后策略会通过底层设备的具体功能实现。

SDN 策略被定义为能表达和执行资源请求的、行为流表记录的集合。RFC 3198 提供了以下特征来定义策略。

① 一个定义完备的目标或动作来确定现在和未来如何作出决定。策略是建立在特定的上下文中的。

② 在 RFC 3060 文档中，策略是指用来管理和监控特定 ICT 基础设施功能的一套流表记录。

在 PBM 中由管理员指定对象/目标和限制的流表记录的形式，系统用这些流表记录指导系统中的元素行为。使用 PBM 会带来三大好处。

首先，策略由管理员预先设定并存储在一个策略库中。当事件发生时这些策略被自动请求和访问，这一过程无需人工干预。

其次，策略的正式描述允许自动分析和验证，在一定程度上保证了一致性。

最后，系统对技术细节抽象而形成的策略可以进行检查，并在运行时动态地改变，这时无需修改底层的系统实现。

目前普遍实现的策略均是传统网络条件下的策略，通过 SDN 技术这些策略可以更快地部署到底层设备上并且也可以动态地改变。软件定义网络的出现使得逻辑上集中式的网络管理成为了可能，通过将转发行为与转发控制逻辑解耦，使得网络中的各种策略可编程化。

策略部署的过程应包含三个部分：策略描述过程、策略转化过程和策略下发过程。策略描述是指编程人员根据网络操作需求，将网络策略以计算机网络可以理解和处理的形式表达出来。SDN 中，由于底层网络设备只能处理最低级的策略：流表记录，网络操作系统或控制器需要进一步通过调用与策略描述相匹配的编译器，将策略转化成大量具体的网络设备的流表记录。在得到了所有底层流表记录之后，策略需要通过开放的各层接口以信令的方式下发到各目标设备上得到执行。下面给出一个策略部署架构，策略部署架构重点在于以集中控制的方法实现集中的、动态的、快速的策略部署。目前的分布式控制器可以让各实例获取全局信息，但无法从一个任意实例出发将全局策略动态地部署到多个控制器上。如果设计一个三层的控制架构，以一个工作在最高层（第三层）的策略部署系统来成为同时对多个控制器进行通信和管理的关键节点，即可实现控制器实例间的通信；同时，设计一种基于数据流的策略描述来简化策略设计工作，该类策略描述由用户提交并使用更高层的抽象。这种策略描述方式简洁且格式固定，它的灵活性是由翻译过程及策略采用的算法来保证的。这一抽象过程，首先将 OpenFlow 底层低粒度操作由 SDN 网络编程语言进行抽象简化，进而再对编程语言进行抽象形成三层控制架构中的策略描述。在成熟系统中，这三种不同层次的描述方式可以通过不同的接口调用，从而提供灵活、全面的策略编程接口。

策略部署架构包括三层：策略部署系统、OpenFlow 控制器实例和 OpenFlow 交换机，如图 3-4 所示。

策略部署系统（SDS）：该系统工作在架构的顶层并统筹整个策略部署流程，负责将全局策略编译成特定的控制信息发送到下一层的控制器实例上去。

OpenFlow 控制器实例（OF Manager）：控制器实例是用来直接管理交换设备的一系列节点。在三层控制架构中，OpenFlow 控制器实例代表开源的控制器，例如 POX、Beacon、Floodlight 等。它们在此架构中需要额外运行一个策略部署系统的客户端程序或模块来实现它们和上层系统的通信，同时还应有一个拓扑模块上传拓扑信息至上层控制系统，上传信息的格式并未在 OpenFlow 协议中定义，本文对此进行了单独的设计，可以通过 RESTful API 进行具体的实现。

OpenFlow 转发设备则可以是任何支持 OpenFlow 协议的转发设备。

如图 3-4 所示，通过系统核准具备操作权限的用户提交以系统采用的描述方式表达的全局策略到策略部署系统，该系统负责进行自动化的翻译工作，将上述策略翻译成各层设备能够处理的控制消息格式（包括多控制器实例的操作和底层转发设备的操作）。随后，策略翻译模块结合策略描述和数据库中的信息生成具体的代码，每一条命令由两部分组成：网络编程语言命令及其对应的目标地址标签。在策略部署系统中算法数据库用来存储可供用户选择的解析策略描述的算法，而拓扑信息被存储在图数据库中。之后，一个调度模块会将每条命令拆成两部分并分别将他们交由不同的后续模块进行处理。在发送出去之前，会为每一对网络编程语言命令及其对应的目标地址标签加一个指明对应关系的额外标签。一个网络语言编译器会继续编译这些网络语言命令并形成具体的 OpenFlow 操作，最后由一个控制消息封装模块将这些 OpenFlow 操作转化为具体的 OpenFlow 消息，并发送到相应的底层设备上去。

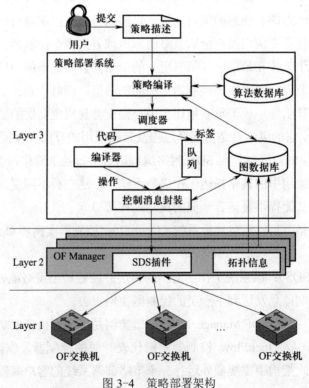

图 3-4　策略部署架构

图 3-5 详细介绍了策略在控制器上处理的工作流细节。所有的相关模块都在该图中得到了体现，该图详细地展示了系统中各模块的工作之间的关系。

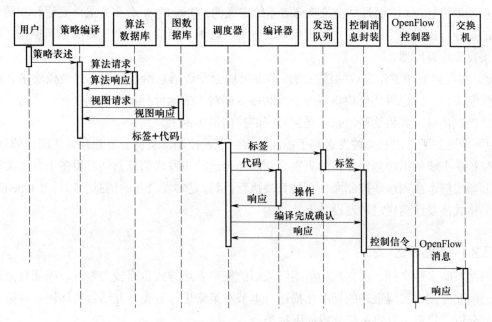

图 3-5　策略部署工作流程

① 系统的用户首先登录到系统的服务器中，随后他们可以提交策略描述。这些策略描述是面向数据流的数据结构，这些数据结构指出两个关键问题：该策略针对什么样的数据流及采用什么样的算法进行决策。随后策略部署系统开始处理这些策略。

② 策略编译模块开始编译策略，并发送一系列请求到数据库上。首先，会发送一个请求到算法数据库来获得算法的具体信息。其次，需要获取图数据库中的全局网络拓扑信息。由于图数据库会周期性地更新，这个模块会动态地将这些策略编译成特定的网络编程语言代码和对应的地址标签。

③ 在编译过程结束之后，调度模块继续接下来的工作。在这一阶段，调度模块将两者分开并逐对添加标签来记录每一对之间的关系。随后会依据这些标签将每一对组合成控制消息。添加完标签后，调度模块将代码发送给相应网络编程的编译器，将地址标签发送到一个队列中。

④ 在策略部署系统中网络编程语言代码和对应的地址标签是被分开处理的，这主要是为了在功能更复杂时易于修改。队列会对其中的地址标签进行排序并将这些标签发送到控制消息封装模块。这些地址标签指明了操作的目标并且是根据图数据库中的拓扑信息实时确定的（当前的控制器实例采用自己定义的唯一标识编码来表示其管理的转发设备，这些标识编

码并不固定）。由于此时的操作还不是转发设备可以直接加载的命令，因此需要使用编译器将网络编程语言代码转化成等价的控制器实例命令和 OpenFlow 命令。控制器实例命令主要用来对控制器进行控制，而且是由策略部署系统定义的；OpenFlow 命令是最终要运行在转发设备上的命令。由于整个过程是由调度模块管理的，在编译器完成一个策略的编译工作之后会将结果反馈给调度器。

⑤ 在收到编译工作完成的信息后，调度模块会发送消息给控制消息封装模块来开启消息的封装工作。消息封装模块将每一个控制命令和对应的地址标签结合到一起，之后将它们封装成控制消息，并将这些消息发送到对应的控制器实例上。

⑥ 考虑到所有消息都被发送到了控制器实例上，控制器实例需要甄别这些消息的目标，在该架构中主要依据控制器操作的类别来判断是否进一步发送消息到转发设备上。如果目标是控制器实例本身则这些控制命令会被直接执行，目标是转发设备的消息会以标准 OpenFlow 消息的格式被发送到底层转发设备上。

3.2.1　策略表达

网络策略多种多样，根据其功能不同采用的策略表达方式也有较大差异，因此目前还没有统一的北向接口实现策略的标准化描述，本节对策略进行分类，并结合具体例子对策略表达进行分析。目前可以将策略分成如下种类。

网络功能的实现：路由、访问控制、防火墙、安全检测、流量工程等。很多中间件会修改数据包的头部（例如 NAT 地址转换），甚至修改会话级的行为以及路由器配置文件。采用了全局视野的软件定义网络策略可以将人们从这些细碎且极易出错的工作中解放出来。

网络功能的聚合：复杂的网络策略是由多个简单的策略组合而成的，例如网络管理者希望数据流通过一系列的处理，先经过防火墙过滤再由入侵检测系统识别是否是带有恶意的行为，最后再转交给处理的代理。

在传统网络中许多应用和设备的配置工作由手工实现，而且由于网络设备提供商将网络转发设备做成了黑箱，所以这些功能往往架设在独立的服务器之上。在 SDN 中则可以用策略代替手工设置，程序可以随时通过对网络的监控调整方案，对服务进行部署或重新配置。合理的策略应具备以下性质。

① 有效性是指策略能够正确地表达用户的需求，描述了相应服务在实现时的细节，并转化成底层设备的各种操作。

② 易于部署主要是指相对于底层细粒度的流表记录，策略应该描述简单并能自动被 SDN 控制系统识别并执行，其部属过程应简单易操作。

③ 一致性表示的是策略能够在所有的节点上达到一致性，网络策略是面向多个节点制订的描述，任意节点没有正常配置都会影响策略的运行，因此原则上只有所有节点都配置成

功才算策略配置成功。

④ 简洁性是指策略应该使用网络编程语言简洁地实现，能够快速被其他使用者使用。

⑤ 可重用性是指网络策略可以应用于多种场景，在同一类网络下经过参数调整可以正常运转。

⑥ 宏观性是指策略运行于网络大片区域，不需要描述物理设备上的处理细节，而应描述网络管理目标。

策略的表达与部署有多种方法，下面给出几种典型的策略表达方式。

1. 中间件策略部署

如前文提到的，目前很多网络服务中间件独立于网络设备之外且不同中间件之间呈现相对独立的工作流程，网络管理人员需要一个个处理这些中间件。很多企业内部网络各类中间件涵盖了安全、入侵检测、负载均衡等，管理混乱且难以维护。SDN 出现后，国内外许多研究人员致力于把这一系列中间件用软件自动管理，下面给出一个代表性的研究案例。

介绍一种将中间件服务顺序编排成策略的 SIMPLE-fying 系统[19]。图 3-6 给出了该系统的架构设计图、模块间的交互、转发平面间的接口等。该系统并未要求 SDN 设备支持额外的功能，中间件也不需要对 SDN 的特性增加额外的功能支持，SIMPLE-fying 通过带状态的转发控制数据流经过设定的多个中间件。

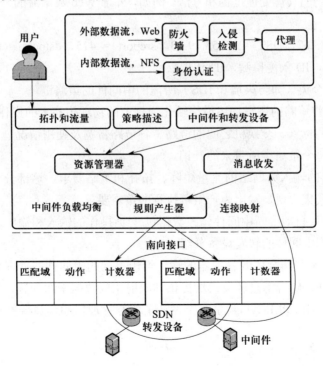

图 3-6　SIMPLE-fying 中间件策略系统架构

从图 3-6 中可以看到，整个策略系统分为三层，最上层的是由中间件执行顺序构成的策略表达，策略表达下发到控制器后，控制器会根据之前采集的拓扑、流量、中间件和转发设备信息进行适合的策略翻译，读者可能会疑惑中间件和转发设备信息的作用，这涉及内置负载均衡模块，在多个可选的中间件和路径中选择最优的方案，当策略翻译完毕后会下发到底层物理网络，例如，如果当前管理员用户希望外部数据流进入网络后进行特定的处理，可以规划要实现的中间件策略链，将外部 Web 数据流的策略用防火墙→入侵检测→代理的形式表达。这是该系统自定义的表述格式，可以由资源管理器自动进行处理，最终由规则产生器生成信令下发到转发设备上。

SIMPLE-fying 使用了高级的策略表述格式而非细粒度的底层设备操作，这可以简化策略的表达，本身这也是一种特殊定义的北向接口，因为在云环境中完全可以由云平台制订相关策略；该工作采用了直接控制的理念，网络管理者提交的策略描述是策略的初始状态。SDN 理念建立在直接控制网络设备的基础上，SIMPLE-fying 系统中网络管理员可以指定需要实现什么样的数据流处理逻辑，而不用关心服务在哪里发生或如何将业务处理实现，这体现了策略的宏观性和简洁性。这本质上是将一系列网络中间件处理序列面向管理人员透明化。管理员指定不同的策略类型，类型由相对较大的匹配域如外部网站流量或数据中心内部流量表示，并决定在中间件序列的具体处理过程和方法。例如，外部 Web 数据流的一个特定中间件策略链可以如下来定义：

SRC=157.49.18.167，DST =142.55.19.10，srcport = 415，dstport = 80，proto= TCP，PChain={ID 防火墙，ID 入侵检测，ID 代理}

PChain 表示这个类（如防火墙和 IDS）所需的中间件的策略链。

SIMPLE-fying 将策略的逻辑描述最终转化为规范的物理拓扑上的操作。它需要一个网络图记录其中中间件的位置、交换机之间的链路、各链路带宽及使用情况，为了策略的良好实施也需要预计遍历每个策略类所带来的开销。

① 资源管理器的输入为网络的流量矩阵、拓扑和策略要求，这部分可以理解为由控制器自身的网络信息采集实现，输出为一组可执行的策略要求。

② 消息转发模块自动推断中间件修改数据包/会话操作的输入和输出之间的映射。为此，它接收被直接发送到中间件的转发设备分组。

③ 规则产生器负责结合资源管理器的输出给出不同的中间件的处理任务序列，该序列是有严格顺序的队列，结合消息转发模块提供的映射生成数据平面配置，最后下发适合的流表记录到转发设备。SIMPLE-fying 系统中设计了资源管理器和消息转发模块运行的控制器应用。

2. 采用状态机表达的策略

状态机广泛用于各种系统控制中，SDN 使用状态机进行管理可以提高转发设备处理数据流的逻辑复杂度。虽然控制器应用一直在不同的网络管理需求驱动下创新，大部分应用仍然依赖于数据平面上的基本规则。这些基于流的规则通常匹配多个数据包报头字段、采取预定义的操作匹配数据包（例如，丢弃该数据包或转发到输出端口）或维护计数器（例如包或字节的数量），理想的状态下，可以根据计数器状态的改变进行不同的控制，这就需要在 SDN 设备内部实现状态机，许多网络任务可以被表示为具备局部状态的数据流管理问题。例如，实施状态防火墙后控制器可在交换机上安装一个状态机来跟踪 TCP 协议数据流的状态。

本例中的系统 FAST 是基于以上标准设计的交换机抽象，下面给出其策略表达描述：

① 任务：={状态机，实例映射}

② 状态机：={状态，转化条件，动作，分类器}

③ 状态：={状态名称，变量}

④ 变量：={变量名称，数值}

⑤ 状态转化：={上一个状态，转换条件，目标状态，F}

⑥ 转换条件：=f1{上一个状态，变量，数据包}→true|false

⑦ F：=f2{状态，变量，数据包}→目标状态，变量

⑧ 动作：={状态，条件，指令，优先级}

⑨ 过滤器：=f3{数据包}→true|false

⑩ 实例映射：=f4{数据包}→索引

该策略描述由 4 个部分组成：状态（state）、转换条件（transition）、操作和过滤（filter）。

状态：维护许多计数器来存储各种变量值，网络管理员设定如何更新状态的变量匹配条件，用于表达状态的变量可以自行设定。控制器构建状态名称和对应变量来表示实际状态。

转换条件：转换条件是一个集合，其中每一个规则指明了从某一状态到目标状态的转变所需具备的一个或多个指标。

操作：系统监控到转换条件后，会对数据流执行相应的操作。这里面的指令和 OpenFlow 中定义的格式是一样的。在一个状态防火墙中输入和输出流量都可以匹配同一个状态机，但它们的输出端口是不同的，所以相关的动作可能会不同。当然，某些状态机可以同时匹配多个流，而有些则适合为每一个数据流建立状态机以保障信息准确。

过滤：针对服务级定义处理方法是不合理的，网络管理员还可以添加过滤条件来选择一个状态机特定管理的数据流。例如，通过过滤避免一个状态机同时处理 TCP 和 UDP 数据流或者指定数据里粒度。

基于状态机的策略表达的具体工作架构如图 3-7 所示，它有助于介绍状态机的生成与工作过程。

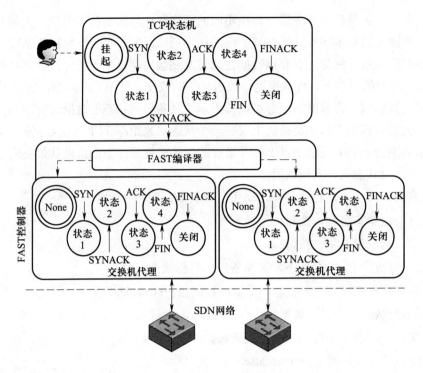

图 3-7　FAST 系统架构

FAST 控制平面由两部分组成。

① 部署在交换机的 FAST 编译器，它是一个离线组件，只在创建状态机时运行。快速编译器把状态机的定义（即运营商指定的实际代码）编译成可以在各个交换机运行的状态机。它根据有关的拓扑结构和转发设备的设置和信息，使特定的转发设备具备状态机表达的功能。状态机只在交换机的一个逻辑子部分工作（例如，进入端口或部分端口）。

② 转发设备代理管理在各个转发设备中的本地状态机，它实时运行在工作的设备上。每个交换机代理在交换机上预装了状态机，代理可以在状态机执行过程中和状态机进行通信。交换机代理有三个职责，首先，它定义交换机的功能和交换机如何支持快速对数据平面进行抽象，它实现从状态机到转发设备执行功能的转换。其次，它可以执行状态机的有限功能，如特性或存储。这意味着交换机代理可以回退，被动接收数据包的转发请求或定时获取数据。软件转发设备可以对状态转换的条件进行算术计算，而硬件转发设备可能只支持通配符匹配。如果维护计数器的转发设备不能计算平均流量，代理必须定期读取计数器的信息来计算数据流速率并应用速率限制的策略。此外，交换机代理可以保存状态机的部分内容来解决转发设备内存受限问题。

状态机作为广泛使用的技术一直以来受到各学科的普遍重视，可以为 SDN 未来的发展带来很大的便利。状态机更改时的灵活性受到限制，如果需要自由设计网络策略还需要引入网络编程语言。

3. 网络编程语言 Pyretic

Pyretic 是网络编程语言 Frenetic 的 Python 版本，Frenetic 是一种旨在降低网络编程复杂度和错误数量的 OpenFlow 网络编程语言。

Pyretic 是基于 Python 语言开发而成的网络编程语言，目的是使系统编程人员能够创建复杂的 SDN 应用，详情参见http://www.frenetic-lang.org/pyretic/。Pyretic 是可以从 Github 下载的开源软件，提供与商业和研究开发人员需求兼容的 BSD 风格的许可证。Pyretic 鼓励程序员把工作重点放在研究和创造高层次的抽象，而不是使用低级别 OpenFlow 的机制来实现网络策略，这也是网络编程语言的共性特征。该语言的抽象涵盖管理网络、指定数据包转发策略、监控网络状况并动态更新策略来对网络事件作出反应等主要功能。与原来在每个转发设备上逐步安装物理规则不同，Pyretic 策略从用户输入系统时就指定了整个网络的策略，具体表现为一个函数（即数据包和它的位置）到对应分组的输出集合。

Pyretic 主要由两部分组成：用于控制的网络编程语言部分和类 SQL 的网络信息采集部分。网络编程语言部分大量采用了函数和运算符，使用更直观的方式进行应用代码的开发，相比于 OpenFlow 协议本身更具有可读性。可以认为 OpenFlow 协议本身是 SDN 网络汇编语言，而 Frenetic/Pyretic 是网络高级语言。

Pyretic 将策略抽象成函数方程，有助于支持模块化编程。在早期的 OpenFlow 编程中，程序员在独立编写应用模块时不同应用间可能会互相干扰，程序员手工合并多条应用逻辑的工作更加烦琐，Pyretic 程序可以结合多种运营商策略，其中包括并联和顺序组合多个策略构成高级策略。在现有的 SDN 控制器平台中。程序员必须精心创建规则，监控网络的条件，并选择执行正确的转发动作。与之不同的是，Pyretic 将监测集成到策略功能之中并支持高层次的查询 API。程序员可以使用并联操作将监测和转发功能结合到一起。Pyretic 还支持创建动态策略，动态策略行为可随着时间的推移发生变化。在这些动态策略中也可以使用组合操作。Pyretic 提供了拓扑抽象工具，让编程人员的策略功能也适用于底层网络的抽象视图。

一个控制器的上层应用程序决定该控制器所管理的网络在任何时刻的策略。早期 OpenFlow 的程序由明确的创建和发送转发设备规则的逻辑（逻辑包括定义低级匹配模式、优先级和动作规则）构成并收集反馈的流量计数器、处理发送到控制器的数据包。与此相反，Pyretic 通过允许程序员使用结构紧凑的抽象函数来表达策略，把一个数据包（在给定的位置）作为输入并返回一组新的数据包（可能在不同的位置），从而隐藏这些低级别的细节。当转发设备丢弃数据包时返回空集。返回单个数据包分组对应于将分组转发到新的位置。返回多个数据包对应于组播。

最简单的 Pyretic 策略例子是在网络中向最小生成树中的每一个转发设备泛洪数据包。在传统的 OpenFlow 编程中，控制器应用程序会为每个转发设备安装规则，Pyretic 定义了一个完成该工作的函数"洪泛"。在 Pyretic 中程序员只需写一行：

flood()

其中 flood() 被解释为一个函数，它使用网络中位于任何交换机任何端口上的数据分组作为输入，输出零个、一个或多个同一数据包的副本到在网络上的每个端口。因此，这个简单的策略将允许主机的任何广播信息通过网络。此外，该策略不再依赖于特定的交换机功能。转发设备本身不用实现"洪泛"的定义，它们可以选择使用 OpenFlow 的动作定义。

Pyretic 可以帮助程序员编写更复杂的策略。下面是一个使用几个 Pyretic 策略片段实现的功能，该路由功能将目的 IP 为 10.0.0.1 的数据包跨越交换机 A 和 B：

(match(switch=A) & match(dstip='10.0.0.1') >> fwd(6)) +

(match(switch=B) & match(dstip='10.0.0.1') >> fwd(7))

在这里，使用的策略称为谓词策略（包括匹配和联接），系统根据数据包的位置以及它们的内容区分不同的数据包，使用修改策略（如 FWD）来改变数据包的内容或位置，用联接运算（如+并联联接和>>顺序联接）将策略内容放在一起。

表 3-2 列出了几种最常见的 Pyretic 策略函数。它们匹配不同类型的数据包并执行不同的操作，然而这些策略可以以一对多的方式映射为 OpenFlow 规则集合。因此，Pyretic 程序员可以抛弃以低级别规则为基础的烦琐的编程模型并采用各种函数实现目标。这样做使得程序员确定实施哪些应用程序和高层次的逻辑而不是低级别的硬件抽象术语、逻辑编码等。这使得控制器从规则模式到逻辑谓词模式使用更简洁的代码，避免了功能重复并减少不同应用之间的不一致。OpenFlow 规则采用数据包头部字段的信息按位模式进行匹配。然而，在比特模式下编写策略是烦琐的工作。例如，编写一条"匹配除了目的 IP 地址为 192.168.30.1 的数据流之外所有数据"的策略需要两个规则。第一，使用具有较高优先级的规则匹配目的 IP 地址为 192.168.30.1 的所有数据包，从而使所有剩余的数据包分类到由第二个较低优先级的规则处理。类似地，匹配 192.168.30.3 或 192.168.30.4 需要两个规则，每一个用于一个 IP 地址因为没有单个位模式同时匹配两者。

表 3-2 常见 Pyretic 函数

函数	简介
identity	返回变量的匹配域
drop	删除
match()	当输入 match（a=b）时，如果匹配域 a 等于 b，返回真值
modify()	单输入 modify（a=b）时，将被操作的数据包匹配域 a 赋值 b
fwd()	转发到特定端口

为了改变使用位模式处理数据包头部字段的方式，Pyretic 允许程序员使用函数来实现操作 modify（a=b），将被操作的数据包匹配域 a 赋值 b。控制器可以使用标准的布尔运算符构

造更复杂的谓词，如与逻辑运算符（&）、或逻辑运算符（|）和非逻辑运算符（~）。直观上，所有这些谓词都用作匹配的条件：如果输入的数据包满足特定谓词的语义会在一些预定的策略做一些后序的处理。如果输入数据包不满足谓词的语义则丢弃（即产生空动作集合）。

例如，Pyretic 程序

~match（dstip = '10 .0.0.1'）或

match(switch=A) &

(match(dstip='10.0.0.3') | match(dstip='10.0.0.4'))

控制器的应用程序通常需要针对相同的数据流执行多个任务（例如路由、服务器负载均衡、监控和访问控制）。在 Pyretic 中程序员不需要写一个整体方案，而是将多个独立编写的模块结合在一起。在传统的 OpenFlow 编程中，不同的模块可以很容易地影响彼此的工作，而这种影响 OpenFlow 并不提供严格的监管，这种影响可能是正确的也可能是错误的。某个模块可能会覆盖另一个应用安装的规则或将另一个模块希望发送到控制器上的数据包丢弃。Pyretic 提供了两种简单的联接操作允许程序员串联或并联策略。

（1）顺序联接

顺序联接标识符（>>）将标识符左侧策略的输出作为右侧策略的输入。一个简单的路由策略的例子如下：

match(dstip='2.2.2.8') >> fwd(1)

在此策略中，匹配谓词 match 筛选出目的 IP 地址为 2.2.2.8 的所有数据包。操作符（>>）使这个过滤器的顺序在转发策略 fwd（1）之前，从而完成了先筛选再转发的连续动作。因此，满足过滤器条件的任何数据包都被转发至输出端口 1。同样地，程序员可以编写一条策略：

match(switch=1) >> match(dstip='2.2.2.8') >> fwd(1)

来要求位于转发设备 1 并且发往 IP 地址 2.2.2.8 的数据包被转发至端口 1。该代码使用顺序联接将三个独立的策略组合成一个目标更明确的复杂策略。前两个策略都是过滤器（可以是任意的过滤策略，是将筛选条件不断细化的过程）。当然，这只是一个为了让大家了解顺序联接操作的案例，首先由一个条件过滤，然后由第二个条件过滤，等效于直接将这两个条件用结合标志符（&）一起描述。

（2）并联联接

并联联接操作符（+）适用在两个策略能同时应用于同一个分组的时候，且两者结合的结果不会受执行先后顺序的影响。例如路由策略：

R = (match(dstip='2.2.2.8') >> fwd(1)) + (match(dstip='2.2.2.9') >> fwd(2))

目的地址为 2.2.2.8 的数据包将被转发到端口 1，而目的地址为 2.2.2.9 的数据包则将被转发到端口 2。再例如，考虑到服务器负载均衡策略，要求拆分目的地址为 1.2.3.4 的数据流通过服务器负载平衡策略后发向两个不同的服务器（2.2.2.8 和 2.2.2.9），这一分流工作根据不同的源 IP 地址的第一比特决定数据包的去向（源 IP 地址第一位为 0 的数据包用 0.0.0.0/1 表示，这类数据包将被转发到 2.2.2.8）。在 Pyretic 策略中将如下表达：

L=match(dstip='1.2.3.4')>>((match(srcip='0.0.0.0/1')>>modify(dstip='2.2.2.8'))+(~match(srcip='0.0.0.0/1')>>modify(dstip='2.2.2.9')))

从中可以看出不同操作的优先级，标识符（>>）的优先级高于+标识符。该策略恰好适用于一个特别常见的情况：子句匹配的谓词后面紧跟着一个它的否定谓词。当然，在传统的编程语言，这样的模式可以使用 if 语句做改进。在 Perytic 中，if_是一个使得策略更易于阅读的缩写，上面的案例等价于：

L = match(dstip='1.2.3.4') >>
if_(match(srcip='0.0.0.0/1'),
modify(dstip='2.2.2.8'),
modify(dstip='2.2.2.9'))

R = (match(dstip='2.2.2.8') >> fwd(1)) + (match(dstip='2.2.2.9') >> fwd(2))

该命令会将目标 IP 地址为 2.2.2.8 的数据流转发至 1 号端口，同时将目标 IP 地址为 2.2.2.9 的数据流转发至 2 号端口。

Pyretic 查询语言案例：

packets(limit=n, group_by=[f1,f2,...])

返回匹配域能够吻合 f1，f2 直到 fn 的所有数据包。

count_packets(interval=t, group_by= [f1,f2,...])

每隔 t 秒钟，针对 f1，f2 直到 fn 的数据流返回数据包的统计值。

count_bytes(interval=t, group_by=[f1,f2,...])

每隔 t 秒钟，针对 f1，f2 直到 fn 的数据流返回统计的字节数。

表 3-3 总结了 Pyretic 查询控制操作命令，可以同时实现多个流的查询，极大节省了应用的代码。

表 3-3　Pyretic 查询控制操作命令

操作	语法	解释	案例
match	match(f=v)	返回匹配域 f 的值为 v 的数据包集合	match(dstmac=EthAddr('00:00:00:00:00:01'))
drop	drop	返回空集合	drop
identity	identity	获得数据包的完整数据	identity

操作	语法	解释	案例
modify	modify(f=v)	对数据包的匹配域进行修改，将 f 字段设置为 v	modify(srcmac=EthAddr('00:00:00:00:00:01'))
forward	fwd(a)	将数据包转发至端口号为 a 的输出端口	fwd(1)
flood	flood()	在最小生成树洪泛目标数据包	flood()
parallel composition	A + B	同时执行运算符两端的操作函数	fwd(1) + fwd(2) 同时在 1 和 2 两个端口上转发数据，可以用于实现镜像监控
sequential composition	A >> B	将运算符左侧的函数输出作为右侧的输入	modify(dstip=IPAddr('10.0.0.2')) >> fwd(2) match(switch=1) >> flood()
negation	~A	对被操作输入取非运算	~match(switch=1)

4. 网络编程语言 Maple

Maple[48]通过允许程序员使用标准的编程语言设计集中式的算法来简化编程，这种算法被称为 SDN 算法策略编程，它决定了整个网络的行为，该模型强调算法策略和策略声明并不相互排斥。Maple 还提供由程序员定义的、集中的策略执行架构抽象，"刷新"每一个进入网络的数据包。因此一个抽象可以透明地翻译一个高层次的策略为规则集合分布在各个转发设备。为了能够有效地进行策略快速编译，Maple 实现了多核调度，该调度机制可以有效地扩展到拥有 40 个以上计算单元的控制器，这是 Maple 的最大优点，它还具备实时跟踪优化器，可以自动记录可重复使用的策略、将一部分工作分摊到转发设备并保持转发设备流表、通过跟踪动态策略以及环境（系统状态）决定对数据包内容的处理。

Frenetic/Pyretic[16]实现了一些较高级别的抽象作为引入转发设备上的数据流规则的一种手段，但需要限制声明的查询和策略。Maple 编程语言环境中为程序员定义了全网通用的、高层次算法的转发行为 SDN 编程模型。

Maple 的核心理念是程序员采用通用的编程语言定义一个函数 f，它由集中控制器运行并作用于每一个进入该网络的数据包。在创建函数 f 过程中，程序员不需要去适应一个新的编程模型，只要使用标准语言设计任意算法以转发数据包即可。

Maple 系统通过支持算法策略和策略声明使 SDN 程序员可以享受简单、直观的 SDN 编程同时实现高性能和可扩展性。Maple 引入了两个新的组件使 SDN 编程算法策略具备了可扩展性。它实现了之前提到的算法重用，使得策略可以一次开发多次使用，该特性通过引入 SDN 优化器实现。

例如，函数 f 可以修改数据包的匹配域中的特定字段并检测其中是否出现在访问控制表的限制列表中，该策略的功能适用于采用同种网络协议的任何数据包，甚至在未来不排除为策略增加继承和派生的特性，即从旧有策略创建新的策略。因为具有可重用性，控制器可以减少函数 f 的调用次数，实现监控先前计算的版本的目的。这会大大降低系统的开销，控制器会用单独的数据结构维护函数的版本。控制器支持使用标准的形式编写算法策略，据 Maple 论文介绍是采用了专门设计的缓存数据结构。同之前介绍的策略表达工作一样，Maple 优化器也自动实现策略分发，在策略翻译成南向接口消息后，分布转发设备本地的转发规则使其对于 SDN 程序员完全透明。

Maple 实现了多线程代码编译，这对于实时性极强的网络环境来说至关重要，Maple 的调度程序使用多内核的工作架构实现了网络编程语言编译横向扩展。在使用 HP 转发设备的网络中，Maple 优化器通过 100 个高负荷的内核大量减少 HTTP 连接时间。Maple 的调度程序能够扩展超过 40 个内核并在一台机器上实现超过 20 万个请求/秒的模拟吞吐量[48]。一旦使用在分布式控制器实例上，可以实现云网络的集中控制，在此条件下，编译速度将不再制约控制器的响应时间，此时全局视图的同步将是一个瓶颈。

图 3-8 是 Maple 的两个核心模块优化器（optimizer）和实时调度器（run-time scheduler）。优化器的主要工作是实时地在系统运行过程中发现可重用的、可缓存的代码和算法策略，可以理解为高级编程语言编译后生成了可执行文件，优化器可以判断之前的可执行文件是否可以直接使用，将部分工作下发到转发设备上处理并利用缓存的策略处理必要的请求。Maple 建议程序员可以建立一个主动的评估系统，该系统并不属于 Maple 的自带功能。实时调度器则提供了可扩展性的支持，动态地管理整个被控网络。下面给出一段 Maple 代码的例子：

```
def   f(pkt):
srcSw = pkt.switch(); srcInp = pkt.inport()
if   locTable[pkt.eth_src()] != (srcSw,srcInp):
invalidateHost(pkt.eth_src())
locTable[pkt.eth_src()] = (srcSw,srcInp)
dstSw = lookupSwitch(pkt.eth_dst())
if   pkt.tcp_dst_port() == 22:
outcome.path = securePath(srcSw,dstSw)
else:
outcome.path=shortestPath(srcSw,dstSw)
return outcome
```

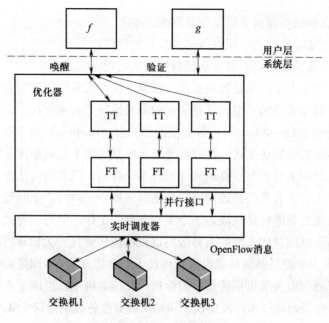

图 3-8 Maple 架构

在 Maple 中为了设计算法策略需要分析策略的两个部分。首先是安全的路由策略,使用端口号为 22 的端口传输的 TCP 数据流在安全路径中传输,否则使用默认最短路径传输数据。其次是位置管理策略,网络不断更新每个主机的位置(交换机输入端口)。安全路由策略优于简单的 GUI 配置算法编程,因为安全的路径是由自定义的路由算法计算出来的。要使用 Maple 实现上述策略,一个 SDN 程序员定义一个函数 f 来处理每个数据包,这些数据包从 pkt.switch() 转发设备的 pkt.inport() 端口进入转发设备。

值得一提的是,网络编程语言目前均处于研究阶段,不能提供所有控制器可扩展性,各编程语言均是独立的模块,需要控制器自行决定是否支持该语言。根据网络编程语言的不同,程序员可能需要调整自己的设计或策略的实现。

3.2.2 策略转化

策略转化环节虽然在早期 SDN 专著中鲜有提及,但在目前的发展形势下是很多工作中必备的环节。之前章节中间件策略链转化成底层设备操作的过程、状态机变成信令修改流表的过程都是策略转化的过程,该过程在某些论文中称为 policy refinement,本书将之称为 policy translation。同样网络编程语言的编译也是策略转化的一部分,读者可能会混淆,这是因为编程语言是对代码的编译,而策略转化则是更多元的情况,可能是专门的功能描述转化,也可能是服务描述。策略转化的主要目的如下。

① 要确定什么样的资源需要满足策略需求。

② 要将高级别策略转化为一组系统可以执行的操作。

③ 要检查低一级的策略是否真正满足高级别策略规定的要求。

早期的 SDN 控制器中应用是控制器的一部分，因此很多控制逻辑直接使用南向接口的语法表达并省去了翻译策略的环节，这在早期的简易系统中普遍存在。然而随着一些复杂应用的出现，简单地使用 OpenFlow 等协议提供的细粒度（fineness）操作难以适应程序员的需要，因此出现了高级策略表达形式，这些各异的策略描述都不是底层设备直接可执行的。

整个策略转化过程的理念与计算机编译原理是一样的，但策略转化更加复杂，策略需要携带很多普通编程语言不具备的描述内容，包括服务质量、时间、空间等难以简单描述成命令的需求。因此，现在策略转化也成为一个亟待完善的工作，但与北向接口面临同样的不易标准化的问题。下面以颇具代表性的服务级协议策略转化研究[20]为例进行说明。

SDN 已经成为一个提高网络基础设备管理技术的合适方案，本例是面向服务需求的策略转化过程，列举了面向服务质量描述策略的管理。在该案例中，扩展了本书在本章给出的策略转化架构，使用分层翻译技术将高层次的策略（例如服务级别协议（SLA））转化为一组相应的低级别的流表记录，进而在系统的各种网元和实体中执行，本案例的特点在于给出了具体的服务场景和服务质量描述。该研究的背景是控制器本身使用服务级协议的时候无法直接将他们翻译成低级别的策略，比如控制器配置需要大量的代码来实现。如果这个策略转化未正确完成，控制器的控制方案就无法满足 SLA 的隐式要求，最后网络的实际性能不能满足描述中的高层次目标策略。

SDN 的特点是集中控制平面于一个服务器，允许将网络设备的决策逻辑的一部分移动到外部控制器[4]。这一特性使控制器设备具有保留网络全局视野的能力，案例提出了在软件定义网络中对路由服务质量（QoS）管理的逐层转化方法，在该系统中由管理员执行初始手动策略编写过程，接着通过 OpenFlow 的控制器执行自动策略细化过程。其结果是，该方法能够按照 SLA 细化要配置的要求识别资源的需求，并且可以成功地配置和执行反应性的动态操作，可用于支撑基础设施动态重新配置功能的实现。

策略转化原则上是可以在不同的抽象级别分析和修改的，这主要是方便实现不同编程语言间互相调用并提高代码的重复利用，因此需要多次编译；不同层次上会出现策略的中间表达形式，理想状态下这一过程不改变网络设备实现的功能、不改变代码或系统的策略实施或无需人工干预。此外，在系统不间断服务的情况下，策略流表记录可以由网络中的监控条件触发，这反映了网络监控和识别，从而支持设备在执行这些流表记录时对流表记录进行自适应的重构，是策略智能程度的集中体现。目前有几种方法将策略引入 SDN 的控制流表记录生成过程中。

除了前文提到的网络编程语言，大多数 SDN 应用设计直接在低级别的抽象中创建网络流表记录。使用服务水平协议（SLA）并将其翻译到低级别策略的优势是可以面向非计算机编程专业人员，会为控制器配置时带来巨大的便利。为了解决这个问题，细化策略设计是将一个高层次的策略规范转化为一组相应的低层次的策略[92]，最终部署到网络的各种元素中。在该过程中，控制器可用特定的对象进行配置，该对象采用低级语言（设备流表记录）编写，能够准确满足高级策略的目标。简而言之，服务级策略及其自动转化的实现使得用户可以轻松描述并提交自己的需求，省却了烦琐的技术分析和规划。

在本案例中，服务策略中可能会出现的抽象分为两个主要级别：低级别策略，这种抽象往往都与一个域或设备相关联，用于描述其特征和动作；高级别策略则面向整个网络进行特征描述并且更加用户友好。低级别策略的一个简单例子是在路由器的设置中使语音通信的数据包优先级高于同时抵达的端到端的数据包并且对优先级低的数据包进行流量整形。高级别策略的典型例子就是服务级策略、网络应用策略。

策略转化的目的是将用户提出的较高层次的策略变为可由转发设备部署的一组低级别流表记录，如图3-9所示的是将顶层的自顶向下翻译成路由器操作的过程。图3-9中服务等级规范一般以用户为使用主体，它们不希望过多考虑技术细节，甚至可能只是诸如更快、更清晰的模糊概念，这需要让网络管理人员研究并解释成服务级别目标规范和服务级操作的描述来进行部署。上层描述作为下层的输入。

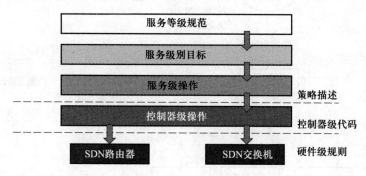

图3-9　策略层次

图3-9中呈现服务等级规范翻译过程的总体流程。对应的描述服务的方式都应有技术指南、需求文档及其运作要求的文件，针对质量和满意度评估的参数进行无歧义的规定，当然详细的内容属于软件工程中需求分析的内容，感兴趣的读者可以自行查阅相关专著。在系统级，服务系统质量详细描述了管理的要求和在硬件级实施策略的底层设备配置。

1．SLA 的策略转化流程

本节介绍的方法是基于 IP 语音（VoIP）的 QoS 应用场景设计的策略转化，该框架也可以用于各种应用，如视频流、复制和备份，同样地，可以应用到各种服务，如网络监控、访问控制以及负载平衡。SLA 的翻译方法如图 3-10 所示，首先是人工过程，用户输入高层策略的规范化描述，由客户确认是满足 SLA 服务的最佳方案。系统要求管理员定义初始流表记录、解释和翻译每个层的策略并确定目标。在较低层次描述的动作和目标应予以验证它们是否忠实地与上述过程吻合（如图 3-9 所示的自下而上过程）。此外，策略可以根据网络控制器提供的反馈（重新）进行自我评价。最后，根据高级别策略翻译的具体可执行策略将输入存储在系统的存储库中。图 3-10 的翻译过程包括三个阶段，同时也包括手动和自动过程。

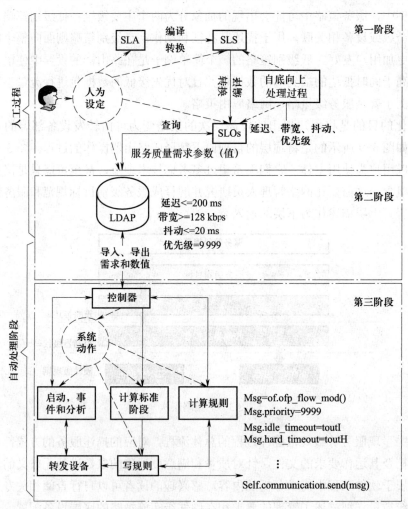

图 3-10　服务级策略执行过程

在第一阶段中，由管理员解释并且定义服务级策略（SLA），使得其所有的技术要求可以在描述中无二义性地得到体现。SLA 的目标在下层服务中可以采用的解释和定义为："按需提供资源，网络基础设施必须进行重新配置使 VoIP 应用受到相应质量的服务。"接下来，需要分析描述和规范以找到可以提供 VoIP 高等服务质量的可能设备执行该策略。通过在 QoS 存储库（LDAP）查询特定 QoS 等级得到每一个对象的价值。系统管理员在 LDAP 数据库中已提前录入：

① 一组 QoS 类别（例如，超级 VIP、VIP、普通用户等）。

② 各类用户的具体要求（例如，延迟、抖动、丢包率和带宽）。

③ 满足需求的各项参数值（例如，10 ms、50 ms 和 12 Mbps 等）。

图 3-10 中通过分析自下而上过程中的信息，可以得出当前用户所需 QoS 服务满足需求为"延迟≤200 ms、带宽大于 128 kbps"等。除了 QoS 等级，LDAP 存储库还包含一个协议列表（例如，FTP、HTTP、SIP、RTP 和 RTSP）。该列表也预先由管理员提供并使用 RFC 1700 建议和服务分析在基础设施上运行，它们在活动阶段和分析阶段与不属于 RFC 1700 中的端口和协议一同运行。

在第二阶段中，管理员将特定协议与 VoIP 服务相关联，协议的列表存在一个或者多个协议标准，这是因为有可能存在使用不同协议的 VoIP 服务，也有可能在不同网络服务需求不一样，SDN 可以管理多个网络区域，需要针对每个区域作出规定。

在第三阶段中，控制器加载存储库中的策略并通过所有对象的所有要求找到对应的服务质量，在策略索引中存储相应流表记录。接着控制器对于每一个新的网络数据流执行满足应用程序 QoS 要求的管理操作。系统验证每个需求并确定该网络应优先考虑使用哪些网络元素来实现满足 QoS 的最佳路径。为了支持动态重新配置，系统会针对在第二级中的每个有效的变化进行标识符（序列号）的修改，该标识符实现了数据库文件或信息的版本控制。SDN 控制器会周期性地读取数据库的内容，如果先前加载到系统中的序列号在存储库中等于 1 则证明没有改变。如果序列号已增加，控制器将重新加载所需的服务和要求并应用新的流表记录。与很多策略应用类似，实现 SLA 策略的翻译与部署也必须在 SDN 控制器增加一些特定的功能。这些功能用于收集关于网络基础设施的信息来支持最优路径的计算。这种定制是基于 SDN 基本功能实现的，并因此可以被应用到任何支持 SDN 的控制器。因此该方案不依赖于任何特定的控制器设计或语言。例如，拓扑发现是 Floodlight 等单节点控制器中的关键模块，虽然在不同控制器中有不同的实现，但它在所有控制器中都是一个基本功能。

2. SLA 策略部署原型系统工作流程

SLA 策略部署原型系统工作流程被划分成三个阶段的操作，如图 3-11 所示。

① 开始阶段要发现 SDN 全局视图，寻找可能的所有方案，在服务需求下找到网络设备之间可以使用的最佳路径。

② 事件检测阶段：控制器持续监测整个网络，识别服务事件。

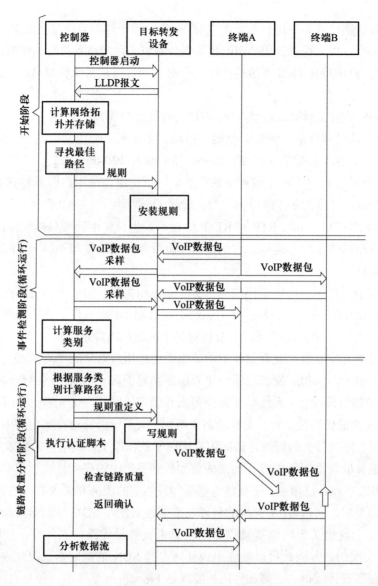

图 3-11　策略执行过程

③ 链路质量分析阶段：分析网络事件的含义，如果当前部署的服务级策略已经失效，重新计算更优的方案并根据检测结果重新配置网络的配置信息。

各阶段的操作详细描述如下。

① 开始阶段。控制器从包含需求描述的数据库中读取用于网络初始化运行所有服务的信息。这些信息提供给客户供其选择，此后，控制器发送链路层发现协议（LLDP）的数据包

进而获得 SDN 网络全局视图，这些信息由控制器在内部的数据结构存储。随后，所有从最短到最长路径都被存储成一个列表。一旦网络单元之间的所有可能路径完成计算，控制器将流表记录写入到网络设备中作为初始状态。这些流表记录的作用是处理每个新到达的服务流。

② 事件检测阶段。这个阶段的任务是周期性地处理网络基础设施上传的事件。这些事件包括数据流的出现，旧有数据流的消失，新设备添加到拓扑中，通信链路的故障，通信节点的故障。网络中新类型的服务会产生数据流事件并存储在一个服务的字典中，该字典可能的结构为{event type，data，description，time}。假设运行 VoIP 通信时，通信的前几个数据包是由标准流表记录处理的，每一个新的数据流的第一个数据包的标志信息将会被分装成 packet_in 消息发送给控制器。控制器将一个链路上运行的数据流存储在一个列表，由一个函数读取 IP 分组报头并得到协议字段的信息来识别正在运行的协议。

③ 链路质量分析阶段。识别服务的要求后，控制器根据该服务的需求确定权重，权重计算最佳的路径对应的新流表记录。可以采用以下物理量计算拓扑中每个链路的权重：带宽（BW）、吞吐量（T）、延迟（D）、抖动（J）、损失速率（LR）、跳数（NH）号的路径拓扑。如果用户根据低延迟、低抖动和优先级作为评级指标计算最佳链路。控制器发送 Internet 控制信息协议（ICMP）消息检查每个指标的状态，并返回满足最多要求并且优先级较高的一个链接状态向量。这些新流表记录在运行时被重新配置并且只在具有流量的转发设备上执行，这一选择旨在减少处理开销，因为很多转发设备没有必要进行这样的流表记录重配置。

3.2.3 策略下发

策略经过不同层次的、不同语言编译器的编译后会生成可执行命令，由各控制器的核心模块发送到底层转发设备上。这些操作包括转发设备中各表记录的安装、修改、删除等操作。在此过程中重点考虑策略部署时带来的开销与策略的冲突如何解决。此时主要易出现策略冲突等问题，目前主要从控制平面解决该问题。在策略部署系统执行工作的最后阶段，需要将网络编程语言编译器或应用的 OpenFlow 操作封装成控制消息并发送给目标控制器实例和转发设备。控制消息封装模块收到标签和对应的操作之后，首先需要得到编译完成的验证消息，随后会验证收到的信息的正确性并发送就绪消息给调度模块。根据目标地址标签和操作的配对标签来把它们结合到一个消息中，目标地址标签帮助系统识别某一消息的目标控制器实例或转发设备。

Cid 用来指明该消息发送给哪一个控制器实例，该实例由唯一可识别的编号表示。

Sid 指消息对应的转发设备。

Coperation 代表控制器实例应该采取的操作。

Soperation 代表转发设备具体应采用的操作。

Data 部分由对应数据流的路径信息、端口信息和动作信息及操作的具体内容组成。

系统会根据 Cid 的具体内容决定往哪一个控制器实例发送这些消息，在控制器实例上运行的策略部署系统的客户端会收集这些信息并依据 Coperation 判断该操作是否应直接在控制器实例上执行，如果是专门针对控制器的操作（例如从控制器实例上移除某一应用）就不需要填写转发设备相关的字段。反之，如果消息中包括转发设备上的操作，控制器实例会将他们发送到对应的转发设备上。

在控制器上运行的应用越来越复杂之后，不同应用和策略难免在作用的网络区域上有重叠，从而带来策略冲突的风险，目前也有大量工作从事策略冲突解决。一些现实的策略冲突带来的挑战可以通过 SDN 编程语言得到更好的解决。例如，在早期基于 OpenFlow 的 SDN 中，很难确保各个独立的应用程序（例如，路由、监测、访问控制）不互相干扰。例如，某一个任务生成的流表记录不应该重写或覆盖由另一个任务下发的流表记录。另一个例子是，当多个应用程序在单个控制器上执行时，每个应用会根据它自己的需要和策略产生流表记录，没有关于其他应用程序产生的流表记录的进一步知识。因此，存在冲突的流表记录可能造成网络操作方面的问题。编程语言和实时系统可以帮助解决这些问题，编程语言可以提供专门的抽象以应付冲突管理要求。使用编程语言的实时控制器可以在编译过程中进行冲突监测，同时安装流表记录冲突比对、轮询计数器，在接收到响应后会按需与监控、查询等其他策略一起使用。因此，应用程序开发人员可以利用简单的和更高层次的查询指令实现监控模块或应用程序的冲突处理。

编程语言的可移植性使得开发者不需要对不同平台的控制逻辑和策略重新编写应用程序，同时也提供同时运行的多个策略的检查机制。几种代表性的 SDN 编程语言都提出了 OpenFlow 功能的网络冲突监测抽象。在编程范式上 Pyretic 采用了命令式语言，其余的编程语言是功能性的。所有编程语言的最终目标是一样的：为客户提供更高层次的抽象以促进网络控制逻辑的发展和故障排除，这当然也包括了语法简单的策略分析和故障排除。SDN 编程语言在设计时的目标是高效表达分组转发策略和处理不同应用程序的重叠流表记录，保障运营商的软件模块的并行和串行组合不出现互相干扰。为了避免重叠冲突 Frenetic 重新梳理了流表记录，通过分配不同的优先级给重叠的方案；而 HFT 采用分层策略解决运营商的冲突，这都是在数据流处理机制上避免了策略的冲突。

编程语言也提供了数据包可见抽象和无竞争语义的功能，这主要是通过简化策略编写实现，使网络管理者在设计策略时不至于人为犯错。前者保证所有控制数据包可用于分析，而后者则提供了不重要数据包的抑制机制。当出现在网络竞争状态的数据包，例如并行对交换机下发流表记录的过程，实时系统可以通过丢弃非重要数据包解决问题，这可能会影响部分功能，但比起物理层上的故障要划算得多。Pyretic 并联组合功能能够对同一组数据包进行多个策略操作，而顺序组合有利于定义策略的工作流水线，这一系列功能会有计划地处理一组数据包，一定程度上防止出现逻辑上的错误。顺序策略允许多个模块（例如访问控制和路由）以合作的方式工作。通过使用顺序组合将不同模块组合到一起可以构成复杂的应用（正如管道可以用来构建复杂 UNIX 应用程序）。

值得一提的是，仅靠编程语言难以实现对策略冲突的监测，网络编程语言只提供了初级的系统保障机制，防止了一些简单的策略冲突。随着未来 SDN 应用的移植使用，更多的策略冲突还需要设计专门的应用解决，本书认为这应该纳入到 SDN 控制器系统应用中，以保障 SDN 控制器应用的灵活选择。

第 4 章　SDN 性能建模

SDN 的可编程性使得应用可以动态管理整个网络,但同时对网络性能建模的要求也变得更高,通过对网络性能的评价可以对采用何种策略进行指导。本章介绍 SDN 中对转发设备的建模,包括采用排队论、网络积分和网络服务质量分析等。

4.1　SDN 网络性能指标

在网络标准化领域中,国际电联电信标准化部门 ITU-T 和互联网工程任务组 IETF 都撰写了专门的文档来定义 IP 网络的性能指标。在 ITU-T 的官方文档 Y.1540(2011)中定义了性能标准(performance metrics);在 Y.1541(2011)中定义了 6 种服务类型并且指明了网络延迟、丢包率和错误等不同种类的性能指标的作用。IETF 性能指标工作组(IP Performance Metrics,IPPM)则对网络性能测量指标进行了规范和定义。ITU-TY.1540(2011)定义了数据包传输性能参数(IP packet transfer performance parameters)。典型的 SDN 网络性能指标如下。

1. 数据流粒度

数据流粒度主要是指对一组数据包性能参数适用范围的量化。在 SDN 中则代表数据流对应的匹配域。一个数据流是拥有相同的源地址(SRC)和目的地址(DST)、相同的服务类型和段标示的一组连续或者非连续的数据包,在 SDN 网络中数据流使用匹配域识别特定的数据流。从 OpenFlow 的规范中可以知道 SDN 的灵活性体现在对数据流的定义上,如果匹配域各字段的全部取值的任意组合构成了一个数据流识别空间,那么某一个具体的数据流即是能够与其某个子集对应的数据包的序列。

当一个数据流对应的匹配域匹配的范围很大时本书称数据流粒度很大,反之则称数据流粒度很小。灵活利用数据流的粒度进行编程考验着 SDN 应用程序员的能力,应用下发的各种规则是和数据流相对应的。粒度小可以针对数据流做更精确的管理,但会带来很大的系统开销(例如提高表的查找时间、增大表的存储空间占用等);增大粒度则会影响管理的灵活性和精度。

2. IP 数据包传输延迟(IPTD)

IP 数据包传输延迟是指两个对应 IP 数据包参考事件发生过程的时间之差,假设数据包进入处理的事件 $IPRE_1$ 发生在 t_1 时刻,数据包被处理完输出的事件 $IPRE_2$ 发生在 t_2 时刻,$(t_2 > t_1)$ 而且满足 $(t_2 - t_1) \leq T_{max}$,则将 $(t_2 - t_1)$ 称为 IP 数据包传输延迟。

① 平均 IP 数据包传输延迟：所有 IP 数据包传输延迟的算术平均数。

② 最小 IP 数据包传输延迟：所有 IP 数据包传输延迟（包括所有包共有的传播延迟和排队延迟）中的最小值。

③ IP 数据包延迟中值：IP 数据包传输延迟按顺序排列所得的中间值。该中间值并不是数学中取最大值和最小值的算术平均值，而是对所有采集到的传输延迟进行排序，取位于中间的传输延迟。

④ 端到端的两点 IP 数据包延迟变化（PDV）：流媒体应用可能利用 IP 延迟变化的范围信息来避免缓冲区下溢和溢出。IP 延迟的剧烈变化会引起 TCP 重传计时器阈值的增长，也可能会引起数据包重发的延迟或不必要的数据包转播。端到端的两点 IP PDV 值的确定基于在入口和出口处对到达的 IP 数据包的观察。

3．流表记录生存期

流表记录在传递到交换机后具有生存期（timeout），流表存在时间过长会占用交换机的资源并增大流表处理负载，反之会增大网络通信量和控制器的负载。生存期的取值可以影响整个交换机转发的速度，也可能影响转发队列长度。

4．时延

时延是从源发送端节点发送一个数据包到目的端节点所经历的时间，它一直是分组交换网中的一个基本性能指标。网络转发路径由一系列的链路和网络中间节点构成，因此端到端的时延是分组数据包在路径上所有的链路和路由器或交换机中所经历的时间总和。通过对 OpenFlow 协议的研究可以知道该参数无法用南向接口协议的计数器数据经计算获得，需要结合第三方插件或编写专门的应用获得该数据。时延包括两个组成部分：固定部分，即链路的传输时延和信号在链路上的传播时间，这是由网络的状态决定的并且相对稳定；变化部分，即在网络节点中排队和处理的时间。时延的形式化定义如下[47]：

$$OWD = \sum_{j=1}^{n+1}\left(\frac{s}{b_j} + p_j\right) + \sum_{i=1}^{n}(q_i + f_i)$$

其中 s 是探测分组的大小，p_j 是信号传播时延，b_j 是链路带宽；q_i 和 f_i 分别是在网络节点中的排队和处理时间。OWD 是上面各部分所需时间的总和，即时延。

在 SDN 中变化部分的计算相对更加复杂。在数据流所需流表记录存在的情况下延迟计算公式约等于传统网络延迟计算公式，然而在出现 table-miss 的情况下需要将数据流信息封装成 packet_in 信息上传，这会造成一点额外的延迟，但该延迟是可忽略不计的。OpenFlow 数据包匹配延迟如图 4-1 所示。

除了上述较为关键的性能指标外，还有如下一些指标在本书中只进行简单介绍。

① IP 数据包误差率（IPER）：是出错的 IP 数据包数与 IP 数据包总数的比。

② IP 数据包丢包率（IPLR）：丢失的 IP 数据包数与传输的 IP 数据包总数之比。

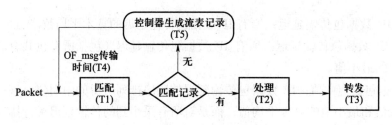

图 4-1　OpenFlow 数据包匹配延迟

③ 虚假 IP 包率：在出口 MP 处的虚假 IP 数据包率即为指定时间间隔内在这里观察到的伪 IP 包总数除以间隔时间所得的值（也就是每秒内的伪 IP 数据包数目）。

④ IP 数据包重排率（IPSL）：被重排序的数据包总数与成功传输的 IP 数据包总数之比。

⑤ IP 数据包严重丢包块率（IPSLBR）：严重损失的 IP 块与总块数之比。

⑥ IP 数据包复制率（IPDR）：复制的 IP 数据包总数与成功传输的 IP 数据包数目减去复制的 IP 数据包数目后得到的值之比。

⑦ 重复 IP 数据包率（RIPR）：重复的 IP 数据包总数与成功传输的 IP 数据包数目减去复制的 IP 包数目后得到的值之比。

⑧ 流修补参数：该参数用于描述某一个数据包包含错误受损信息的概率。

⑨ IP 数据包受损的间隔比（IPIIR）：IP 数据包受损的间隔比与不重叠的总间隔之比。

⑩ IP 数据包受损块比率（IPIBR）：IP 数据包的受损块与不重叠的总间隔之比。

⑪ 容量参数：一个端到端的 IP 数据包传输服务遍历了从一个源主机到一个目的主机。

⑫ 流相关参数：评价 IP 网络或者负载 IP 数据包数量段（section）能力的参数，这些参数与数据流或者吞吐量相关。

4.2　SDN 网络服务质量分析

SDN 的性能指标是直接从网络设备，即数据平面测量的结果，能够反映网络的状态，但随着网络的使用，人们发现用户的感受和整个网络的运行状态不一定是保持一致的，全局的优化可能牺牲一部分人的服务体验，而这些人有时却做出了较大的贡献。针对上述问题，网络的另一种性能建模直接从用户角度出发，尽可能按照用户的需求和付出进行网络的管理。这一工作就是本节重点介绍的服务质量（quality of service，QoS）。

QoS 是由 International Telecommunication Union 在 1994 年首次提出的，它被定义为注重于用户满意度的一组通信服务的特征。Internet Engineering Task Force 将 QoS 定义为一个有特殊要求的传输数据流的要求集合。衡量指标有带宽、延迟、抖动、包丢失率等。QoS 的定义为：QoS 表达的是一组对质量的要求，由一个或是许多物体协作得出的要求指标。还有的定义为：有质量的服务表示在一个分布式多媒体系统中，通过设定一些数量上或质量上的标准达到一个应用所要求的功能需求。

QoS 在设计方面应注重三个方面[45]：

① 性能区分：不仅仅为用户提供最大限度的不同变量的数量从而保障 QoS，不同的用户提供不同级别的服务等级，而在同等级别下，对公平性也要有一定保障，即对每个不同类型的"用户"，提供针对他们特点的服务。而这里的"用户"可以指提供服务的供应商，也可以指不同应用等。

② 粒度：如何进行等级的划分。

③ 效率：代价和系统性能的平衡。

SDN 作为新型的网络架构，将控制和转发分离，易于集中控制管理，且可通过编程达到一定程度的自适应，与传统网络相辅相成，同时增加现在正在发展的云平台的弹性和扩展性。

SDN 在 QoS 方面具有以下优势：首先 QoS 属于端到端的一种保证机制，而 SDN 也考虑到了端到端的路径要求；其次由于 SDN 的灵活性，可以动态适应拓扑变化，从而在拥堵问题方面也提供了缓解方法。SDN 的控制器中包含多种功能：拓扑管理、服务管理、路由管理、SLA、路由计算、传输策略等。由路由管理收集 QoS 性能数据，服务管理负责存储和管理不同的数据流，然后通过路由计算功能，为不同的数据流计算和决定路由，最后由传输策略判别是否达到 SLA，否则执行设定的策略规则。

在 SDN 上，可搭建数据中心平台、内容分发网络、P2P 应用等。数据中心平台下，可以包括内容分发网络架构，也可以有 P2P 应用，总体来说 SDN 上搭建的数据中心平台侧重通过获得基础底层拓扑结构信息等，优化整体云环境下的流量分布和负载均衡。内容分发网络主要是将用户的请求定位到与用户最近的服务器上，以保证低延迟、低丢包率等，通过 SDN 可以获得拓扑方面的信息，优化边缘服务器的服务，降低路由数据包的传递代价。从 P2P 应用角度看，由于缺乏整体拓扑信息而选取非最优对等 peer 获取服务，导致系统中的低质量、高延迟。

4.3 SDN 数据中心描述

SDN 中存在的 QoS 问题要根据具体问题进行分析。对数据中心进行分析首先要对数据中心的简单结构进行描述，然后发现 SDN 数据中心在传统网络中的问题，最后将 SDN 技术引入到数据中心。图 4-2 是一个简单的数据中心结构。

数据中心也采用集中式的控制，通过网络操作符与其他网络控制器进行内部的交互。数据中心需要具备下述几个能力：能增加、移除租户；提供操作后要有付款系统接口的支持；工作流自动化；从租户处增加或移除虚拟机；同时针对带宽、服务质量、安全等租户所需要的网络属性采取有个性的服务。当采用了 SDN 作为底层网络基础设施后，若对于带宽、延迟、响应时间、代价等方面有所优化，则也会带来服务质量的提升。

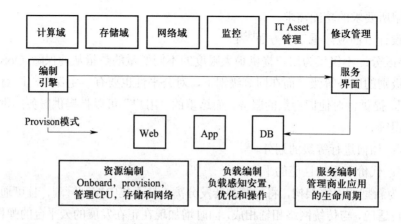

图 4-2 数据中心结构

首先对底层部分路由进行分析，同样从网络性能、服务质量来讲，服务需求的多样化和不断改变的特性需要网络架构灵活且能够区分不同的应用需求，再就是支撑不同类型的网络业务变化的日益重要。当网络需要承受高负荷且资源受到一定限制的时候，由于在 IP 网络中，采用目的地转发算法，没有考虑到其他网络参数，导致吞吐量下降、延迟增加、报文丢失等现象，所以需要采用一些方法去降低拥塞出现的概率并处理拥塞问题。IETF 提出了很多符合服务质量保证的服务模型和机制，包括 IntServ、DiffServ、TE、MPLS 等。

图 4-3 展示了数据中心的基本架构，一个完整的数据中心由客户、内部网络和服务器集群这三个逻辑部分组成[21]。客户根据业务使用方向可以分为个人客户和企业客户，不同的客户所需的服务质量、安全级别等资源都存在差别。服务器集群主要包括目录服务器、FTP 服务器、邮件服务器、数据库服务器、流媒体服务器、文件服务器等。内部网络是在数据中心内部为服务器提供高速数据交换的专用网络，信息服务的质量依赖于底层内部网络的服务能力。只有兼顾整体，才能保证数据中心的良好运行，为用户提供高质量、可信赖的服务。数据中心的概念既包括物理的范畴，也包括数据和应用的范畴。数据中心容纳了支撑业务系统运行的基础设施，为其中的所有业务系统提供运营环境，并具有一套完整的运行、维护体系以保证业务系统高效、稳定、不间断地运行。

在企业网与校园网部署之外，数据中心由于设备繁杂且具备高度集中等特点，相关 SDN 部署同样面临着严峻的挑战。早期部署在数据中心的实例为基于 NOX 的 SDN 网络，随后，在数据中心的部署应用得到极大的发展，其中性能和节能是部署过程中重点考虑的两个方面。

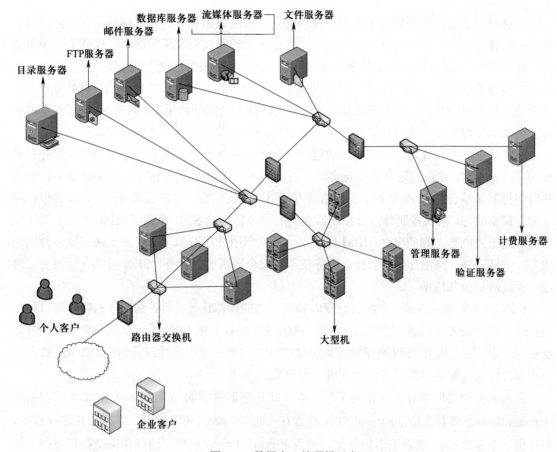

目录服务器　邮件服务器　数据库服务器　流媒体服务器　文件服务器
FTP服务器

个人客户　　路由器交换机　　　　大型机　　　管理服务器　验证服务器　计费服务器

企业客户

图 4-3　数据中心的逻辑示意

　　数据中心成千上万的机器会需要很高的带宽,如何合理利用带宽、节省资源、提高性能,是数据中心的另一个重要问题。有研究人员通过对每台路由器和服务器进行信息缓存,利用 SDN 掌握全网缓存信息,能够有效解决数据中心的数据传输冗余问题。在数据中心,每个路由器和服务器都可以进行信息缓存。当两台服务器第一次通信时,所在路径的路由器将信息缓存下来。当服务器再次发起相关通信时,为了获取最近距离的缓存,SDN 根据全网信息给出最优缓存任务分配。此时,服务器无需到目的地址去获取信息,从而消除了数据传输冗余。Hedera 采用了 OpenFlow 交换机,通过控制器掌握数据中心的全局信息,方便控制器优化带宽,比等价多路径(equal-cost multipath routing,ECMP)技术可提升至 4 倍的带宽能力[22]。DevoFlow 考虑了数据中心交换机对控制器过多的干扰,将大多数流处理放到交换机上处理,从而提高了数据中心传输的整体性能。zUpdate 则利用 SDN 保证了数据中心在几乎无任何性能影响的情况下更新设备。

节能一直是数据中心研究中不容忽视的问题。由于数据中心具有大规模互联网服务稳定性和高效性等特性，常以浪费能源为代价。通过关闭暂时没有流量的端口，仅能节省少量能耗，最有效的办法是通过 SDN 掌握全局信息能力，实时关闭暂未使用的设备，当有需要时再打开，将会节省约一半的能耗[44]，设备利用率低也会导致数据中心能耗较高。在数据中心，每个流在每个时间片通过独占路由的方式，可提高路由链路的利用率。利用 SDN 掌握全网信息，公平调度每个流，使路由链路得到充分利用，进而节省数据中心的能量。

有了数据中心作保障，用户可以通过云平台进行网络管理。基于云环境的网络拓扑是多变的，通过 SDN 可以获取全局信息实现云网络管理。IBM 针对云网络管理提出了云控制器和网络控制器结合的 SDN 架构。云控制器方便用户配置信息、管理物理资源、设置虚拟机和分配存储空间等。网络控制器将云控制器收集的指令转换成 SDN 设备可识别的指令。为了能够完成两个控制器之间的交互，IBM 提供了一种共享图算法 NetGraph。该算法支持多种网络服务，包括广播、路由计算、监控、服务质量及安全隔离等。此外，SDN 可以有效改善云性能，保证流量负载均衡[43]。

SDN 具有集中式控制、全网信息获取和网络功能虚拟化等特性，利用这些特性可以解决数据中心出现的各种问题。例如在数据中心网络中，可以利用 SDN 通过全局网络信息消除数据传输冗余，也可利用 SDN 网络功能虚拟化特性达到数据流可靠性与灵活性的平衡。数据中心在提升性能和绿色节能等方面扮演着十分重要的角色。

针对数据中心网络存在变化的工作负载，即从延迟敏感的 mice flows 到带宽不充裕的 elephant flows，将数据中心网络和 SDN 结合在一起[42]，加入流量控制、多路径传输等技术，设计出一个 soft-edge 负载平衡的框架，称为 Presto。Presto 利用了边缘虚拟交换机将每一个流分离到每个包中，称为 flowcells，然后将 flowcells 均匀地分发到接近于最优的负载平衡网络中，用最大的 TCP 分段（TSO）大小作为 flowcells 的粒度，允许细粒度的负载平衡。Presto 也可以通过平衡网络，解决网络中的不对称问题和失败问题。

4.4 基于 DAG 的 SDN 网络拓扑结构表达

由于 SDN 的集中式控制架构，理论上可以使管理者从全局角度进行网络拓扑浏览，从而选择和规划与用户需求相匹配的网络拓扑进行实施，以满足用户所需求的多种服务。

本节使用 DAG 图对 SDN 网络拓扑进行描述，并对 SDN 网络不同拓扑状态的差异和拓扑之间切换动作进行描述。

4.4.1 SDN 网络拓扑的 DAG 表述

DAG 图是一个无环的有向图，被广泛应用于描述业务逻辑。由于 DAG 可以直观表达数

据的流向和节点关系，本书使用 DAG 对 SDN 网络拓扑结构进行建模。使用 DAG 定义一个 SDN 网络拓扑，用

$$D=(V,T,\varphi)$$

三元组来表示，V 表示节点的集合；T 表示节点端口的集合；φ 是 V 和 T 的关联函数，代表拓扑中的数据转发规则，用 $\varphi(t_1,t_2)$（其中 $t_1,t_2 \in T$）表示端口 t_1 到端口 t_2 的数据流向。当 t_1、t_2 属于同一节点时，φ 表示的是此节点中的数据从 t_1 进到 t_2 出的路由转发规则，当 t_1、t_2 属于不同节点时，φ 表达的是拓扑中节点通过端口 t_1 向另一节点端口 t_2 进行数据转发的链路。这样通过这个模型描述网络在某一时间段下的拓扑状态。

4.4.2　DAG 描述 SDN 网络不同时间段的拓扑状态

给定一个网络 D，在不同时间段的拓扑结构为 D_i、D_j，设 $a,b \in V_d$，图 D 可以用 $D(V_d,T_d,\varphi_d)$ 来表示，$D_i=(V_d^i,T_d^i,\varphi_d^i)$，$D_j=(V_d^j,T_d^j,\varphi_d^j)$，使用 $\Delta D_{i \to j}$ 表示路由拓扑的变化集合，$\Delta D_{i \to j}=(\Delta V_d^{i \to j},\Delta T_d^{i \to j},\Delta \varphi_d^{i \to j})$。

① $\Delta V_d^{i \to j}$ 节点变化集合。集合中元素用 $\pm v_d$ 来表示，符号"+"代表添加节点，"−"代表删除节点。集合表示为 $\Delta V_d^{i \to j}=\left\{\sum_{k \in 1,2 \cdots \cdots} \pm v_d^k\right\}$。SDN 控制器中对节点增删的具体操作可以通过控制器中提供的设备管理模块实现。

② $\Delta T_d^{i \to j}$ 端口变化集合。集合元素用 $\pm t_d^n(v)$ 来表示，其中 $v \in V_d$ 代表的是端口所在的节点，$\pm t_d^n(v)$ 表示网络 D 节点 v 的第 n 端口，符号"+"表示启用节点端口，"−"代表关闭节点端口。集合表示为 $\Delta T_d^{i \to j}=\left\{\sum \pm t_d^n(v)\right\}$。端口的增删通常配合 $\Delta \varphi$ 进行，并不需要控制器单独进行控制操作。

③ $\Delta \varphi_d^{i \to j}$ 数据转发规则变化集合。当 D 中端口 $t_d^n(a)$ 到端口 $t_d^m(b)$ 的数据链路发生变化时可使用 $\pm \varphi_d\left(t_d^n(a),t_d^m(b)\right)$ 来表示，表示节点 a 的端口 n 到节点 b 端口 m 的链路发生变化，其中 $a,b \in V_d$，$t_d^n(a),t_d^m(b) \in T_d$，$n,m$ 代表对应节点的端口号，符号"+"表示增加链路，"−"代表链路断开或删除。集合表示为 $\Delta \varphi_d^{i \to j}=\left\{\sum \pm\left(t_d^n(a),t_d^m(b)\right)\right\}$。

数据转发规则的变化是拓扑状态转换的重点。由于出入端口所处位置不同，存在两种情况。当在同一节点时，只需要此节点的流表项中增加或删除一条流表，并不影响节点间的拓扑结构；当在不同节点时，意味着这一条集合元素包含出入两个节点中其他转发规则的调整，需要进行多条流表项的增删。

网络 D 由状态 i 切换到 j，可使用三元集合组 $\Delta D_{i \to j}=(\Delta V_d^{i \to j},\Delta T_d^{i \to j},\Delta \varphi_d^{i \to j})$ 对状态差异进行描述，切换操作可以表示为 $D_i + \Delta D_{i \to j}=D_j$。

具体流程图如图 4-4 所示。

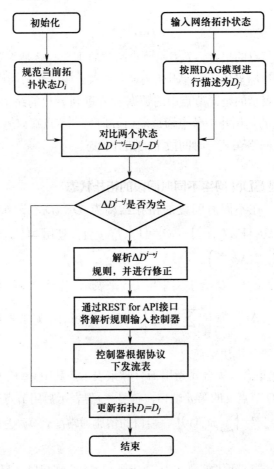

图 4-4　状态集合转换为流表的流程

4.4.3　SDN 网络拓扑切换及流表下发

下面通过一个实例来详细讲解拓扑切换和流表下发。图 4-5（a）为一个 SDN 网络 S 当前拓扑状态，由于用户需求发生改变，需要将 v_3 节点通过端口 3 发送给 v_7 节点端口 1 的数据（用虚线表示）改由 v_3 节点端口 2 发送给 v_5 节点端口 3（用双实线表示）。图 4-5（b）为用户预期的网络拓扑状态。当前拓扑状态为 S_a，目标拓扑状态为 S_b。

1．差异集合的生成及解析

网络 S 的拓扑变化值用 $\Delta S_{a \to b}$ 来表示，通过本节的 DAG 模型，将 S_a 与 S_b 两个拓扑状态集合比对，删除冗余数据，结果如下。

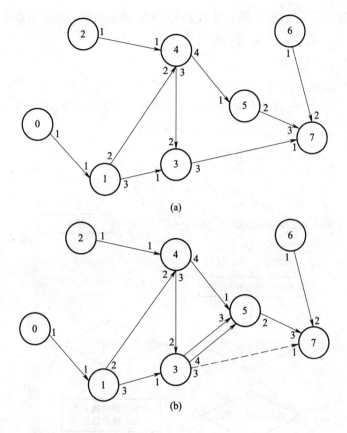

图 4-5　拓扑变化

① $\Delta V_s^{a \to b} = \varnothing$，表明没有节点设备变化。

② $\Delta T_s^{a \to b} = \left\{ +t_s^3(v_3), -t_s^1(v_7), +t_s^4(v_3), +t_s^3(v_5) \right\}$，共有 4 个端口发生变化。

③ $\Delta \varphi_s^{a \to b} = \left\{ \begin{array}{l} -\varphi_s\left(t_s^3(v_3), t_s^1(v_7)\right) \\ +\varphi_s\left(t_s^4(v_3), t_s^3(v_5)\right) \end{array} \right\}$，有两条链路发生变化。由于 $\Delta \varphi_s^{a \to b}$ 集合中的两个

元素都属于出入端口分布于不同节点的第二种情况，需要对出入节点 v_3、v_5、v_7 的路由规则进行调整，并对 $\Delta \varphi_s^{a \to b}$ 进行修正。设定节点 v_3 中 1、2 端口的数据由原来的 3 端口出改为 4 端口出，节点 v_5 中 3 端口的新数据转为 2 端口出，则修正后的集合为：

$$\Delta \varphi_s^{a \to b}{}_{correct} = \left\{ \begin{array}{l} -\varphi_s\left(t_s^3(v_3), t_s^1(v_7)\right) \\ +\varphi_s\left(t_s^4(v_3), t_s^3(v_5)\right) \end{array} \right\} + \left\{ \begin{array}{l} -\varphi_s\left(t_s^1(v_3), t_s^3(v_3)\right), -\varphi_s\left(t_s^2(v_3), t_s^3(v_3)\right), \\ +\varphi_s\left(t_s^1(v_3), t_s^4(v_3)\right), +\varphi_s\left(t_s^2(v_3), t_s^4(v_3)\right), +\varphi_s\left(t_s^3(v_5), t_s^2(v_5)\right) \end{array} \right\}$$

所得集合 $\Delta S_{a \to b}$ 即为网络 S 的拓扑状态 $S_a \to S_b$ 的变化值。由于节点未发生变化，依据 $\Delta S_{a \to b}$ 中的 $\Delta \varphi_s^{a \to b}{}_{\text{correct}}$ 数据，对 S_a 进行拓扑切换操作。

2. 集合映射与流表生成

流表生成与下发模块根据给出集合，找出集合中元素对应的节点，节点的入端口、出端口，进而相应地为入端口节点、出端口节点下发不同的流表，每个 SDN 交换机只需要一级流表就可以实现这个模块的功能，其流程如图 4-6 所示。

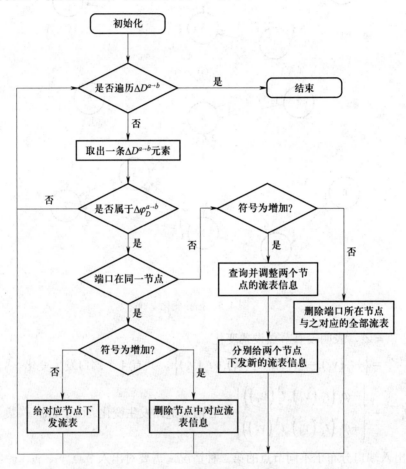

图 4-6　流表生成与下发模块流程

具体处理过程如下。

① 系统中的已有拓扑状态的变化集合 $\Delta S_{a \to b}$，以及当前网络拓扑状态和目标拓扑状态。当初始化完成以后，每次拿出 $\Delta S_{a \to b}$ 集合中一条元素进行查询，如果此元素还未下发，则将其取出，准备生成流表下发。本文只关注 $\Delta S_{a \to b}$ 中有关路由信息的元素，即 $\Delta \varphi_s^{a \to b}$ 集合的

元素。

② 从 $\Delta\varphi_s^{a\to b}$ 元素中提取出符号类型，有增加和删除两种，再提取出入端口的节点信息。增加或者删除命令都是针对有此端口的节点进行的。

③ 根据端口集合信息，可以得知端口对应的节点。如果两个端口不在同一节点，而是节点之间的数据链路，则可能会引起两个节点路由信息的变动，要修正两个节点的路由变动信息并添加在拓扑变化集合中，然后系统下发相应的增加或删除流表命令。

④ 消息命令类型为增加。先找到入端口所在的入节点和出端口所在的出节点。如果出入节点不同，在拓扑信息处理模块生成两个节点变化后的路由转发规则加入集合，依次为两个节点下发包含相关路由信息的流表。如果出入节点相同，则向此节点发送包含这条链路信息的流表。

⑤ 消息命令类型为删除。如出入节点不同，找出相应节点，删除出入节点上的与之对应的所有流表。如果出入节点相同就删除对应节点上包含这条路由信息的流表。

流程逻辑用伪代码表示如下。

```
在处理类型 topoElementsType 是 Route_Mod 的消息
//依次获取 mod 值和节点编号 dpid。mod 值为 0 表示增加流表，1 表示删除
INFO_FOREACH(vdp_var , &vm_dp_pairq , next)
{
//提取标号为 dpid 的节点的所有路由信息到 allroute[ ]，节点端口编号到 edgeT[ ]中
}


if((in_port!=0)&&(out_port!=0))
{
        //查询 in_port 对应的 in_ dpid
        //查询 out_port 对应的 out_dpid
}
If(in_dpid!=out_dpid)  //两个端口不在同一节点
{
        //从 Netpathq 中查询出 in_dpid 和 out_dpid 调整后路由转发规则到 flowlist_in[ ],
        flowlist_out[ ]中,
        //需要调整的路由数量分别为 flowlist_in_count , flowlist_out_count
        If(mod==0)
        {
```

```
        For( q=0 ; q < flowlist_in_count ; q++)//为入节点下发流表
        {
                //match 有 in_port,eth_dst,eth_type,ipv4_dst,ipv4_dst_mask
                //instruction 有 set_field;eth_src,set_field:eth_dst,go_to_table:1,out
                //下发流表
        }
        For( q=0 ; q < flowlist_out_count ; q++)    //为出节点下发流表
        {
                //match 有 in_port,eth_dst,eth_type,ipv4_dst,ipv4_dst_mask
                //instruction 有 set_field;eth_src,set_field:eth_dst,go_to_table:1,out
                //下发流表
        }
    }
    Else(mod == 1)
    {
    //查询 in_port 和 out_port 对应 dpid_in_delete 和 dpid_out_delete
    //分别为 dpid_in_delete 和 dpid_out_delete 下发 port_delete 删除命令
    }
Else(in_dpid != out_dpid)    //两个端口在同一节点
{
    If(mod==0)    //增加操作
    {
        //查询 in_port 的 in_dpid;
        //创建 flowmod_mod
        //对 in_dpid 下发增加 flowmod_id 流表命令
    }

    Else(mod != 0)        //删除操作
    {
    //查询 in_port 和 out_port 对应的 flowmod_id
        //为 in_dpid 下达删除 flowmod_id 流表命令
    }
}
Else
{
    //mod 错误
}
```

3. 调用控制器命令下发流表

使用 Floodlight API 调用控制器，使拓扑从 S_a 向 S_b 切换。依据流程解析过程，集合元素解析为如下所示的控制器的调用命令，这些调用命令将由控制器根据 OpenFlow 协议封装流表，分发给相应 OpenFlow 路由器：

```
curl -d '{"switch": "v3", "name":"flow-n-1", "priority":"32768", "ingress-port":"1","active":"true",
"actions":"output:4"}' http://<ip_controller>:8080/wm/staticflowentrypusher/json
//添加 v3 节点数据流从端口 1 到端口 4 的流表项

curl -d '{"switch": "v3", "name":"flow-n-2", "priority":"32768", "ingress-port":"2","active":"true",
"actions":"output:4"}' http://<ip_controller>:8080/wm/staticflowentrypusher/json
//添加 v3 节点数据流从端口 2 到端口 4 的流表项

curl -d '{"switch": "v5", "name":"flow-n-3", "priority":"32768", "ingress-port":"3","active":"true",
"actions":"output:2"}' http://<ip_controller>:8080/wm/staticflowentrypusher/json
//添加 v5 节点数据流从端口 3 到端口 2 的流表项

curl -X DELETE -d '{"switch": "v3", "PORT":"4"}' http://<ip_controller>:8080/wm/staticflowentrypusher/json
//删除 v3 节点关于端口 4 的所有流表项

curl -X DELETE -d '{"switch": "v7", "port":"3",}' http://<ip_controller>:8080/wm/staticflowentrypusher/json
//删除 v7 节点关于端口 4 的所有流表项
```

4.5 SDN 控制器性能分析

当下存在多种不同的控制器架构，这些架构可能在存储信息、控制消息通信、应用部署与管理方面存在着巨大的差异。从学术研究角度来说，各种架构都有其对应的应用场景需求和优点，因此如何使用适合的方案进行研究或平台搭建是一个重要的问题。为了让读者进一步深入了解各控制器的详细特点，本节从性能分析的角度解读各种控制器架构。

总的来说，目前提高控制器性能的工作存在三大思路：一种是以 Beacon 为代表的借助于多线程实现的控制器性能提高，该类工作的特色在于依然使用单节点控制器从而使得控制模型相对简单，计算能力的扩充由增加计算单元（CPU 或 GPU）和内存实现；另一种是以 Hyperflow 为代表的、借鉴于分布式系统的分布式控制器，该方法通过增加任意多的物理机器实现资源的全面扩容，但在多节点管理机制上增加了大量开销；最后一种以 DevoFlow 为代表，与 SDN 思想有些冲突，这类工作试图以压缩流表的方式将部分控制功能还给转发设备，从而减少底层设备向控制器发送请求的数量。

从这些架构中很难直观地比较出各控制器的优劣[23]，因此提出了一套 SDN 控制器的抽象用来对各种控制器平面架构进行对比。

4.5.1 功能模型

典型的 SDN 控制器是整个网络控制逻辑的集中执行者，转发设备管理、转发规则计算、资源管理等工作同时运行在控制器上。这些功能在控制器中的模型如图 4-7 所示。

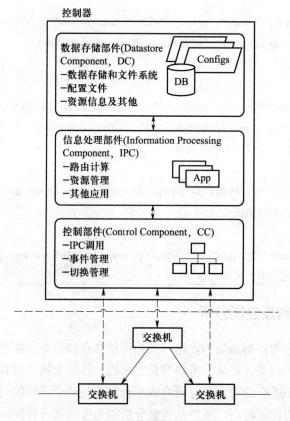

图 4-7　控制器性能架构

这里将控制器功能分成三大类：数据存储部件、信息处理部件和控制部件，图 4-7 中包含了上述所有类型的功能。

① 数据存储部件。该模块可以认为代表控制器中存储信息的数据库和内存的集合，负责存储和管理所有 SDN 信息。在已知的控制器系统中该模块主要由数据库或分布式文件系统担当并提供信息处理模块发送请求所需的接口，使用大型数据库的优点是容量大、可扩展，而使用内存能获得较快的响应速度。该部件代表控制器在存储方面的开销。

② 信息处理部件，相当于路由计算、资源管理等需要计算的功能构成的集合，该部件产生用于配置转发设备的各种规则，在 OpenFlow 协议中就是流表、组表和计量表的各种记录。该部件代表整个控制器在计算资源方面的开销。

③ 控制管理部件。该部件负责连接各种支持 SDN 的网络转发设备，并通过流表机制管理其工作状态。该部件代表控制器在通信方面的开销。

为了将当前主要的控制器架构抽象成统一的抽象模型，有研究者提出了几个关键的对比分析标准，对应的抽象架构如图 4-8 所示。

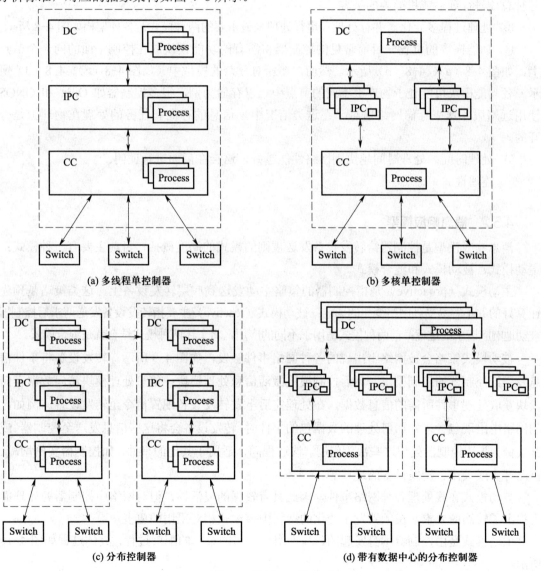

图 4-8　控制器架构演变

① 内部处理单元的并行化程度。在 GPU 技术十分发达的条件下，该标准对应于控制器是否使用了多线程技术，直接可以提升控制器的并发数，使底层设备的请求的处理时间得到提升。

② 功能模块的扩展性。这里指控制器内部各组成部分能否通过简单、经济的方法获得提升，控制器的计算、存储和通信资源可以动态提升是最理想的方案。单独的模块只是某一特定功能的逻辑组成部分（如图 4-8（b）所示）。这里与云计算平台的理念相似，可以通过各种总线进行远端或机架内的扩容。

③ 处理过程多元化。并行处理和串行处理是最主要的两种模式，各种架构如图 4-8 所示。

④ 功能模块的位置。目前常见的控制器将所有的功能模块放在控制平面的同一个节点上，如图 4-8（a）、4-8（b）所示。然而，在相对复杂的模型中（如图 4-8（c）、4-8（d）所示）各功能模块可能处于物理上不同的节点中。以存储为例，很多控制器如 Onix 和 ONOS 使用远端服务器来存储网络信息。在这类情况中，信息的存储和任务的处理在物理上是分开的。

⑤ 处理时间。处理时间越快则网络性能越好，这会在后面进行证明。

⑥ 连通性。

4.5.2 消息响应模型

消息响应模型是控制器给转发设备发送规则的模式的高度概括，目前主要有三种模式：主动模式、被动模式和混合模式。

主动模式（proactive）是指控制器的策略主动发送到底层转发设备上，这类策略是预先计算好的并不容易受到网络变化的影响；被动模式（reactive）主要指转发设备发送请求后控制器被动地响应请求的过程；前两种模式适用于不同的应用，将上述两种模式结合就是混合模式。

被动模式策略会被网络中出现的各种网络事件触发，如图 4-9 所示。转发设备将事件信息发送给控制器的控制模块，然后控制模块激活信息处理模块；信息处理模块访问数据存储模块获取处理事件所需的信息数据，在处理完后下发转发设备配置信令至转发设备。例如，当网络中出现包含未知如何处理的数据包的事件时，转发设备会将这些信息发送至控制器（或其实例）并让控制器处理这些决策问题。该过程同样适用于其他的事件，如控制器实例增减、链路开启或关闭、转发设备的迁移等。

被动模式在线处理各种网络事件，因此具有较强的灵活性，但对网络中控制器的处理能力提出了较高的要求，在频繁发生变化的网络中该模式相对采用的更多。

主动模式是由控制器本身发起的、基于用户编写的策略的配置过程，具体过程如图 4-10 所示。

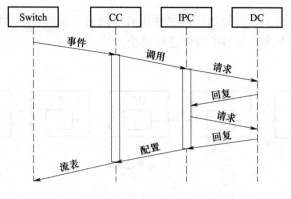

图 4-9　被动模式

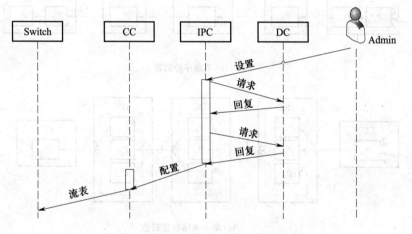

图 4-10　主动模式

从图 4-10 中可以看出，整个策略的发起方式是由管理员编写一个策略，该策略会由控制器结合存储中的数据生成具体的转发设备控制信令下发到转发设备上。该模式的优点是不需要实时针对网络变化作出修改，实际使用中常见于长期有效的控制策略。在这种模式下产生的规则都是"预装"的控制规则，需要带有某种预测和规划能力的策略制定算法。

图 4-11 是各种控制器架构在被动模式下处理底层设备请求的工作流程,处理延迟是某一模块收到请求后的处理时间，根据模块任务不同会有很大差别。控制模块的处理时间为 P_1，计算模块处理时间为 P_2，存储模块数据查找时间为 P_3。由于有些模块需要处理两次，因此使用 P_{jk} 表示 j 模块第 k 次处理消息的延迟。控制模块的传播时间为 T_1，计算模块传播时间为 T_2，存储模块传播时间为 T_3，如果某两个模块在同一个物理节点上则相应传播时间可以忽略不计。从以上模型可以看出，单节点控制器在同步开销方面较少，但存在着扩展性问题。分

布式控制器很好地解决了这一问题，但也存在着不同的资源损耗，具体的开销计算将在 4.6 节给出。下面将对分布式控制器扩展性进行讨论。

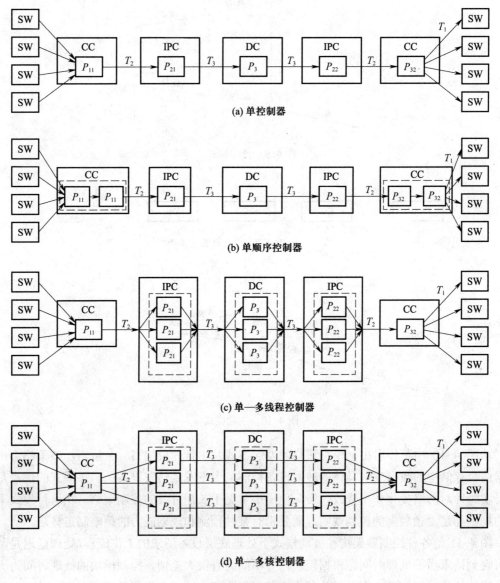

图 4-11　处理流程

4.5.3　扩展性评估

网络的节点和链路都会随着用户的增长动态地扩增，这在因特网管理中是重要的影响因素，暴增的负载也需要分布式控制器拥有较好的调节能力。单节点控制器的扩展性极其有限，因此扩展性评估[24]主要针对分布式控制器展开研究，文献[41]对控制器扩展进行了详细的数学证明，然而该模型重点考量扩展控制平面对响应时间的影响，没有考虑其他的 SDN 网络性能评价指标。分布式控制器从设计原则上说与各种分布式系统是相同的。软件定义网络的可扩展性十分重要，许多研究者都试图去解决这个问题，Maestro 利用单线程控制器之中的并行性，Beacon 采用了多线程技术，来提高单节点控制器的可扩展性，但是这两种研究没有提供多控制器之间的通信。在前面章节中本书已经介绍了多种分布式控制器，从共享数据库式控制器和协作式控制器这两大类分析，以下几个方面可以用来评价分布式控制器扩展性。

① 协作模式与消息机制。SDN 中转发设备/控制器的模式类似于客户端/服务器的处理机制，在单节点控制器下某单一控制器节点处理请求相对简单；在动态扩展的条件下，OpenFlow 协议则规定了不同控制器的角色。但在动态互联网络中，转发设备的管理关系会动态变动，协作模式影响整个分布式控制器的信息存储和请求处理，消息机制则会影响全局视野同步，具体的数据模型在下节给出。

② 可靠性与弹性。分布式控制器架构直接带来的好处就是可靠性和稳定性。在网络出现故障或负载均衡需求时，通过备用控制器实例在 SDN 中保证任意时刻的高效性。但需要注意的是采用主备冗余的方式依然需要时间将控制权转交新的节点，这也是分布式控制器性能评估的重要一环。

③ 一致性与原子性。网络的状态是动态变化的，因此需要不停更新网络拓扑信息和监控流量。例如，当一个 Web 服务器进行了地址迁移时会带来策略变化，这些策略变化应该一致地部署到分布式控制器的多个相关节点上，这反映策略在多个节点上的执行不存在异常，策略的原子性则是保障策略执行的完整程度。这两个特性在控制器实例增多的情况下需要有效的同步机制才能保障，目前也是 SDN 领域的研究难点，强一致性对于实时性较强的网络是必备的条件。

④ 全局视图需求。SDN 的全局视野是让网络应用针对全局网络实现策略最优化的基本条件。用户希望数据流的决策是基于整个网络的信息作出的。控制平面中的信息需要做双向更新来做出正确的管理。灵活扩展的控制平面需要在全局视图的创建、更新等过程进行复杂的操作。

⑤ 局部性。利用该特性可以在尽可能低的延迟条件下获得更高的性能，第 5 章将给出一个利用网络通信局部性优化网络视图存储的案例。

⑥ 扩展结构。目前的主流分布式控制器架构可以被分为协作式和分层式两种，两种模式都可以进行节点扩展，但带来的各种开销是不同的。

⑦ 备份、同步与容错。出于容错角度考量，网络信息需要存储多个副本，以构建一个可靠的、能扩展的控制系统。但副本越多带来的同步开销也会增大，这是分布式控制器内在

的问题，需要在容错性和通信开销之间取得一个合理的平衡。分布式控制器在设计原则上和网格机群一样，Casado 等人讨论了使用 MPLS 协议扩展 SDN。

⑧ 目前已有工作主要思想是构建一个分层的架构或将工作均匀地分摊到每个节点上。扩展后的架构并不要求实例间就决策问题进行交互，而是尽可能保证每个实例都能够依据较为完整的信息做出策略选择。

上述对分布式扩展性的讨论本书认为基本涵盖了分布式控制器性能扩展的问题，以上均是从性能功能角度分析，从 SDN 多平面分离的角度来看，保障分布式控制器良好扩展性的方法就是设计开放、高效的东西向接口协议。因此，应当首先有标准化组织设计支持上述扩展性要求的协议草案，再由各厂商实现和优化，最后实现分布式控制器的自由扩展与对接。

4.6 分布式控制器资源开销

前面章节已经对多种分布式控制器的系统结构特征进行了分别讲解，本节将针对不同分布式控制器的资源开销进行建模，从模型角度比较各种方案的优劣。Krishnamurthy 提出了多个对分布式控制器工作性能存在关键影响的因素[18]，还对这些关键指标进行了较为深入的分析，讨论了不同类型的服务对资源利用率的影响。下面给出典型的影响分布式控制器性能的性能指标及其影响机理。

① 分布式控制器平均响应时间，指分布式控制器下发动作规则到网络设备的平均时间。ONOS、Kandoo、Orion 等分布式控制器在远端运行了共享数据库来存储系统全局网络视图，这在当前的 SDN 中是十分必要的，控制器性能确定的条件下节点数目与底层网络的规模成正比。数据库的读写效率直接与表格的规模相关，更多种类的应用、日渐复杂的底层架构都会指数级增大存储需求，为了不影响底层控制器实例的工作效率，一般不会要求底层控制器实例存储过多信息，但共享数据库为了便于应用对历史数据的追溯需要进行长期记录，这极大增加了共享数据库的负载。从现有资料来分析，典型的共享数据库型控制器包括 Onix 和 ONOS，ONOS 采用了双层数据库存储信息，Titan 图数据库以图的形式刻画整个网络，再采用关系型数据库存储 Titan 节点和边的信息。值得注意的是，可编程网络中的全局视野给信息查找带来了一定的挑战，当网络规模巨大，分布式控制器在处理一个请求时往往遍历大量不相关的数据表记录。与之相对的，协作式控制器将全局视图完整存储到所有控制器实例，这样的优点是所有的请求都变成了本地直接处理的请求，这种架构下分布式控制器平均响应时间远小于采用共享数据库的模式。平均响应时间在整个 SDN 中反映着转发设备空转的时间，因此该参数越低网络转发速度越快。

② 分布式控制器存储开销，指分布式控制器用于运行系统保留的应用和服务所必要的存储开销。存储开销过大会导致控制器实例的性能降低、反应变慢，甚至导致某些负载过高的控制器实例宕机，限制了同一个控制器实例上同时运行的应用总量。

③ 控制器实例同步通信开销。SDN 的重要特征是维护了一个全局的网络视野，这在分布式控制器中体现为需要在多个控制器实例上同步全局网络视图，保证每个实例在作出决策时是基于全局视图的。近年来，应用层的服务也越来越丰富，这些功能各异的服务需要实时更新转发设备和控制器实例信息，这会降低分布式控制器各物理节点的性能和资源利用率，同步通信会带来额外的通信开销、计算开销等。同步消息会占用网络带宽，降低该开销有利于 SDN 的运转。

分布式控制器是逻辑上集中的、物理上分布的复杂系统，未来随着其复杂性的增高还会提出更多的评估指标。本书参考国内外研究成果，依据分布式控制器存储开销、平均响应时间和同步通信开销讨论系统的整体开销，这几个指标可以刻画分布式控制器的总体性能。本节对上述指标进行了分析并给出了计算公式，根据这些指标进一步综合评价各架构下的总体开销[25]。

1. 存储开销

分布式控制器选择让每个控制器实例独立采集各自网络子区域的网络视图，再组合在一起形成完整的网络视图。由于架构不同，目前分布式控制器主要采用两种信息存储方式：一种是共享数据库型（SDDC），如图 4-12 所示；一种是协作存储型（CDC），如图 4-13 所示。

图 4-12　共享数据库分布式控制器

图 4-13　协作存储分布式控制器

分布式控制器存储由共享数据库和控制器实例的本地存储构成。假设目前有一个分布式控制器 A 的存储开销为 $C_M(A)$，某一实例(X_i)或共享数据库(DB)的存储开销为 $C_m(X_i)$，则整个控制器的存储总开销为：

$$C_M(A)=C_m(X_1)+C_m(X_2)+\cdots+ C_m(X_n)+ C_m(DB)$$

2. 同步通信开销

在分布式控制器中，管理一个逻辑上集中的网络信息是很复杂的工作，很多现有的控制器只实现了弱一致性模型。Kreutz 在其综述[2]中对分布式控制器的一致性问题进行了较为全面的讨论，指出当前分布式控制器研究的难点在于难以实现强一致性，全局视图在已有的各典型分布式控制器上仅做到了弱一致性。

分布式控制器的本地控制器实例首先会监测到其控制区域中的网络变化，再与其他实例或共享数据库同步，因此本书认为同步开销主要由监控开销和实例间同步开销组成。监控开销是采集网络属性变化时产生的通信开销，该开销来源于控制器节点和转发设备之间的通信；实例间同步开销来源于各实例广播各自网络视图的通信。

假设某个网络子区域网络视图的变化为 Δg，本节所比较的各种架构中的控制器实例数量均为 n，SDDC 和 CDC 中信息同步流程如图 4-14、图 4-15 所示。

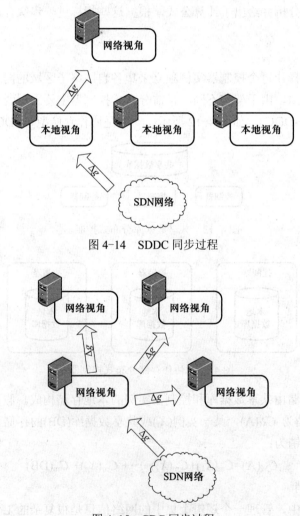

图 4-14　SDDC 同步过程

图 4-15　CDC 同步过程

由图 4-14 可知，SDDC 只需将 Δg 上传到对应控制器实例，再由该实例上传至共享数据库。由图 4-15 可知，CDC 会将这些信息广播给其他控制器并造成 $(n-1)\Delta g$ 的同步开销。设 $C_{\text{SYN}}(A)$ 为 A 产生的通信开销，则某一架构下的通信开销为：

$$C_{\text{SYN}}(A)= C_{\text{SYN}}(X_1)+ C_{\text{SYN}}(X_2)+\cdots+ C_{\text{SYN}}(X_n)$$

当 Δg 较大时，CDC 会产生远大于 SDDC 的同步通信开销及相关资源开销，在同等网络变化条件下协作式控制器中各节点的负载更大。

3．平均响应时间

平均响应时间的长短可以反映分布式控制器处理请求的速度，该指标过大时说明网络底层转发器的流表记录失效或设备空转。在前面章节中介绍了单节点情况下控制器处理请求消息的过程，本节则研究分布式控制器处理请求的流程，每一个转发设备在收到一个无法处理的数据包后的工作流程如图 4-16 所示。

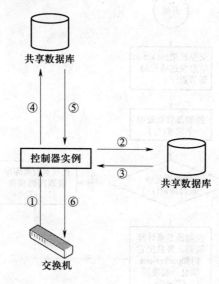

图 4-16　分布式控制器实例响应流程

SDDC 和 CDC 均符合图中的处理流程，SDDC 模式需要完整执行下述六个步骤，而 CDC 模式则跳过步骤④和步骤⑤。完整的消息处理过程如下。

① 交换机收到当前流表无法处理的包时，将根据对应的匹配域生成 packet_in 消息发送到控制器实例。

② 控制器实例根据 packet_in 消息查询本地网络视图处理该消息。

③ 如果本地网络视图的数据对于应用来说是充分的，则直接处理请求并跳至对应的步骤⑥，否则执行步骤④。

④ 在本地信息不充分的情况下，控制器实例将向共享数据库发送请求。

⑤ 共享数据库将所需的网络视图下发到发出请求的控制器实例，相应的应用负责请求处理。

⑥ 控制器将处理结果下发到对应的 SDN 交换机。

使用共享数据库模式的整个工作流程因环节增加而增加响应时间，不使用共享数据库意味着本地数据库等同于全局视野而平均响应时间较短。

图 4-17 将上述过程表示成流程图，根据该流程图计算平均响应时间。假设 SDN 网络中任意两点间的单程通信延迟是 T_t。控制器实例初步处理请求的时间为 T_p，遍历本地存储时间为 T_l，共享数据库查找数据时间设为 T_L，应用计算出流表规则用时为 T_c，规则下发时间等同于单程通信延迟，即为 T_t。

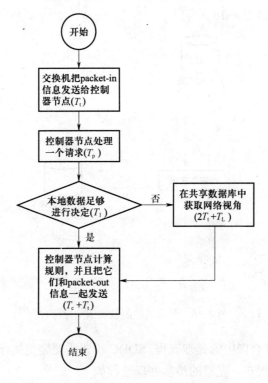

图 4-17　控制器实例工作流程

构建分布式控制器响应时间模型时，难以确定在控制器实例本地处理的请求数量，假设能在本地处理请求的概率为 r，则平均响应时间为：

$$T_{avg} = (1-r)\cdot(4T_t+T_p+T_l+T_L+T_c) + r\cdot(2T_t+T_p+T_l+T_c)$$
$$= (4-2r)\cdot T_t+T_p+T_l+T_c+(1-r)\cdot T_L$$

分布式控制器实例的物理性能十分优异时 T_{p}、T_{c} 可以忽略。信息查找时间则与网络视图大小成正比，各实例管理的区域大小与其物理性能相关：

$$T_{\mathrm{l}} = \frac{1}{n} \cdot T_{\mathrm{L}}$$

根据上述关系可以将公式进行化简：

$$T = (4-2r) \cdot T_{\mathrm{t}} + \left(1-r+\frac{1}{n}\right) \cdot T_{\mathrm{L}}$$

4. 分布式控制器总开销

本书在计算分布式控制器总开销时将上述指标转化成无单位的评估值，这可以克服各指标标准单位不同的问题。使用单位开销将所有的开销统一转化为评估值，最终各资源的评估值的总和代表各架构下的总资源开销。总资源开销公式表达为：

$$\rho = \alpha \cdot \mathrm{M} + \beta \cdot \mathrm{SYN} + \gamma \cdot \mathrm{T}$$

其中，M 代表存储开销、SYN 代表保持系统一致性的通信开销、T 代表平均响应时间，本书给每一种开销添加了一个非零的系数以实现不同单位的资源间的计算，最终形成了评价分布式控制器开销的评价公式。

本书认为在无线网络中影响分布式控制器性能的最大因素就是网络更新开销和平均响应时间，但两者在计量单位上完全不同，因此本文使用网络可承受最大延时来实现平均响应时间的归一化处理，分布式控制器 A 系统总开销评价公式如下：

$$\mathrm{Cost(A)} = \alpha \cdot \frac{M_{(\mathrm{A})}}{\min\left[M_{c_i}\right]} + \beta \cdot \frac{T_{\mathrm{r(A)}}}{\min\left[T_{\mathrm{r}(c_i)}\right]} + \gamma \cdot \frac{\left[(4-2r) \cdot T_{\mathrm{t}} + \left(1-r+\dfrac{1}{n}\right) \cdot T_{\mathrm{L}}\right]}{T_{\mathrm{unit}}} \quad (i=1,2,\cdots,n)$$

其中 α、β、γ 是系统可调节的代表资源重要性的参数，$T_{\mathrm{r}(c_i)}$ 是控制器实例 c_i 产生的通信开销。这里使用 $T_{\mathrm{r}(c_i)}$ 和 T_{unit} 来将各种资源开销变成无单位的评估值。本章采用各控制器实例通信开销的最小值来转化通信开销，而使用 1 ms 作为 T_{unit} 来转化平均响应时间。

分布式控制器对控制平面进行了动态的扩展，但其涉及的各种操作也带来更大的资源开销，通过 SDN 性能建模已经知道可以通过合理的网络策略来优化分布式控制器，本章将给出一些优化方法。由于其中的策略计算和全局视图管理都涉及大量的计算和存储资源，笔者也推荐尝试将这些任务托管到云平台处理。

5.1　分布式控制器实例部署

SDN 定义了一个逻辑上集中的控制平面，从物理上将数据平面和控制平面解耦，这种方法简化了网络管理，加快了网络创新。在许多软件定义网络的研究中，常常默认网络中只有一个集中的控制器，然而在实际工作中，大规模网络或者复杂的网络环境中会存在多个控制器，这些控制器的位置影响着 SDN 的各方面工作状况，如何确定这些控制器的位置是一个 NP 困难问题，如何找到合适的方法来放置控制器是具有科研价值和现实意义的问题。

分布式控制器部署主要考虑两个问题：① 在一个给定网络拓扑结构中需要多少个控制器实例；② 给定特定数量的控制器实例，如何决定每一个实例的位置使得整个网络的性能最优，通过研究可以发现：网络规模小，控制器数量少时，控制器部署的位置影响相对较大。

目前常见的分布式控制器均采用手动增加控制器实例的方法，但控制器实例部署问题的研究使得未来控制器实例智能增加或减少成为了可能。理想的状况下，系统可以自动地根据系统开销决定控制器的数量，可以根据物理节点负载、平均响应时间调整各实例的位置。虽然控制器部署是一个 NP 问题，但可以在决定了网络关键参数的情况下求得较优的解决方案。

5.1.1　研究背景及现状

软件定义网络的发展带来了一系列相关的新问题，在大型网络或者复杂的网络中，如何确定一个网络中需要多少个控制器，以及确定这些控制器以什么样的方式放置才能有效满足网络的要求，是十分值得研究的问题。

在 SDN 体系结构中，控制器能够获得所管理的设备网络拓扑信息，并且通过安全通道配置这些设备的转发状态。这些状态由一些转发表存储，这些转发表用包头空间和动作集之间的映射来执行包的转发。这种控制器能够在网络中实现基于流的通信管理策略。尽管将控制功能解耦提高了网络的灵活性，但是相应的，也为网络带来了可扩展性问题。如何处理控制器带来的负载增加以及控制器通信带来的网络状态信息的一致性都是值得关注的问题。这些问题和传统的分布式网络设计中涉及的问题大体上相似。在当前的情况下，实现大规模的、复杂的 SDN 必须在使用地理上分散的控制器的情况下，让共享计算资源的控制层满足一定的性能指标，同时具有鲁棒性。底层物理资源的失效可能导致控制层被断开连接，运行在网络拥塞区域的控制器可能成为网络运行的瓶颈等，因此必须找到合适的方法来设计一个高效并且具有鲁棒性的控制层。在控制层的设计中，控制器的放置问题就是一个研究的重点。控制器的可扩展性不仅与自身的处理和存储能力有关，也和它在网络中的位置有关。在 SDN 中的控制层可以有任意的拓扑，例如星型、环形等，但是不论采取何种拓扑结构，都要遵循一些共性的原则，比如控制器与交换机之间的距离，控制器与控制器之间的距离，以及每个控制器上的负载，都会影响控制器响应网络事件的能力。

在控制平面可扩展性方案中，比较有代表性的工作有 Onix 和 HyperFlow，在逻辑上集中的情况下使用多个物理上分布的控制器实例。但是针对具体的 SDN，这些分布式控制器并没有一个完善的机制来分配控制器实例位置以实现灵活高效的控制网络。

Nick McKeown 提出控制器放置问题[27]，并指出其为 NP 困难问题。Y. Zhang 提出了基于弹性的控制器放置策略，并提出了一种基于最小分割的网络分区和控制器布局算法，并研究如何将控制器部署在路由树上以进行快速故障回复。Y. Hu 研究了可靠性的布局问题，提出了一种用于有效布局的贪婪算法，具有良好的可靠性。这些研究表明，合理的控制器配置方案有助于更好地设计 SDN 并提高性能。

5.1.2 盒覆盖算法

盒覆盖算法是在对网络的自相似性质研究中提出的。算法通过用特定"尺寸"的"盒子"来覆盖网络，求解多少"盒子"能够覆盖整个网络，其中每个"盒子"中的节点距离不能超过"尺寸"的大小。这与控制器放置问题有共同之处，因此可以用复杂网络模型来定义 SDN，以盒子来代表单个控制器可以覆盖的范围，用盒覆盖算法建模控制器放置问题。

Hausdorff 首先提出盒覆盖问题并定义了最基本的盒覆盖算法[40]。Song 等人对盒覆盖算法的性质进行了进一步研究，并发现了盒覆盖算法符合幂律分布的特性，推导出盒覆盖算法是 NP 难问题[39]，同时提出图着色算法、Compact Box Burning 算法和 Maximum Excluded Mass 算法。另外，Zhou 等人，Locci 等人和 Schnerder[38]也对盒覆盖算法提出了一系列改进。

控制器放置研究的核心问题有两个，一是需要多少控制器，二是在拓扑中控制器应该放在什么位置。通过计算控制器的平均传播延迟，结合网络允许的最小响应时间，可以得出一个控制器能够覆盖多大范围的 SDN，计算出盒子大小，根据计算出的盒子大小将 SDN 网络划分成不同子网。

在 SDN 网络 $G(V, E)$ 中，V 代表点集合、E 代表边集合，每条边上的权值表示传播延迟，$d(v,s)$ 代表集合 V 中点 v 和点 s 之间的最短路径。控制器放置方案 S 的平均传播延迟可以表示为：

$$L_{avg}(S) = \frac{1}{n} \sum_{v \in V} \min_{(s \in S)} d(v, s)$$

最小响应时间为 t，盒子尺寸 B 可以表示为：

$$B = \frac{t}{L_{avg}(S)}$$

5.2　应用状态切片及其迁移

在实现控制器扩展的过程中，分布式控制器主要通过迁移转发设备来保障系统负载平衡。早期的分布式控制器系统（以 Onix 为代表）以静态的方式为控制器实例分配交换机，这显然无法适应网络动态变化，随后的分布式控制器（如 ElastiCon、Hyperflow、ONOS、Kandoo 等）做到了控制器实例和交换机的灵活部署。

然而，这些应用状态完整存储的模式并不是最高效的设计，将导致分布式控制器在存储开销、通信开销、系统响应时间等关键评价指标上难以取得平衡，所以这些控制器的性能有很大的提升空间。有研究实现了应用状态的切片（application state partition，ASP）以实现控制器性能优化[18]，该工作着重于如何部署这些切片，但并没有考虑应用状态切片随转发设备和控制器实例一同迁移过程中的具体设计。将应用状态切片存储到各个控制器实例，可以优化应用的计算开销和存储开销，但应用切片的变化将导致控制器不停地重新计算应用状态切片并将它们分配到适合的实例上。考虑到完全集中存储或完全分布存储的优缺点，使用部分应用状态完成任务对于分布式控制器是有效的。负载均衡应用会将转发设备从负载超负荷的控制器实例迁移到负载较轻的实例上，这时控制器实例与转发设备之间映射的变化会导致应用切片部署的变化。应用状态切片间的依赖关系会随控制器实例、应用、应用状态三者之间管理关系动态地变化，因此，每一个相关的控制器实例都会同步切片的信息以保证该应用的一致性，该通信开销的大小由切片对应网络变化频率、应用状态切片的大小和该切片关联的控制器实例数量决定。

在真实网络环境下，网络流实时变化，具有很强的突发性和周期性，容易造成部分控制器负载不均，降低控制器资源的利用率以及流转发规则设置延迟，因此需要针对控制器实例、转发设备和应用状态切片进行完整的弹性管理工作。分布式控制器的动态迁移部署方案设计，尤其是在采用相对高效的应用状态切片后，如何保障这些应用状态切片能够准确地随着相应的转发设备迁移是很复杂的问题。在分布式控制器中动态地实现应用状态切片迁移（application state partition migration，ASPM）过程中，保障应用状态切片的正常工作需要在转发设备迁移协议和控制器实例迁移协议中增加一定的控制条件。

本节针对控制器应用状态切片迁移这一问题提出了一个动态的、弹性的、可伸缩、具有自适应能力的分布式控制器应用状态切片迁移架构，设计了应用状态切片迁移协议和转发设备迁移协议，实现了该架构中的算法。使用该架构的分布式控制器可根据当下网络数据流变化实现增删控制器实例、转发设备和应用状态切片的动态管理，实现控制器的负载均衡，使网络处于最佳的工作状态。

5.2.1 ASPM 系统结构

SDN 分布式控制器应用状态切片在线迁移的系统设计是基于 SDN 三层平面结构设计完成的，如图 5-1 所示。本节的研究基于分布式控制器，该类控制器在逻辑上集中，而物理上由运行着多台控制器实例的集群承载。控制器通过 REST 北向接口与应用层连接，向应用层的应用提供资源调配。应用层的主要工作是对 SDN 进行状态监控，实时监测当前控制器的负载状态，根据每个控制器实例负载承受能力以及对可能出现的网络数据流动态变化，为控制器实例负载设定阈值，通过阈值来决定当前状态下的控制器实例是否需要增加或者削减一个控制器实例，然后与之前的控制器实例负载测量结果进行对比，自适应地管理控制器实例与转发设备的映射关系。在根据分配算法完成决策后，分析当前交换机、应用状态切片与控制器，将交换机与相对应的状态切片一同迁移。迁移后不影响当前交换机状态，也不影响控制器和转发设备的正常工作，并且状态切片在新的控制器上能够正常运行。

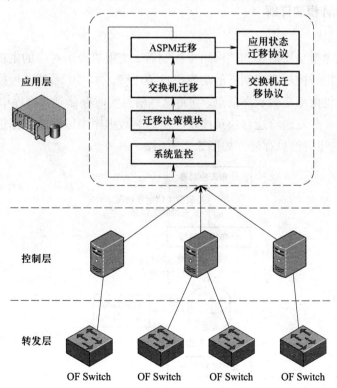

图 5-1 SDN 分布式控制器状态切片在线迁移系统架构

5.2.2 ASPM 工作流程

很多同类工作监测网络流量负载,本书中的研究监测控制器实例的负载状况涉及 CPU 与内存的使用状态。通过调用上层应用获取各控制器实例上的 CPU 和内存占用率,用于指导应用状态切片的迁移。为了使各控制器实例的负载达到均衡状态,各个控制器的负载阈值由算法或经验值决定。

具体流程如下。

① 在应用层上,系统监控模块周期性采集其管控的控制器实例的负载状态数据,并提交给迁移决策模块。

② 决策模块根据控制器实例负载阈值进行比较判断,通过阈值触发机制决定是否添加或者削减控制器实例。

③ 通过阈值触发机制对当前控制器实例负载状况进行判断,使用启发式算法选择待迁移的交换机(及其相关的应用状态切片)和目标控制器。

④ 通过本书设计的交换机迁移协议对负载不均的交换机实行迁移操作;采用应用状态迁移协议完成对应的应用状态切片的迁移工作。

5.2.3 ASPM 模块详解

1. 系统监控模块

系统监控模块主要负责监控当前网络中控制器、交换机及所对应的主机状态信息。通过对状态信息的监控指导控制器实例下的交换机设备迁移。本书中系统监控模块周期性的监控控制器实例所在主机内部负载状态信息,并将这些信息实时存储到数据库中。在 Δt 时间内获取并处理监控数据,并发送给迁移决策模块,然后对数据库中过期的数据进行垃圾处理,用于下一个 Δt 时间的相关信息存储。如图 5-2 所示。

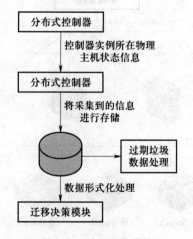

图 5-2　系统监控模块

2．迁移决策模块

迁移决策模块是整个架构的核心，该模块负责决定各个操作的对象。从系统监控模块中获取的负载状态信息，通过阈值处理判别当前控制器实例是否处于负载均衡状态，通过阈值触发机制进行负载状态判断，使用启发式算法从 Δt 时间内收集到的任务请求部署过程挑选出最适合迁移的交换机和目标控制器实例。通过相应算法和协议完成迁移策略。

（1）阈值处理

系统会周期性地计算各个控制器实例的负载并根据此计算结果比对阈值的上限和下限。本书假设所有控制器实例规格一致，以控制器实例所在主机的 CPU 和内存两个属性的使用率中较大的一个作为衡量控制器实例负载的指标，并根据先验经验和储备的知识库对事件进行预测，从直观的角度进行阈值定义。系统将当前控制器实例所能承受的最大负载值 C 作为控制器的总资源。将总资源的 80% 作为控制器实例增加的触发阈值，将总资源的 20% 作为减少控制器实例的触发阈值，即：

$$\alpha = 80\% \times C \cdots\cdots\cdots\cdots 扩展控制器实例阈值$$
$$\beta = 20\% \times C \cdots\cdots\cdots\cdots 释放控制器实例阈值$$

系统根据控制器实例负载的动态变化，将迁移管理工作划分为 4 种情况，并提出了相应的判断标准。当网络数据发生实时变化时，具体的判断逻辑如下。

① 各个控制器实例的负载状态波动比较小，一直处于 α 和 β 之间，各个控制器实例能够正常处理该区域内的网络负载均衡。

② 某个控制器实例出现过载，但与其相邻的其他控制器实例均处于正常负载状态，则可以通过改变该控制器实例下的交换机及对应的应用状态切片与该控制器实例的映射关系，将部分过载的转发设备迁移到相邻控制器实例下，使网络负载重新处于均衡状态。

③ 某个控制器实例负载过高，且超过其负载阈值上限 α，同时与其相邻的控制器实例也都处于相对较高的负载状态，此时添加新的控制器实例来承担高负载的转发设备，将转发设备迁移到新的控制器实例下，使网络重新处于负载均衡状态。

④ 某个控制器实例负载过轻，并且低于负载阈值下限 β，相邻的控制器实例负载状况正常。此时负载过轻的控制器会导致资源浪费，本书将该控制器下的交换机迁移至相邻控制器下，然后删除该控制器实例。

（2）阈值判断流程

根据不同的网络条件，本书设计控制器数量管理模块，通过查询当前控制器负载状况，结合阈值来决定是否添加、删除控制器实例、迁移交换机转发设备、应用状态切片。

（3）选择待迁移的交换机及目标控制器实例

本书将控制器迁移决策问题建模为线性规划问题。假设 SDN 中有 n 台控制器、m 台交换机同时对应着 k 个应用状态切片，构建一个 $n \times m$ 的二维矩阵，控制器与交换机之间的映射关

系用 *CSList* 表示，同时构建一个 $m×k$ 二维矩阵，交换机与对应的应用状态切片之间的映射关系用 *SPList* 表示，用一个长度为 n 的数组存储控制器实例的 ID 和负载信息，用一个长度为 m 的数组存储交换机的 ID 和负载信息，用一个长度为 k 的数组存储应用状态切片的 ID 及系统开销。S 为交换机集合，SL_i 是交换机 i 运行时所需的系统开销。C 为运行在 SDN 中的控制器实例集合，CL_i 为控制器实例 i 在运行状态下的系统负载开销。

为了选择待迁移的目标控制器和待迁移的交换机，系统需要对网络中全部控制器实例和交换机设置约束条件限制，把控制器剩余资源量作为度量标准，最优解即方差最小，即当前控制器实例整体负载更加稳定，如式 5.1 所示。随着网络的不断变化，控制器实例负载 CL_i 与数量 n 以及控制器与交换机之间的映射关系 *CSList* 不断发生变化，$\overline{CL}$ 为当前控制器实例负载的平均值，为了使整个网络中控制器实例负载更加稳定，动态迁移控制器实例所控制的交换机及其对应的应用状态切片，从而使控制器实例负载进入均衡状态，如图 5-3 所示。

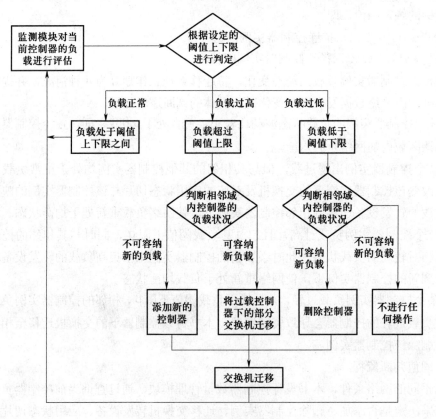

图 5-3　阈值触发机制流程

$$\min\left(\frac{1}{n}\sum_{i=1}^{n}\left(CL_i-\overline{CL}\right)^2\right) \tag{5.1}$$

其中公式 5.1 中 CL_i 的值是由控制器实例 i 控制交换机运行所需的负载决定的，因此 CL_i 可用式 5.2 表示：

$$CL_i=SL\times CSList \tag{5.2}$$

所以式 5.1 可以表示为：

$$\min\left(\frac{1}{n}\sum_{i=1}^{n}\left(SL\times CSList-\overline{CL_B}\right)^2\right) \tag{5.3}$$

其中交换机运行所需的系统开销为 SL_i，这里需要对其系统开销进行一个约束条件限制，如式 5.4 所示：

$$SL_i=\max\left(\mu SL_{\text{cpu}},\theta SL_{\text{mem}}\right) \tag{5.4}$$

式 5.4 中 SL_{cpu} 和 SL_{mem} 分别代表当前交换机 i 所在的系统主机的 CPU 消耗和内存消耗，其中 μ 和 θ 为对主机 CPU 和内存归一化系数，可通过机器学习方法获得。本书通过比较使用 CPU 与内存占用的最大值代表交换机的系统资源消耗。

交换机的系统消耗主要由运行在其上的应用状态切片所决定，SL_i 的计算结果为运行在交换机上的所有应用状态切片所需的系统开销，在迁移过程中应用状态切片跟随着其对应的交换机一同迁移，因此 SL_i 的值是受应用状态切片影响的，计算方式与式 5.2 相同。

在控制器实例动态迁移调整的状态下，如果当前网络中某个控制器实例出现过载现象（$CL_i>\alpha$）或者负载过轻现象（$CL_i<\beta$）时，触发交换机迁移机制。本书通过简单的贪心启发式算法选出该域中待迁移的边界交换机和待接收的控制器实例，算法计算控制器平台中控制器实例及交换机的负载状态，主要分为以下 3 个步骤：

（1）选择待操作控制器实例

系统监控模块对当前控制器实例进行负载监测，将超过阈值上限或者低于阈值下限的控制器实例选为待处理的控制器实例。

（2）选择待迁移交换机

将集合 I 作为过载控制器实例下待迁移的交换机集合，为了算法尽快收敛，在每次迭代过程中选取负载最大的交换机及其对应的应用状态切片作为待迁移的目标。通过对集合 I 中所有交换机所消耗的负载进行降序排列，将负载值最大的交换机选为待迁移交换机。

$$i=\arg\max\{SL_i\},(i\in I) \tag{5.5}$$

对于负载过轻的控制器实例，则需要将该控制器下的所有交换机迁移到相邻控制器实例。

（3）选择目标控制器实例

在网络中存在多个控制器实例，为了使交换机迁移后网络中各控制器实例负载值不发生重大变化，交换机迁移后目标控制器实例处于阈值范围内，因此选择当前负载最小的控制器实例作为目标待迁入控制器实例。

$$c = \arg\min\{CL_c\}, (c \in C) \tag{5.6}$$

3. 交换机迁移模块

交换机迁移重新定义交换机在目标控制器实例上的角色。在 OpenFlow 的协议规则中，控制器实例分为三种角色：master，equal 和 slave。master 角色有最高的权限来修改交换机配置；equal 角色控制器是主机的备份，同时也能控制交换机；slave 角色控制器只能接收交换机信息而不能控制交换机。

为了实现完整的控制过程，设计了一种交换机迁移协议[10]，该协议首先创建了一个单触发事件来暂停消息事件的处理，然后使用 Flow-Removed 消息对所有 equal 控制节点进行广播，为迁出控制器插入一个虚假消息来作为同步的通信机制，然后将交换机 X 从初始控制器下迁移到目标控制器，如图 5-4 所示。

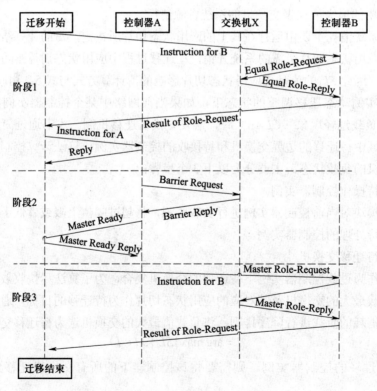

图 5-4　交换机迁移信息交互

上述基于交换机迁移协议完成一次迁移需要 6 次 RTT（round-trip time，往返时延时间），因此时间开销较高。

将控制器实例 A 作为源控制器实例（待迁移的控制器实例），控制器实例 B 为目标控制器实例，交换机 X 为待迁移的转发设备，具体工作流程分为 3 个阶段。

（1）第一阶段

当管理者根据给定算法将转发设备 X 迁移到目标控制器实例 B 时，它给控制器实例 B 发送一个迁移过程开始信令。然后控制器实例 B 将给迁移设备 X 发送一条请求消息，这条消息表明控制器实例 B 申请成为转发设备 X 的 equal 控制器。转发设备 X 将发给控制器实例 B 一条回复消息使控制器实例 B 成为 equal 控制器。然后控制器实例 B 将反馈结果回复给管理者。如果控制器实例 B 对于转发设备 X 是 equal 控制器，则管理者进行下一步骤。否则，系统将记录这条错误然后重新尝试这一步骤。管理者发送开始迁移信令给控制器实例 A，然后得到控制器实例 A 的应答回复。

（2）第二阶段

控制器实例 A 发送一条 Barrier 请求消息给转发设备 X，接收到转发设备 X 的 Barrier 消息反馈。如果转发设备 X 回复则说明所有控制器实例 A 的消息已经被处理，则控制器实例 A 将发送一条主控制器等待消息给管理者。

（3）第三阶段

管理者发送一条信令给控制器实例 B，在控制器实例 B 接收到这条信令后，将发送一条转发设备 X 角色请求消息给主机。转发设备 X 将会给控制器实例 B 角色回复消息。如果控制器实例 B 成为转发设备 X 的 master 控制器，则迁移过程完成。否则系统将会记录这条错误同时重新尝试第三步骤。

系统主要通过该协议来验证系统设计的基本要求。正如本文前面所提到的，在协议中系统重点保证了活跃性和可靠性。系统将控制器实例 B 从角色 slave 变成 equal，表明在完成这一步之后控制器实例 B 能够控制转发设备 X。当系统对控制器实例 A 进行修改时，控制器实例 B 能够保证转发设备 X 的正常工作。

在控制器实例 B 成为新的 master 控制器的时候可靠性可能会受到妨碍。如果转发设备 X 没能完成来自控制器实例 A 的处理消息，则转发设备 X 可能同时处理来自控制器实例 A 和控制器实例 B 的消息。在控制器实例 B 成为新的 master 控制器时，控制器实例 A 将会发送障碍请求信息给转发设备 X。因此控制器实例 A 需要转发设备 X 完成来自控制器实例 A 的所有消息的处理。

4. ASPM 迁移模块

本书设计的应用状态切片迁移过程中的控制信令发送协议如图 5-5 所示，其中协议中定义的消息类型和消息功能如表 5-1 所示。

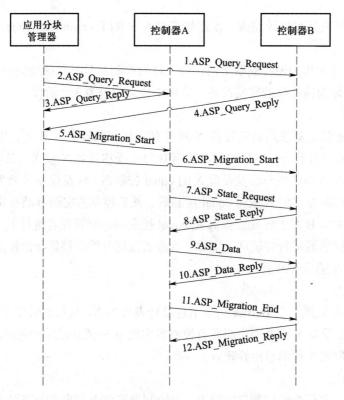

图 5-5　应用状态切片迁移中的控制信令交互

表 5-1　控制信令发送协议消息类型及功能

消息类型	消息功能
ASP_Query_Request	ASP 管理模块通知控制器实例准备迁移
ASP_Query_Reply	控制器实例对通知做出应答
ASP_Migration_Start	ASP 管理模块向控制器实例下发开始迁移指令
ASP_State_Request	源控制器实例向目标控制器实例发送连接请求
ASP_State_Reply	目标控制器实例给源控制器实例反馈应答
ASP_Data	源控制器实例发送应用状态切片数据（包含多个消息及数据包）
ASP_Data_Reply	目标控制器实例接收数据并针对每一个消息作出应答
ASP_Migation_End	数据传输结束
ASP_Migation_Reply	传输结束应答

5.2.4　ASPM 算法设计

控制器端的负载情况主要根据系统监控模块实时观测得到。如果当前控制器的负载超过阈值上限 α，或者当前控制器的负载低于阈值下限 β 时，转发设备迁移机制启动，迁移过程主要分为 5 个步骤。

① 判断控制器所处的负载范围，实时监测当前控制器实例的负载信息，并判断是否超过或者低于所设定的阈值。如果处于阈值范围内，则说明当前控制器实例负载处于合理范围内，则继续循环监测当前控制器实例负载信息，如果负载超过阈值上限，进入②，如果低于阈值下限，进入③。

② 启动阈值上限触发机制，选择需要迁移的交换机及其对应的应用状态切片和能接收该交换机及其相关的应用状态切片的负载开销的目的控制器实例。

③ 启动阈值下限触发机制，选择需要迁移的交换机及其对应的应用状态切片和能接收该交换机及其相关的应用状态切片的负载开销的控制器实例。

④ 迁移交换机及其相关的应用状态切片。

⑤ 更新控制器实例与交换机之间的映射关系，并返回①。

输入: CSlist[Cid, Sid]：控制器实例与交换机之间的映射关系

　　　SPlist[Sid, Pid]：交换机与应用状态切片的负载开销的映射关系

　　　α：阈值上限　　　　　　　　β：阈值下限

　　　CL：表示控制器实例负载情况　　　SL：表示交换机负载情况

输出：ReMap CSList[Cid, Sid] ：控制器实例与交换机之间新的映射关系

```
1    boolean    flag = false;
2    while(flag){
3          if(CL[i] > α)
4           {
5                      基于式（5.5）选择待迁移的交换机 Si
6                      基于式（5.6）选择目标控制器 C[j]
7                      if(SL[i]+CL[j] > α)
8                              add Controller
9                      将交换机 Si 及其相关的应用状态切片迁移至新的控制器实例下
10                     更新 Re MapCSList
            }
11              else
12                     将交换机 S 及其相关的应用状态切片迁移至 C [j]下
13                     更新 Re MapCSList
14              }
15         else if(CL[i]<β)
16          {
```

17		基于式（5.6）选择目标控制器 C[j]
18		if(CL[i]+CL[j]>a)
19		no action;
20		else
21		将控制器 i 中的所有交换机及相关的应用状态切片迁移至控制器 j 中
22		更新 ReMapCSList
23	}	
24	else	

5.3 应用管理

分布式控制器的一种应用部署模式是在每个实例上运行整套应用程序，这种模式在运行过程中会持续占用大量资源。本节分析不同类型应用的开销，进而提出在分布式控制器上差异化部署应用的方案。分布式控制器将各种应用划分成两大类：重量应用和轻量应用。控制器实时监测应用的计算开销、存储开销和网络带宽开销，将上述开销归一化后计算系统总开销，开销较大的应用在高层控制器运行，开销较小的应用则在底层控制器运行，因此某些应用的开销随工作环境变化，整个过程会动态决策。

5.3.1 应用管理概述

控制器本身只能提供基础功能，更加复杂的功能则需通过可替换的应用来执行。控制器越来越复杂、功能越来越强大，用户不断开发应用，使得应用的数量和种类越来越丰富。为了提高控制器的智能和工作效率，采用智能的方法管理应用将成为必然选择。严格依据应用的功能对其进行分类对于控制器来说难以实现，可以考虑使用开销来对应用分类。

应用动态管理是指在不知道某个应用具备何种功能时，控制器根据应用的动态指标如存储资源开销、通信开销、计算开销等信息决定如何部署应用到适当的实例上。分布式控制器由多个控制器实例组成，每个节点具备独立工作的硬件，这就为灵活部署应用提供了控制平面基础。

分布式控制器具备资源灵活扩展的功能，可以同时运行大量的应用，这些应用可以采用资源密集型的算法。分布式控制器需要一个完善的机制来管理应用。

首先，分布式控制器对应用差异化部署有利于节省系统开销。虽然应用是用户挑选的、适用于当前网络的一组应用，这种部署模式忽略了各种应用在资源开销和行为方式上的区别。各个控制器实例在同样的网络条件下产生的各类资源开销都是巨大的。某些分层式控制器在设计之初就进行应用的差异化部署，这体现了层次架构的本质优势。例如，Kandoo 依据响应频率将应用分为两类并分别部署到不同层次的实例上。早期的 SDN 应用开销相对较少，随着 SDN 应用种类及功能的不断增多，越来越多资源开销较大的应用不断地涌现，如何适当地分类并管理应用是一个直接影响分布式控制器工作性能的关键性问题。

其次，应用管理可以提高控制器的工作效率。应用状态由系统为应用构建的应用信息、应用在运行过程中产生的即时信息和应用存储到数据库中的信息构成。无论是采用共享数据库存储应用状态还是分布存储应用状态都存在问题，共享数据库的好处是综合多个实例上的应用状态进行决策时获取信息的逻辑和方法相对简单。当存储的信息量过大时，各实例上能够直接在本地处理任务的概率很低。与之相对的，协作式控制器在所有实例上存储全局视图。

分布式控制器需要根据应用的实际开销对其进行管理，在实际网络环境中各应用的开销是动态变化的，很多应用随着网络状态的变化其开销也有较大浮动，因此需要周期性地重新为其分类。基本上应用存在三种状态：全局状态（overall）、本地状态（local）和关闭状态（down）。在明确了应用状态后，不同的控制器实例上将部署不同的应用集合。

5.3.2 应用分类

应用状态是指分布式控制器为了实现应用的差异化管理对应用进行分类的结果，各控制器实例将部署相应状态的应用以实现整个分布式控制器的优化。本书中将应用分成两个类别：重量应用和轻量应用。对应用进行分类时考虑到的资源主要有 CPU、内存和网络带宽，条件包括响应时间、运行的位置和事件的发起者，也可根据需要增加新的判断标准。

轻量应用：该类应用占用较少的资源而且需要实时响应底层的请求，其占用的各项开销都相对较少、管理的网络范围也有限，因此基于较少的信息就可以做决策并作用在较小的范围，典型轻量应用有受条件限制的转发延迟、访问控制表、故障恢复、MPLS 隧道、路由算法和防火墙等。

重量应用：该类应用占用了大量的 CPU 资源、内存资源和网络带宽资源。相对的它们一般采用复杂的算法，例如统计、机器学习、入侵检测等。它们采用全局视野来进行决策，也可能采用需要大量复杂计算来获得更好的结果。有些策略可能是关于整个网络的策略，不需要在很短时间内完成，因此可能允许相对长的响应时间。重量级应用的粒度很大，因此不适宜将这些应用与轻量级应用混杂安装在底层控制器实例上。典型的重量级应用有流量工程、负载均衡、分布式访问控制系统、网络信息统计、机器学习、网络故障恢复、入侵检测、信息过滤和 SDN 虚拟网络管理。表 5-2 列举了更多的案例。

表 5-2 典型应用及其分类

范例	应用描述	分类
防火墙	对经过的数据流进行过滤	轻量
FTP 监测	针对通道的不同对特定的 FTP 数据进行监控	轻量
链路修复	当网络中出现链路故障时寻找替代路径	轻量
密集数据流检测	识别网络中占据带宽巨大的数据流	重量
数据流抽样	从数据流中抽样检测	重量
应用感知负载均衡	针对不同的应用进行负载的均衡处理	重量
应用类别监测	鉴别应用的功能	重量

5.3.3 应用管理建模

本节用模型来分析不同应用状态对控制器性能的影响。定义 overall 为重量应用的集合，网络中状态被标记为全局的应用 ID 号存储在这一集合中；local 是轻量应用的集合，网络中状态被标记为本地的应用 ID 号存储在这一集合中。list 是一个存储各应用状态的向量，其中 list_i 是某一个应用 i 的状态（ $\text{list}_i \in \{0,1\}$ ）。如果 $\text{list}_i=1$ 则代表应用 i 是全局应用，则 $\overline{\text{list}_i}=1$ 代表应用 i 是局部应用。向量 list 的模就是控制器中应用的数量。ω_i 代表应用 i 占用的资源。给定一个由 m 个根控制器实例和 n 个本地控制器实例组成的分层式控制器，假设控制器上有 W 种应用，则可以使用式（5.7）来评估应用管理的效率：

$$\frac{m\sum_{i=1}^{W}\text{list}_i * \omega_i + n\sum_{i=1}^{W}\overline{\text{list}_i} * \omega_i}{(m+n)\sum_{i=1}^{W}\omega_i} < 1 \tag{5.7}$$

$$W = |\text{list}|$$

应用的合理管理在节省资源方面具有一定的优势，而带来的收益则和应用的数量及根控制器实例的数量有关。在应用运行过程中评估应用的工作状态是一个重要问题，假设 V_i 是将应用 i 的状态传输到目标控制器里的传输开销，而 R_i 是需要同步应用 i 的状态的控制器实例的数量。Relay 代表转发设备和控制器实例之间的通信延迟，该参数在本节用于分析整个网络的延迟。L_i 代表在共享数据库中查找数据所需时间的评估值，这里应用 i 是全局应用。给定任意的应用 ρ，本文使用式（5.8）计算 ρ 的最小开销：

$$\text{Min}\left\{\left(m * \omega_\rho + L_i + 2 * \text{Relay}\right) \mid \left(n * \omega_\rho + \sum_{i \in \text{local}} V_i * R_i + \text{Relay}\right)\right\} \tag{5.8}$$

式（5.8）会分别计算 ρ 处于重量应用状态和轻量应用状态下的开销，使用开销较小的状态作为当前的推荐方案。如果各个应用是相互独立的，那么可以直接针对每个应用独立运算并决定其状态。如果某些应用之间存在关联，需要直接求 list 向量的最优解，以使得分布式控制器上的应用总开销最小。式（5.9）使用整数线性规划方法求解 list 最优值。

$$\text{Min}\left\{m\sum_{i=1}^{W}\text{list}_i * \omega_i + n\sum_{i=1}^{W}\overline{\text{list}_i} * \omega_i + \right.$$

$$\left. \sum_{i=1}^{W}\left(\text{list}_i * L_i + \overline{\text{list}_i} * V_i * R_i\right) + \left(2|\text{list}| + |\overline{\text{list}}|\right) * \text{Relay}\right\} \tag{5.9}$$

约束条件：

$$|\text{overall}| + |\text{local}| > 0$$

$$\text{list} + \overline{\text{list}} = 1$$

$$\text{list}_i, \overline{\text{list}_i} \in \{0,1\}$$

5.3.4 应用管理架构设计

应用管理系统采用标准的分层式控制器架构：根控制器实例无法和转发设备直接通信，它是用来运行重量级应用的高层控制器。本地控制器实例则运行轻量级应用以实时响应底层请求。

图 5-6 显示的应用管理架构中，根控制器实例上的应用管理模块（AM Module）负责分析数据库中的信息并更新应用的各种状态，当前网络不需要的应用则被关闭。在根控制器实例上运行各种必备的数据库：基本数据库（basic database）、全局数据库（overall database）和状态切片数据库（partition database）。基本数据库负责存储网络中的基本信息，这些信息

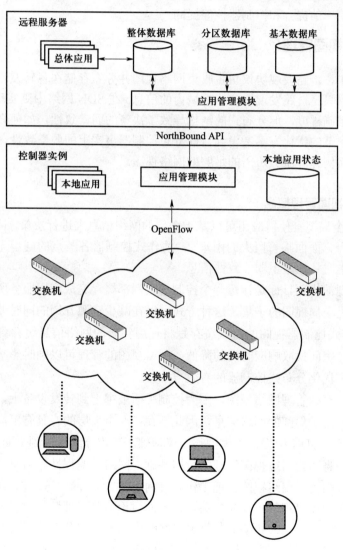

图 5-6 应用管理架构

相对比较稳定，如拓扑数据、应用的基本信息和转发设备信息等；全局数据库存储用于所有应用的全局信息，控制器需要对所有的应用存储一个完整的状态副本。切片数据库记录应用状态切片及其部署状态，该数据库的存在主要有两个目的：一个是为本地控制器实例做备份，防止某些节点的单点故障带来的信息丢失；另一方面可以帮助根控制器实例记录各切片的部署情况。

该架构在所有的应用都变成重量应用时会蜕化成分层式的、采用共享数据库的架构；而在所有的应用都变成本地应用时蜕化成协作式控制器。应用管理工作通过合理部署使得整个分布式控制器在规则下发时的延迟、控制器实例间同步的开销等方面得到优化，最终实现控制器实例资源利用率的提升和控制器性能提高。

5.4 网络视图管理

在传统网络中，链路发现协议负责收集网络视图并分布存储在各转发设备上，每个转发设备上的网络信息只是链路发现协议广播域内的信息。在 SDN 网络中则实现了全局视图，虽然提高了决策的准确程度，但分布式的结构导致了决策的弱一致性，如何合理存储网络视图成为关键问题。本节的优化方案考虑到目前分布控制器事实上的弱一致性，根据网络的局部性为每个控制器实例计算服务所需的足够的网络视图。

5.4.1 网络视图管理概念

SDN 的网络全局视野使得应用可以基于全局的网络信息来进行决策。目前的分布式控制器在维护全局视野方面面临着巨大的困难[6]：协作式控制器各节点的同步无法实时完成，因此在处理底层请求时往往基于弱一致性信息。

网络视图管理的优化目标是让每一个控制器实例都缓存完成应用服务所需的网络视图，这些视图实际上是全局视图的子集，这种方式可以在减少资源开销的同时兼顾控制器的整体性能。SDN 分布式控制器视图的跨域缓存是将使用频繁的网络信息缓存到其他控制器实例上，使用部分存储空间换取响应时间的降低。网络视图的管理可以同时影响多种应用和网络资源，因此是一个优化分布式控制器的有效方法。

传统网络无法有效管理网络视图，因为控制平面被绑定到转发设备上，而转发设备为了高效处理数据包采用了局部的网络信息，因此不存在一个高层的、具有更高优先级的模块来管理网络视图；但在 SDN 中提供了模型和协议基础，数控分离将控制平面集中到了控制器，以此形成的全局视野作为网络视图管理的数据基础，网络可编程性则为研究人员提供了灵活的逻辑控制基础。因此，网络视图管理工作充分利用了 SDN 网络可编程性的优势。

网络局部性是视图管理的重要先决条件，下面讨论这些局部性如何影响分布式控制器。

① 空间局部性（space locality）：数据流在网络中的不均匀分布使得某些区域的通信量远远高于其他的区域。空间局部性决定了某一时间段内信息的作用强弱，网络某些区域的信息

比其他区域的信息更加重要。

② 时间局部性（temporal locality）：网络各子区域间通信在一定时间内持续不变，因此根据网络通信决策的结果存在一定的有效期。

空间局部性决定了某些信息时长的作用比其他信息重要得多，时间局部性则决定了这些信息在一定的时间内是有效的。网络视图管理研究就是利用这两个局部性特征给各个控制器实例足够的网络视图而非强行分配全局视野。

本书提出的方案不要求使用全局视野处理每一个请求，控制器实例使用足够的信息实现服务。这就需要系统在每一次视图管理操作的第一阶段得知网络的变化，即获得网络实时信息并产生和这些变化相对应的事件；之后根据网络事件对控制器实例所需网络视图进行计算；最后将计算出的网络视图缓存到各控制器实例上，如图 5-7 所示。

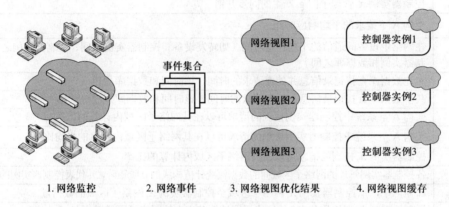

1. 网络监控　　2. 网络事件　　3. 网络视图优化结果　　4. 网络视图缓存

图 5-7　网络视图管理

从图 5-7 中可以看到，网络视图管理工作分以下 4 个步骤完成。

① 分布式控制器使用网络监控软件实时监测网络。

② 监控软件采集到原始数据，网络视图管理模块从原始数据中得到网络事件，根据事件作进一步的决策。

③ 根据事件和其他原始数据计算各控制器实例所需的网络视图。

④ 将结果缓存到对应的控制器实例。

5.4.2　网络视图建模

本节讨论网络视图如何影响分布式控制器的各种资源开销，为下一步提出具体的管理和优化方案奠定理论基础。

假设目前有一个分布式控制器管理一个复杂网络，控制器的实例管理着一个独立的区域。整个分布式控制器管理的网络存在一个图 $G=(V, E)$，每一个控制器实例 X_i 控制的区域有 $g_i=(V_{g_i}, E_{g_i})$。本章通用的变量在表 5-3 中展示。

表 5-3 模型变量定义

变量名	变量描述
A	分布式控制器的架构模式，可以为协作式、分层式或本书中的优化方案，具体的表达参照各章节使用前的介绍
X	控制器实例的集合
X_i	编号为 i 的控制器实例
$G_{(A)}$	分布式控制器 A 管理的全局网络视图
g_i	控制器实例 X_i 所管理的网络子区域的网络视图
$C_M(A)$	分布式控制器架构 A 的视图存储总开销
$C_m(X_i)$	由控制器实例 X_i、数据库 DB 管理的网络带来的存储开销或网络拓扑图 G 的视图存储开销
$C_{SYN}(A)$	分布式控制器架构 A 用于各控制器实例视图信息同步的总开销
$C_{SYN}(X_i)$	控制器实例 X_i 管理子图 g_i 产生的同步开销
$\overline{T_{res}}(A)$	架构 A 下请求的平均响应时间
T_{rtt}	在网络中设备间通信的平均往返时间（如转发设备和控制器实例之间、控制器实例之间、控制器实例和数据库之间）
T_{lp}	本地数据库查找记录信息并处理请求的时间，该时间和数据库规模成正比
T_{Lp}	共享数据库查找记录信息并处理请求的时间，该时间和数据库规模成正比
$r(A)$	架构 A 下系统中控制器实例接到的请求可以在其网络子区域内计算的比率
$\overline{r(A)}$	架构 A 下系统中控制器实例接到的请求可以在其网络子区域内计算的平均比率
r_i	控制器实例 X_i 接到的请求可以在其网络子区域内计算的比率
L_n	各控制器实例管理的网络子区域间的数据流统计值构成的 n 阶矩阵，n 代表控制器实例的数目
$l_n(i,j)$	L_n 矩阵中，从控制器实例 X_i 网络子区域至控制器实例 X_j 网络子区域的数据量
$L_{raw}(i,j,k)$	控制器 X_i 上收到的从节点 j 的网络子区域至节点 k 的网络子区域数据量
$l_{node}(j)$	控制器实例 X_i 接收和发送的数据流数量统计值
$group(A)$	架构 A 下控制器分组信息的集合
$group_i$	编号为 i 的控制器实例分组
η	系统总开销

1. 网络视图存储总开销

网络视图信息存储总开销是指整个控制器各个实例和共享数据库上视图信息占用的存储空间总和。

由于在分布式控制器中需要维护全局视图的一致性和容错性，在有多个控制器实例或共享的数据库条件下存储的网络视图一定是冗余的。

（1）对任意架构 A 的总存储开销计算公式为：

$$C_M(A) = C_m(X_1) + C_m(X_2) + \cdots + C_m(X_n) + C_m(DB)$$

（2）SDDC 控制器系统的存储总开销为：

$$C_M(SDDC) = C_m(X_1) + C_m(X_2) + \cdots + C_m(X_n) + C_m(DB)(g_i \geq 0)$$

其中 $G=g_1+g_2+\cdots+g_n$，$g_{DB}=G$，$g_i \bigcap g_j=\varnothing$。

所以有 $C_M(SDDC)=2C_M(G)$。

（3）CDC 控制器系统的存储总开销为：

$$C_M(CDC)= C_m(X_1)+ C_m(X_2)+\cdots+C_m(X_n)+ C_m(DB)(g_i \geqslant 0)$$

其中 $G=g_1=g_2=\cdots=g_n$，$g_{DB}=0$

所以有 $C_M(CDC)=nC_M(G)$。

每个控制器实例的性能是固定的，因此可以认为控制器实例数量 n 与 $C_M(G)$ 具有一定的比例关系 λ。

$$n = \frac{C_M(G)}{\lambda}$$

因此，$C_M(CDC)= \lambda n^2$，$C_M(SDDC)=2\lambda n$。

共享数据库的模式能极大节省系统存储资源，随着控制器实例数量的递增，SDDC 系统存储总开销呈线性增长，而 CDC 系统的存储总开销呈指数级增长。

2. 网络视图同步的通信开销

网络视图同步的通信开销是指网络发生变化时，系统进行网络视图同步时带来的通信开销。各个控制器实例独立采集视图信息，分布式控制器还要维护全局的视图，这就需要进行各控制器实例间的视图信息同步。SDDC 的同步相对简单，各控制器在视图发生变化时将信息发送给共享数据库即可。CDC 的同步则很复杂，需要将视图信息广播到每一个控制器实例上以保障所有控制器实例的视图信息保持一致，对任意架构 A 使用的同步开销计算公式为：

$$C_{SYN}(A)= C_{SYN}(X_1)+ C_{SYN}(X_2)+\cdots+C_{SYN}(X_n)$$

（1）SDDC 控制器视图同步的通信总开销：

$$C_{SYN}(SDDC)= C_{SYN}(X_1)+ C_{SYN}(X_2)+\cdots+C_{SYN}(X_n)= C_{SYN}(G)$$

（2）CDC 控制器视图同步的通信总开销：

$$C_{SYN}(CDC)=(n-1)C_{SYN}(X_1)+ (n-1)C_{SYN}(X_2)+\cdots+C_{SYN}(X_n)= (n-1)C_{SYN}(G)$$

CDC 需要在各控制器实例间广播视图信息的变化，这会产生大量的通信开销，因此网络视图频繁变化的场景不适于采用 CDC 模式。

3. 域内计算比率

域内计算比率是指控制器实例收到的请求可以在其网络子区域内计算的比率。

控制器实例周期性地采集网络子区域视图信息。当控制器收到的请求中匹配域存在管理区域外的 IP 地址时，控制器实例需要访问全局数据库来进行决策，域内计算概率也因此成为了一个重要的评价指标，该指标可以说明控制器上视图信息的有效性。

（1）控制器实例 X_i 网络子区域内计算的比率

$$r_i = \frac{l_n(i,i)}{l_{\text{node}}(i)}$$

其中

$$l_n(i,i) = \sum_{j=1}^{n} l_{\text{raw}}(j,i,i)$$

$$l_{\text{node}}(i) = \left[\sum_{j=1}^{n} l_n(i,j) + l_n(j,i)\right] - l_n(i,i)$$

（2）系统中控制器实例接到的请求可以在其网络子区域内计算的平均比率：

$$\overline{r(A)} = \frac{r_1 + r_2 + \cdots + r_n}{n}$$

4．平均响应时间

平均响应时间指从转发设备发出请求到获得系统服务的平均时间。

由于分布式架构和存储信息量不同，两种分布式控制器在面对底层网络设备请求时的响应时间存在差异，在网络较为稳定的情况下，用 T_{rtt} 作为网络中两种设备间通信的往返延迟，计算架构 A 中平均响应时间的公式为：

$$\overline{T_{\text{res}}(A)} = \overline{r(A)} \cdot T_{\text{rtt}} + (1 - \overline{r(A)}) \cdot (2T_{\text{rtt}} + T_{\text{lp}})$$

（1）SDDC 控制器平均响应时间为：

$$\overline{T_{\text{res}}(\text{SDDC})} = \overline{r(\text{SDDC})} \cdot T_{\text{rtt}} + (1 - \overline{r(\text{SDDC})}) \cdot (2T_{\text{rtt}} + T_{\text{lp}})$$

（2）CDC 控制器平均响应时间为：

$$\overline{T_{\text{res}}(\text{CDC})} = T_{\text{rtt}} + T_{\text{lp}}$$

SDDC 架构虽然节省了存储空间并减少了通信开销，但在响应时间上难以适应大规模网络的需要。CDC 网络虽然响应速度很快，但在资源方面的巨大开销也难以成为最佳解决方案。两者各具优点也因此适用于不同的应用场景。本书提出网络视图切片的方法是一种可以在这两者架构中取得折中的方法。将视图信息切片并下发到控制器实例，优势在于整个系统的存储和通信开销会大大低于 CDC 控制器，同时由于增大了各控制器实例上的信息量、增大了系统中各控制器实例的域内计算比率，从而在系统平均响应时间上优于 SDDC 控制器。

5.4.3　网络视图管理架构设计

网络视图管理模块需要维护一个全局视野，采用独立的节点运行。采用分层式架构实现该功能，网络视图管理工作对实时性的要求较低、开销很大因此工作在高层控制器实例上，架构如图 5-8 所示。

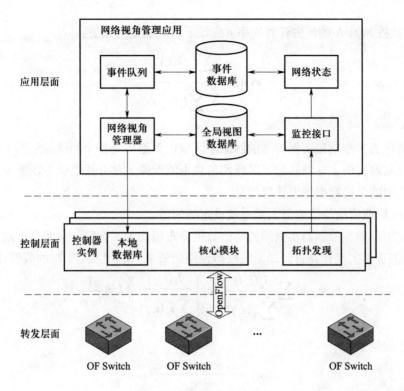

图 5-8 网络视图管理架构

该架构安装额外的监控应用来获取统计信息。网络视图管理应用使用监控接口和控制器交互信息。监控采集到信息后会存储到全局视野数据库中，网络状态模块根据数据生成预定义的事件并存储到事件数据库中。接下来，事件管理器周期性地将事件数据库中的事件读取到事件队列中，根据这些事件计算控制器实例上的网络视图，最终将网络视图下发到控制器实例的本地数据库中。

5.4.4 网络视图缓存算法设计

网络视图缓存算法需要求出一组在某一段时间内对控制器实例有效的信息。本书的算法是基于网络通信信息统计的方案，通过对通信和控制器实例的映射关系来分析控制器实例间的关系。

算法使用条件

缓存网络视图不能在所有情况下都提高控制器的效率，所以在使用前需要明确执行网络视图缓存的充分条件。本文总结出两个条件来判断是否应该对控制器实例进行分组。

① 分布式控制器 A 的域内计算比率 r 应低于系统设定的阈值。

$$r(A) = \frac{\sum\limits_{k=1}^{n} l_n(k,k)}{\sum\limits_{j=1}^{n} \sum\limits_{\substack{i=1 \\ i \neq j}}^{n} l_n(i,j)}$$

该值过高代表各控制器实例管理的网络子区域内部通信是整个网络通信的主要流量，此时不需要在控制器实例上存储其他子区域的信息也能保障大部分通信服务，而少量跨子区域通信可以从集中的全局数据库中读取信息。

② 跨子区域通信统计值熵值大于系统设定的阈值。

如果统计矩阵中各控制器实例间的通信数量分布很均匀，合并任意两个控制器实例的效果不太明显，浪费了大量计算资源却无法取得预期的效果。某一控制器 X_j 的熵值计算公式为：

$$e_j = -k \cdot \sum_{i=1}^{n} \frac{l_n(i,j)}{\sum\limits_{i=1}^{n} l_n(i,j)} \cdot \log\left(\frac{l_n(i,j)}{\sum\limits_{i=1}^{n} l_n(i,j)}\right) \left(k = \frac{1}{\ln m}\right)$$

整个矩阵的熵值为：

$$e_A = \frac{e_1 + e_2 + \cdots + e_n}{n}$$

实例分组缓存（controller instance grouping，CIG）

实例分组缓存依据网络子区域间的关联将各控制器实例分组，在每个组内各个实例维护共享的视图。假设协作式控制器有 n 个控制器实例正在运行（X_1, X_2, $\cdots$, X_n）。模块获得网络的流量信息后对控制器实例进行分组，分组算法采用贪心算法，每次都针对 L_n 矩阵中统计值最大的控制器实例做分组运算，因为调整统计值最大的控制器实例对网络影响最大。仅获得这一控制器实例不足以构建分组，还需要知道已有的分组中哪个分组与该控制器实例关联最密切，找到该分组后对系统总开销进行计算，如果合并操作能够降低系统最大开销则合并控制器实例与该分组。计算关联度的变量在表 5-4 中列出。

表 5-4　网络子区域关联度变量声明

变量	描述
$R_\theta(i,j)$	控制器实例 X_i 与组 $group_j$ 的视图关联度
$R_\omega(i,j)$	控制器实例 X_i 与控制器实例 X_j 的视图关联度

$l_n(i,j)$ 并不能说明两个控制器实例的网络子区域是邻接的，因此无法直接作为分组依据。例如，图 5-9 中有 6 个网络子区域 AD1～AD6 分别由 X_1～X_6 六个控制器实例所管理。在 L_n 的计算过程中会统计所有的任意两个网络子区域间的数据流，假设现在有数据流从 AD4 流向

AD3，此时若在 L_n 矩阵中这些数据流数量巨大，系统会将 AD4 的控制器实例 X_4 和 AD3 的控制器实例 X_3 放到一个组中。如果此时算法判别无需再次分组，该组中只包含 X_3 和 X_4，同步后的视图是割裂开的，从而无法被路由应用所使用，所以需要利用 L_n 矩阵的信息计算出一个只包含相邻网络子区域数据流统计的矩阵。

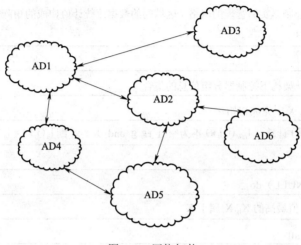

图 5-9　网络拓扑

可以采用原始的数据 $l_{\mathrm{raw}}(i, j, k)$ 来得到只包含邻域间通信统计的矩阵，将控制器实例收到的源 IP 和目的 IP 均不在自己管理域中的数据包排除。为此算法需要遍历所有的 $l_{\mathrm{raw}}(i, j, k)$，如果某一个元素满足下列所有条件：

A．$l_{\mathrm{raw}}(i, j, k) \neq \mathrm{Null}$

B．$j \notin g_i$ and $k \notin g_i$

则 $l_n(j, k) = l_n(k, j) = 0$。

在确保 L_n 中的数据均是相邻网络子区域的统计结果后，开始用 L_n 计算网络子区域关联度。控制器实例 X_i 与控制器实例 X_j 的视图关联度计算公式如下：

$$R_\omega(i, j) = \frac{l_n(i, j)}{\sum\limits_{o=1}^{n} \sum\limits_{\substack{p=1 \\ p \neq o}}^{n} l_n(o, p)}$$

控制器实例 X_i 与组 $group_j$ 的视图关联度计算公式如下：

$$R_\theta(i, j) = \frac{\sum\limits_{x_k \in group_j} l_n(i, k)}{[l_{\mathrm{node}}(i) - l_n(i, j)] \cdot |group_j|}$$

$R_\theta(i, j)$ 计算式中除以 $|group_j|$ 是为了防止某个 *group* 变得越来越大形成恶性循环，所以采用该组中控制器实例与 X_i 的均值表示该实例与组的关联程度。实例分组算法伪代码如下：

输入：	
X_i	编号为 i 的控制器实例
L_n	各控制器实例管理的网络子区域间的数据流统计值构成的矩阵，n 代表控制器实例的数目
输出：	
group	某一架构下控制器分组信息的集合
1	将所有的 X_i 加入 X 中完成初始化
2	对所有的 $l_{raw}(i,j,k)$ 计算， $l_{raw}(i,j,k)$ 不为空且 $j \notin g_i$ and $k \notin g_i$ 则 $l_n(j,k) = l_n(k,j) = 0$
3	group=null
4	While（X is not NULL）do
5	选择 $l_{node}(i)$ 值最高的 X_i, X_i 属于 X
6	If group==null
7	Then group 集合中添加一个 group1，group1 由 X_i 组成，从 X 中删除 X_i
8	Else
9	For each $group_j$ in group do
10	X_i 与每一个 $group_j$ 运算 $R_\theta(i,j)$
11	在已有的 $R_\theta(i,j)$ 中寻找值最大的 $R_\theta(i,k)$
12	计算 X_i 加入 $group_k$ 后的系统总开销 η'
13	If（$\eta - \eta' > 0$）
14	将 X_i 加入 $group_k$ 中
15	$\eta = \eta'$
16	Else
17	group 集合中添加一个 group（i+1），group（i+1）由 X_i 组成，从 X 中删除 X_i
18	对每个组的视图信息进行同步和下发

该算法的初始状态为 SDDC 模式，这主要是由于 SDDC 维护了一个全局的不变的视图信息，分组后的结果可以由该数据库下发到各控制器实例中，而 CDC 式分布式控制器采用分组算法后各节点上的视图信息均发生变化，难以确保系统中存在一个全局的视图信息。在选择分组的过程中使用控制器实例与各组的关联度决定是否加入分组，因为计算关联度相比于

直接计算总开销在计算复杂度上较低。假设 CIG 方式下整个网络中的控制器实例一共被分成了 w 组，下面对该缓存算法下的各种资源开销进行计算。

① 插入分组缓存方法的网络视图存储开销：

$$C_{\mathrm{M}}(\mathrm{CIG}) = \left\{ \sum_{j=1}^{w} \sum_{X_i \in group_j} \left[\left| group_j \right| \cdot C_{\mathrm{m}}(X_i) \right] \right\} + C_{\mathrm{m}}(\mathrm{DB})$$

② 插入分组缓存方法的视图同步的通信总开销：

$$C_{\mathrm{SYN}}(\mathrm{CIG}) = \sum_{j=1}^{w} \left[\left(\left| group_j \right| - 1 \right) \sum_{X_i \in group_j} C_{\mathrm{syn}}(X_i) \right]$$

③ 插入分组视图缓存方法的平均响应时间为：

$$\overline{T_{\mathrm{res}}(\mathrm{CIG})} = \overline{r(\mathrm{CIG})} \cdot T_{\mathrm{rtt}} + (1 - \overline{r(\mathrm{CIG})}) \cdot (2T_{\mathrm{rtt}} + T_{\mathrm{lp}})$$

分组缓存直接把关联度较高的实例分组处理，能够适应数据流方向上的变化。本书又提出了非对称缓存进一步压缩了存储开销，只针对当前流量特征将目标实例的网络视图缓存到源控制器实例上。非对称缓存算法描述如下。

输入：	
C	控制器实例集合，其中某一控制器实例用 C_i 表示
M	通信矩阵，M_i 代表从控制器实例 C_i 管理的区域到其他所有实例管理区域的通信量总和，M_{ij} 代表 C_i 管理网络区域到 C_j 的通信量
N	控制器实例管理的区域网络信息集合，其中 N_i 代表控制器实例 C_i 对应网络区域的网络信息
输出：	
R	每个控制器实例上的网络信息集合，其中控制器实例 C_i 缓存的网络信息为 R_i
BufferM	当前缓存策略的矩阵，$BufferM_{ij}=1$ 代表控制器节点 C_i 上缓存了 N_j 的信息
1	for each C_i
2	$M_i = \sum_{j=1}^{n} M_{ij}$
3	将 C_i 根据 M_i 值降序排列
4	While $C \neq$ NULL
5	tempC = pop(C)
6	获取 tempC 对应的控制器标号 l
7	Sort(Ml)
8	temp = pop(Ml)

9	p = getDst(temp)
10	If Np 加入 R_i 后总开销降低
11	R_i+=Np
12	BufferMip=1
13	While Ml is not NULL
14	j= getDst (pop(Ml))
15	If N_j 加入 R_i 后总开销降低
16	R_i+=N_j
17	Else
18	（跳出该层 While 循环）
19	Else
20	终止算法
21	根据结果将网络信息缓存到 C_i 上

在缓存了更多信息后，各控制器节点将减少访问远端数据库的次数，总开销能否降低这一约束用于防止某些节点过量缓存信息。针对各节点的通信进行统计并排序，使得算法先从对网络影响大的节点开始运算。

下面对该非对称缓存算法的各种资源开销进行计算。

① 插入分组缓存方法的网络视图存储开销为：

$$C_{\mathrm{M}}(\mathrm{AC}) = \sum_{i=1}^{n}\sum_{j=1}^{n}\left[\mathrm{BufferM}_{ij}\cdot C_{\mathrm{m}}(X_i)\right] + C_{\mathrm{m}}(\mathrm{DB})$$

② 插入分组缓存方法的视图同步的通信总开销：

$$C_{\mathrm{SYN}}(\mathrm{AC}) = \sum_{i=1}^{n}\left(\|\mathrm{BufferM}_i\|-1\right)\cdot C_{\mathrm{m}}(X_i)$$

③ 插入分组视图缓存方法的平均响应时间为：

$$\overline{T_{\mathrm{res}}(\mathrm{AC})} = \overline{r(\mathrm{AC})}\cdot T_{\mathrm{rtt}} + (1-\overline{r(\mathrm{AC})})\cdot(2T_{\mathrm{rtt}}+T_{\mathrm{lp}})$$

除了上面的算法，本书还研究采用层次聚类算法对控制器实例分组。聚类分析也可以叫做群分析或者点群分析，是用来解决多因素事物分类的一种定量方法。这是一种比较新颖的多元化的统计方法，是多元分析和分类学的完美集合，它的作用在于根据样本本身的属性，通过严谨的数学方法来计算出样本对象之间的亲和关系，并按照这种亲和关系对样本进行聚类。该方法的算法步骤主要有 5 步。

① 如果有必要，计算邻近度矩阵

② repeat

③ 合并两个最为接近的簇

④ 计算合并之后的邻近度矩阵，反应归并之后的簇之间的邻近度

⑤ until 仅剩下最后一个簇

层次聚类算法

INPUT：

X_i：控制器实例

L_n：各控制器实例管理的自治域间的数据流统计值构成的矩阵，n 代表控制器实例的数目

OUTPUT：

group：某一架构下控制器分组信息的集合

1．将初始控制器分组，每个控制器为一组，结果存入 group

2．计算初始的总资源开销 cons

3．flag=true

4．while（flag==true）

5．求出 group 中各个组之间的关联度 SEF（i，j，k）并且存入 SN（其中 i，j 为控制器组，k 为邻近度）

6．找到 SN 中的所有邻近度最高的两个控制器分组 i 和 j

7．将 i，j 所对应的组 $group_i$ 和 $group_j$ 合并

8．If $group_i$ 与 $group_j$ 合并后总开销降低

9．　　将总开销 cons 更新为现在的总开销

10．Else

11．　　将 $group_i$ 和 $group_j$ 重新拆开

12．　　flag=false

该层次聚类算法已经实现了对控制器进行分组的基本功能，并且在理论上该算法能够达到比主元分组更好的效果，因为主元分组采用的是典型的贪心算法思想，每一步找到的都是局部最优解，因为主元分组算法每一步都是挑选 group 之外邻近度之和最高的那个控制器和 group 之内与这个控制器邻近度最高的控制器分组，然后将挑选出来的控制器和控制器分组相结合。由此就可以看出主元分组算法所存在的一个问题，那就是每次分组仅仅考虑 group 之内和 group 之外两个区域之间的邻近度关系，而没有考虑 group 之外控制器之间的关系，这个缺陷就导致主元分组算法在某些情况下可能会无法获得全局最优解。

而层次聚类算法虽然采用的也是贪心算法，但是每次都是从所有控制器分组之中找到邻近度最高的两个控制器分组，不存在漏掉比较的情况，所以层次聚类算法最终可以获得全局的最优解。

但是层次聚类算法有一个缺陷就在于该算法的时间复杂度比较高，所以需要计算两种算法的时间复杂度来进行对比。

主元分组每次都需要将新的控制器插入到已经进行完分组的控制器分组 group 中，每次插入都需要寻找和自身邻近度最高的控制器组，假设初始有 n 个控制器，那么插入过程的时间复杂度为 $O(n)$，而网络中一共有 n 个控制器所以这个插入过程要重复 n 次，所以最终的时间复杂度为 $O(n^2)$。

而层次聚类算法每次合并簇的时候都需要计算出所有控制器分组之间的邻近度然后再找到邻近度最高的两个分组。当合并完两个分组之后，由于控制器分组的改变需要重新计算邻近度矩阵，就需要对新的邻近度矩阵进行再次查找。假设初始有 n 个控制器，初始就会有 n 个控制器组，所以就会有 n^2 个邻近度组，每次找到邻近度最高的两个分组的时间复杂度就是 $O(n^2)$，而 n 个分组的合并次数大约为 $\log n$ 次，所以可以得出最终的时间复杂度为 $O(n^2\log n)$。

总的来说层次聚类分组算法的运行时间要稍微超过主元分组算法，但是层次聚类分组算法所得出的分组结果要好于主元分组算法，也就是说最终分组之后的总开销要略小于主元分组算法。

但是从全局看该算法每次都是以控制器分组作为单位来进行层次聚类，而不是以单一控制器为单位的，算法过程还不够细粒度，因此，该算法还有进一步的改进空间。

上述算法的一个局限性在于在一些情况下比较粗粒度，例如，当在某一个步骤想要合并组 f_1 和组 f_2，也许只是组 f_1 中的 x 控制器和组 f_2 中的 z 控制器邻近度比较高，而组 f_1 中的 y 控制器和组 f_2 中的 z 控制器的邻近度很低，但是由于层次聚类的分组机制，导致组 f_1 和组 f_2 整个进行了合并，这就导致本来邻近度很低的 y 控制器和 z 控制器进入了一个分组 c，虽然这种分组依然会降低总体的资源开销，但是很显然这样的分组还是不够细粒度，所以这里的改进主要从这一个关键点进行。

具体改进如图 5-10 所示，本文将这种改进算法称为可重用层次聚类算法，也就是当分组 f_1 和分组 f_2 的邻近度比较高的时候，本文只将邻近度比较高的控制器分为一组，而不是将整个分组进行合并，这样控制器 x 和 y 本身的分组 f_1 保持不变，而控制器 x 则和控制器 z 形成全新的分组 f_3。

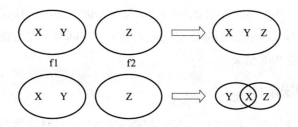

图 5-10　可重用层次聚类算法的改进

可重用层次聚类算法

INPUT：

X_i：控制器实例

L_n：各控制器实例管理的自治域间的数据流统计值构成的矩阵，n 代表控制器实例的数目

OUTPUT：

group：某一架构下控制器分组信息的集合

1．将初始控制器分组，每一个控制器为一组，结果存入 group

2．计算初始的总开销 cons

3．求出各个控制器和其他控制器的邻近度之和并将结果存入数组 b[]，并且将控制器序号和数组 b 存入元组 primary(num,b)，并且将 primary 进行降序排列（其中 num 表示控制器序号）

4．　for num,b in primary：

5．　　求出控制器 num 和其他所有控制器的邻近度 SEF（i，j，k）并且存入 SN（其中 i，j 为控制器，k 为邻近度）

6．　　将 SN 中的所有 SEF（i，j，k）按降序排列

7．　　for　S（i，j，k）in SN

8．　　　　将 i，j 两个控制器合并

9．　　　　If　i 和 j 合并后总开销降低：

10．　　　　　将总开销 cons 更新为现在的总开销

11．　　　　Else

12．　　　　　将 i 和 j 重新拆开

可重用层次聚类算法无需再每次计算出新的邻近度组以及它们之间的邻近度，每个控制器只需要寻找和自己邻近度最高的控制器即可。

假设有 n 个控制器，则每次需要将邻近度之和最高的控制器和其他的控制器之间的邻近

度计算出来并且进行排序，这个部分的时间复杂度为 $O(n\log n)$，而存在 n 个控制器，就需要排序 n 次，因此算法的时间复杂度为 $O(n^2\log n)$。虽然在时间复杂度方面没有提高，但是可重用层次聚类可以得到更优的结果。

5.5 QoS 模块设计

与传统网络的流量管理方法相比，通过 SDN 控制器进行网络资源的管理和使用更加高效、智能。通过控制器实现流量管理有很多优势：在控制器中可通过集中管理的方式获取和维护全网信息；在控制器中根据全局网络信息完成统一的路径规划和资源分配策略等。QoS 需要针对不同数据流采取不同的处理方式，随之对网络拓扑状态进行变换。SDN 控制器的这些特点方便了 QoS 的部署。

本章基于 Floodlight 控制器扩展 QoS 模块，并对 QoS 数据流量控制所应用的规则和算法进行设计和研究。在第 3 章的研究中，建立了使用 DAG 描述 SDN 拓扑结构的模型，通过模型描述网络拓扑状态和不同拓扑状态的差异。QoS 对网络拓扑有变化需求时，可以通过模型进行切换。

5.5.1 需求分析

现有 SDN 的各大控制器主要集中在功能开发上，对 QoS 等控制模块开发相对缺乏，不能提供差别质量保证服务。在没有 QoS 控制保障的情况下，不同的网络流均等的抢占带宽。在网络过载或拥塞时，网络对重要业务不能提供匹配的传输服务。QoS 是为保证这些优先级较高的业务数据不被延迟或者丢弃，获得不同的"待遇"。

将业务流映射到现有物理拓扑上的任务被称作流量工程。互联网流量工程是处理 IP 网络性能评估和优化问题的互联网工程技术，实际上是一套工具和方法，用来确保网络设备或传输线路在任何情况下，都能从现有的基础设施中提取最佳的服务，让实际网络业务量以一种最优的方式存在于物理网络之中，从而实现高效、可靠的网络资源利用。从另一角度来说，它是对网络工程或网络规划的一种补充和完善措施，包括对网络流量的测量、分析、建模和流量控制等方面的原理和技术。相关的性能指标包括时延、网络抖动、丢包率和吞吐量等。

流量工程的关键性能优化的目标主要为流量和资源两个方面。面向流量的性能优化目标即为增强业务流的服务质量；面向业务的关键性能目标包括数据包丢失率最小化、时延最小化、吞吐量最大化以及分级服务协议的执行。面向业务的性能优化目标主要是对网络资源利用率的优化。资源利用率的优化需要通过有效的算法来辅助，以确保其他子网可替代路径没有被充分利用时，子网路径不被过度使用而发生拥塞。带宽作为网络中的关键与重要资源，流量工程的核心功能就是高效地管理带宽资源。

本节将展现多路径网络中带权重数据流的资源分配。对于同一用户所使用的多条不同路径的最优价格是相等的。为达到所有数据流对于获得资源分配的公平性，设计了路由算法，实现了资源的公平分配。在 SDN 中实现 QoS 需要关注的服务质量包括链路带宽使用情况、链路时延情况、链路丢包率统计三个方面。

5.5.2 QoS 模块框架结构

QoS 模块包括 6 个部分：QoS 策略配置、设备管理、拓扑管理、网络测量、路径规划、策略部署。图 5-11 为各功能模块的相互关系。

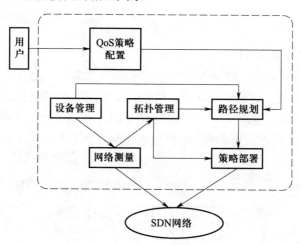

图 5-11　Floodlight 控制器中 QoS 模块框架

用户通过调用 QoS 策略配置模块输入服务需求，网络测量模块帮助设备管理，拓扑管理模块维护当前网络的资源数据。路径规划模块是核心，它根据拓扑管理和设备管理模块的数据结合 QoS 策略配置中的策略方案，决定路由转发和带宽分配策略。最终由策略部署模块打包流表下发给交换机。总体来说，就是用户输入 QoS 策略，模块完成策略逻辑到流表的转换。

QoS 策略配置模块：获取用户对于不同数据流的定义，通过定义来区分数据流的 QoS 需求。

设备管理模块：记录和发现使用中的网络设备，追踪不同设备在网络中的转移，并记录不同设备的配置信息。

拓扑管理模块：通过 Floodlight 模块中的拓扑管理模块，接收数据层 OpenFlow 设备的信息和数据。从而发现和实时维护网络的连接情况。为路径规划模块提供相应信息。Floodlight 中已经实现了拓扑管理功能。

网络测量模块：为路径规划提供当前网络的相关信息。参照传统网络关注的 QoS 关注点，包含三个子模块：链路使用率模块、数据丢包模块和网络时延测量模块，分别实现这三种参数的测量。

路径规划模块：用于为不同类型的数据流计算转发和带宽分配规则。路径规划模块是通过与拓扑管理模块、设备模块和网络测量模块交换它们提供拓扑和网络状态信息来实现路径的计算。Floodlight 中实现了基础的最短路径算法，为更好的提高网络性能，本文采用基于权重的 QoS 策略路由算法，在之后讨论。

策略部署模块：对路径规划模块中生成的网络拓扑，使用 DAG 模型进行描述和解析，映射为控制器命令，调用控制器生成流表，建立安全信道，下发流表，这部分流程在第 3 章中已经实现。

5.5.3　QoS 模块处理流程

QoS 模块处理流程如图 5-12 所示。QoS 控制模块把从用户处接收到的指令进行分析，实现集中式控制。根据处理的策略逻辑产生相应的流表，控制交换机完成路由转发控制。QoS 控制器模块是带宽保障功能的核心，它能读取通过 CLI（命令行接口）模块配置的 QoS 策略，并将 QoS 策略转化成相应的控制器命令，再通过控制器命令改变交换机对数据报文的处理操作，最终实现对数据流的控制。

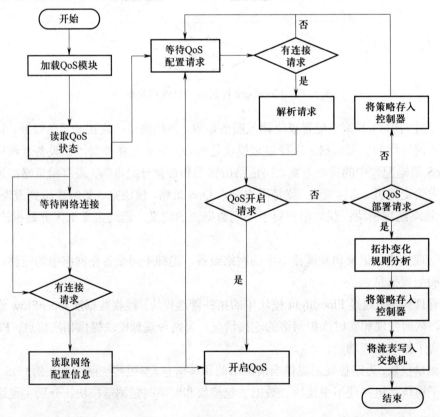

图 5-12　QoS 模块处理流程

处理流程如下。

① 从策略配置模块读取 QoS 流规则，对规则进行解析，根据流定义进行分类。

② 将 QoS 流规则进行分析制定网络拓扑策略。

③ 将拓扑策略转化为 DAG 模型。

④ 将 DAG 模型转换成控制器的转发命令。

⑤ 控制器通过安全通道，将上述的控制器命令封装流表，下发至交换机。

5.5.4 路径规划模块设计

路径规划模块主要工作就是决定路径分配和数据带宽分配策略，得到网络流在每条路径上的分配比例，之后生成转发策略交付给策略部署模块。

传统的最短路径优先路径规划算法，每个网络流只在最短路径上被分配一条转发路径。当最短路径上的链路拥塞时，网络流不能利用其他链路转发，导致存在空闲路径时局部链路发生拥塞。为充分利用网络内的空闲链路以及缓解主要链路拥塞，提高网络吞吐量。目前解决公平性带宽分配方案中，采用的比较多的是最大-最小公平性（max-min fairness）算法，它要求在网络传输能力不能满足所有用户的情况下，尽量公平的分配给所有用户与其比重相应的带宽。但是由于该原则对待所有用户也是一视同仁的，这就造成网络资源不能达到最大化使用效率。

针对以上问题，Warburton 提出了多目标、最短路径问题的最优路径逼近方法，提供了一定的资源分配解决方案。Kelley 提出了使网络中所有信源的效用函数（utility function）最大的流量控制算法，该算法可以更加有效地利用网络资源，并使带宽分配满足比例公平性（proportional fairness）。

本节基于最大最小优先性算法，提出的算法每次迭代只考虑每个流本次迭代中的最优路径。为加快求解速度，也牺牲了一定的公平性和吞吐量。

1. 网络模型

定义带宽公平分配问题，采用以下网络模型：

在网络中，设 $L = \{1, \cdots, l\}$ 为所有链路的集合，对某一特定的链路 $l \in L$，其带宽为 $c_l \geq 0$，链路 l 的代价为 D_l；$S = \{1, \cdots, s\}$ 为网络中数据流的集合，对信源 S 的路由途径 $L(s)$ 为链路 L 子集；对任一链路 l，令 $S(l) = \{s \in S \,|\, l \in L(s)\}$ 为路由包含链路 l 的用户集合。$W = \{1, \cdots, w\}$ 为相应数据流的权重或者需求级别。

在某一个时间节点，集合 S 是不变的，算法的目的是采用一定的带宽分配规则，分配给所有用户与之需求相应的带宽 $y_s \geqslant 0$。带宽分配需要符合下面的限定条件。

$$\sum_{s \in S(l)} y_s \leqslant c_l, (l \in L)$$

2．数据流分配带宽模型

按照权值 w_l 给每个网络流 l 分配相同"单位"的带宽。每个网络流都有一个相应的分配函数 $Y: y_l = w_l \times k_l, l \in L$，其中 $k_i \in K, K \geqslant 0$ 代表分配的单位数量。分配函数代表的是分配的带宽和分配额度对应关系，两者的斜率就是网络流的优先级权值也就是服务的需求质量。

图 5-13 中，s_1、s_2、s_3 的权值分别为 1、2 和 3。当 s_1、s_2、s_3 有一定的带宽需求时，分别为 5、10、12（单位为 Gbps），达到需求后带宽将增加，如图 5-14 所示。

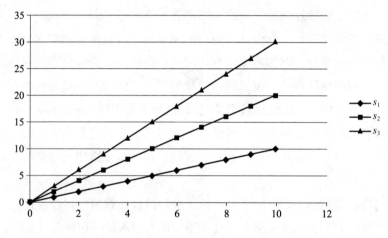

图 5-13　不同数据流的分配函数示意

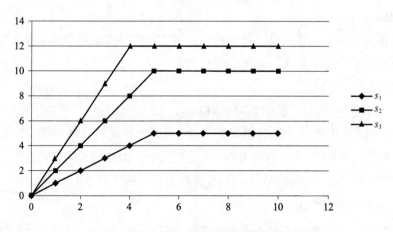

图 5-14　有带宽需求的数据流分配函数示意

本文将网络流 s_i 通过链路 l_j 的带宽分配比例定义为：

$$R(s_i, l_j), s_i \in S, l_j \in L$$

带宽分配算法的结果是给所有网络流 s_i 分配的份额。满足以下限制条件：

$$Y_{s_i}(k_{s_i}) \times \sum_{\forall s_i} R(s_i, l_j) \leqslant c_{l_j}$$

3. 单路径带宽分配

一组源和目的节点相同的网络流的带宽分配问题。生成算法根据分配函数和网络流的优先级选择路径给网络流分配带宽，在找到并去除瓶颈链路后继续分配资源。之后对在各条路径上分配的带宽归一化得到网络流在每条路径中的分配比例。

① 计算所有网络流 s_i 的所有路径的代价 D_{s_i}。对每个网络流的可选路径代价进行排序。$M_{s_i}^j$ 代表网络流 s_i 在所有可选链路中代价第 j 小的链路。

② 计算当前迭代中的分配函数 Y_{l_j}。对每一个网络流 s_i 当前代价最小的链路 $M_{s_i}^{\min}$，计算链路的分配函数。

③ 寻找瓶颈链路的分配份额。遍历当前所有网络流的最小代价链路组合，根据其分配函数以及链路剩余带宽求出令 $F_{l_j}(K) = AC_{l_j}$ 的 K 值。找到所有链路 $k_{l_j}^a$ 中的最小值，这相应的链路 l_j 为当前瓶颈路径，排除出最小代价链路集合组。

④ 如果 K 值为无穷大或者有未分配带宽的网络流并且无非瓶颈路径，结束算法。否则跳到②。

4. 多路径带宽分配

带宽的竞争与分配依然在互相竞争的网络流之间进行。带宽资源的分配也是一个多商品流问题。另外，由于数据在传输时有多条路径，这些网络流不仅在单一瓶颈链路上竞争带宽，在分配带宽时需要同时考虑多条潜在的瓶颈链路。多路径下网络流的网络模型与单路径带宽分配的模型基本一致。

多路径带宽分配算法过程如下。

① 计算所有通过 l_j 的分配函数 F_{l_j}。计算所有当前为冻结的网络流的分配函数，并进行线性组合。组合时要考虑网络流经过链路的比例 $R(s_i, l_j)$。

② 根据链路对应的组合函数计算相应的分配份额 $K_{l_j}^a$。通过①的组合分配函数，令 $F_{l_j}(K_{l_j}^a) = C_{l_j}$。

③ 在②中计算的所有 K 值中找出最小分配份额。对应的链路为瓶颈路径。如果最小为无穷大，结束算法。

④ 冻结③中的瓶颈路径，锁定相应网络流的分配份额，调整其他所有链路的组合分配函数，相应减去锁定网络流的分配份额。

⑤ 如果没有任何一条链路是瓶颈链路，回到步骤②。

SDN 自诞生之初就与虚拟化有着不解之缘，有学者认为将控制平面集中到一个外部的控制器上本身就是网络设备的虚拟化，因为只要控制器能够负责底层细节的具体操作，在负责处理应用逻辑的程序员面前呈现的就是一个"大的交换器"，或者说这些转发设备组合成了一个大的交换机。当然这需要由网络操作系统的设计决定，同时很多情况下用户其实希望了解网络的底层细节，SDN 的可编程性决定了在处理这些问题时的灵活性。至今在各种专著、会议和学术文章中出现大量 SDN 在网络虚拟化领域中的应用，可以说前几个章节中本书总结的诸多 SDN 的特性在网络虚拟化中都能够得到体现。

网络虚拟化技术随着 SDN 技术的出现获得了新的发展动力。网络虚拟化自身的历史可以追溯到 20 世纪 90 年代。Tempest 项目最早通过在 ATM 网络中引入 switchlets 的概念提出网络虚拟化。该研究的核心思想是允许多个 switchlets 工作在单个 ATM 交换机的顶层，使多个独立的 ATM 网络共享相同的物理资源，每个独立的 ATM 网络就是一个网络"切片"。同样，MBone 则是早期在传统网络或覆盖网络之上创建虚拟网络拓扑结构的工作。之后又涌现了其他几个项目如 Planet Lab、GENI 和 VINI。FlowVisor 也是值得一提的典型工作，它使用管理程序实现虚拟化架构的网络、计算和存储。Koponen 等提出了一个使用 SDN 为基础实现技术多租户数据中心的网络虚拟化平台（NVP）[10]。

鉴于两者之间的密切关系，有必要详细介绍 SDN 网络虚拟化的研究进展。由于网络虚拟化是个很复杂的研究领域，本章首先介绍网络虚拟化的概念及其发展过程，并概括了 SDN 网络虚拟化的最新进展，介绍了一些网络虚拟化编程语言方面的颇具特色的研究，然后对虚拟映射问题进行了介绍；随后着重介绍虚拟映射这一重要理论的概念、模型及相关算法，并介绍了可靠映射与跨域映射的原理；最终介绍了 SDN 网络虚拟化项目，并提出了一个智能网络映射原型系统。

6.1　网络虚拟化与虚拟网络映射

互联网已经为人们服务了四十多年，时至今日它在人们生活的各个领域中都扮演着不可或缺的角色，这得益于便捷的信息传输和其上的业务实现；受益于优良的体系结构和一系列先进的网络技术。互联网快速发展并覆盖全球，但是随着网络规模的爆炸性增长，互联网自身的结构难以和其规模相适应，出现了日益严重的创新困难、管控不易等问题，最终原有结构成为其进一步发展的阻碍。互联网众多服务提供商之间的利益冲突导致现有网络难以修改、引入新技术的代价非常大。互联网工作者为了克服这些困难付出了很多的努力，网络虚拟化就是其中一种解决方案。随着物联网、云计算的成熟以及互联网+等概念的提出和发展，现有的网络规模势必会继续扩大，这是网络虚拟化蓬勃发展的契机。SDN 在网络虚拟化方面的应用有诸多优势，因此当前很多 SDN 工作是围绕虚拟网络管理展开的，如 Flowviser、FlowN、Openvirtx 等。当前的这些工作更注重用于简化虚拟网络的建立与管理，未来则会结合 SDN 应用层的智能化提高虚拟网络的智能化水平。

虚拟化是一种已经成熟的概念。网络虚拟化，顾名思义，即对网络进行虚拟化，共享物理网络资源，在同一个物理网络上创建多个虚拟网络，同时每个虚拟网络都可以独立的部署和管理，构造网络不需要再购买昂贵的硬件和进行复杂的配置，可以由用户根据自己的需求来灵活的定制。这种行为大大的简化了网络配置的复杂性，使网络成为一种服务，同时这种便捷性大大加快了新技术部署在网络中的速度，有利于技术创新。SDN 技术与网络虚拟化技术有着同样的目标：将网络底层资源透明地提供给用户，用户可以简单地获得各种服务而无需知道底层细节。

虚拟网络映射是网络虚拟化实现中起到重要作用的技术，目的是将虚拟网络映射到物理网络上，最优化的获得足够虚拟网络运行的资源。将虚拟网络映射到物理网络，需要将虚拟网络中虚拟节点和虚拟链路所需的资源作为请求，在满足物理网络资源的约束条件下，将虚拟节点和虚拟链路映射到物理网络的物理节点和链路上。大部分研究中，虚拟网络映射的目标是如何降低映射成本。

本章将首先介绍网络虚拟化技术的定义、研究要点和主要目标等情况，接着介绍虚拟网络的映射算法和映射机制研究，建立起虚拟网络映射的模型和算法框架。最后，介绍 SDN 虚拟化映射技术的最新进展。

6.1.1　网络虚拟化问题

2005 年，普林斯顿大学 Larry Peterson 等人提出通过使用网络虚拟化技术来推动未来网络体系结构发展。网络虚拟化作为新兴的网络技术，通过虚拟化技术对共享的底层基础设施进行抽象，提供统一的可编程接口，使用物理网络的资源映射到多个虚拟网络上，各个虚拟网络间彼此隔离，并且可以具有不同的拓扑，可以让不同用户使用同一套物理网络来体验个性化的网络。

网络虚拟化通过对物理网络的抽象、隔离和资源分配，将物理网络映射成多个虚拟网络，各个虚拟网络拓扑不同且彼此隔离。通过网络虚拟化，实现了对网络资源的灵活配置，能够满足用户不断变化的需求，能够降低网络运营和维护的成本，同时让网络的安全性得到提高。

普通 IP 网络的运营中只包含互联网服务提供商（ISP）一个角色，和普通 IP 网络不同，虚拟网络的运营由三个角色共同完成，即基础设施提供商（infrastructure providers，InP）、服务提供商（service providers，SP）和虚拟网络提供商（virual network provider，VNP）。在普通 IP 网络中，ISP 需要负责修建和维护基础网络设施，同时给用户提供网络服务。在虚拟网络运营中，InP 只负责修建和维护基础网络设施，而 SP 通过租借 InP 提供的物理网络来提供网络服务，VNP 作为中介像用户出售 SP 构建的虚拟网络服务。

图 6-1 中，在网络虚拟化环境中，InP 建设和维护物理网络，构建基础设施层，InP 将虚拟化的资源形成虚拟化资源池，屏蔽底层物理网络的细节，为 SP 提供统一的虚拟资源，构建虚拟网络平台即抽象层。VNP 可以在这个虚拟网络平台上布置自己的网络架构，为用户提供个性化的服务。

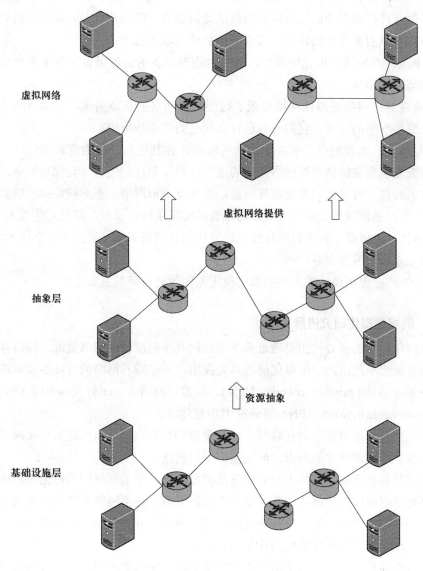

图 6-1　虚拟网络与物理网络关系

网络虚拟化对于未来网络的学术研究和应用革新有着重要的意义。首先从技术角度而言，网络虚拟化技术有利于新技术的产生和实践。在网络虚拟化平台上，各种新技术和新思想可以并行实现互不干扰，发现问题并修正完善，实现新技术的竞争和优胜劣汰。其次，网络虚拟化能提供很多创新应用，新应用的产生能够有效的提高服务质量。网络虚拟化技术在共享的物理基础网络设施上，允许多个运营商建立自己的虚拟网络，能够将基础设施提供商（infrastructure provider，InP）和网络服务提供商（service proviser，SP）的业务进行分离。新技术能够借助这样快速多变的运营模式得到迅捷的部署，降低建设基础设施的投资。

网络虚拟化具有多方面的优势，可以简单总结为以下几点。

① 效率高：在网络虚拟化环境中，同一台物理设备的资源可以服务于多个虚拟网络，通过共享提高了利用率。

② 隔离性好：网络虚拟化环境屏蔽了底层物理网络的具体实现，虚拟网络之上的应用不需要关心底层网络的差异，它们并行运行在统一的虚拟环境中。

③ 可靠性高：虚拟网络是独立于硬件实现的，在其更高一层的逻辑上运行。可以通过使用的故障恢复机制来提供虚拟网络业务的连续性和可靠性。当有一台物理设备或者物理链路发生故障的时候，可以利用其他物理资源动态恢复虚拟网络，不影响虚拟网络的运行。

④ 成本低：通过规模效应对大规模物理资源实现了统一管理，降低运营成本。

⑤ 兼容性好：屏蔽了物理资源特性，将异构的物理资源统一描述为标准化的虚拟资源，使它们提供无差别的网络服务。

⑥ 易于管理：使用统一的网络抽象实现无差别管理，降低复杂度。

6.1.2　网络虚拟化研究进展

网络虚拟化技术的核心构想是通过多个虚拟网共享底层物理网络资源，同时存在并且彼此隔离，这种思想不是由网络虚拟化问题首先提出，而是随着网络的发展逐步演进的。在虚拟专用网技术（virtual private network，VPN），覆盖层网络（overlay network，ON），可编程网络（programmable network，PN）等研究中均有体现。

虚拟专用网是指通过在现有互联网上建立虚拟的数据通道，从而连接企业内部或多个企业之间分布在各个地理位置的节点，形成通信专用网络。

覆盖网络是在物理网络拓扑上建立的虚拟拓扑网络，覆盖网络的节点由虚拟链路连接，而虚拟链路可以由底层物理网络的若干条物理链路组成。覆盖网络的优点是组网灵活、成本低，这是由于节点一般以自愿参与的形式加入覆盖网络，并提供相应的资源。正是基于上述优点，覆盖网络常用于配置互联网的补丁或新功能。

可编程网络的发展主要是为了满足用户日益多样化的网络应用需求，具体来说，网络应具有快速灵活地创建、配置和管理新型服务的功能，这就要求网络的控制平面和数据平面分离，这样才能灵活地将新的控制功能与数据转发功能进行重组。可编程网络可以分为硬件可编程、软件路由器、数据平面可编程。SDN 的研究天然和数据平面可编程吻合，可以在网络虚拟化研究中提供强大的助力。

近年来，世界各国和许多国际组织都认识到网络虚拟化技术对于未来网络的重要意义，陆续开展了许多相关的大型研究项目。美国国家科学基金会 NSF 在 2005 年宣布开展 GENI 计划并编制了高达 3 亿美元的 5 年总预算，有意建立覆盖全球的虚拟化网络创新平台。欧盟第七研发框架计划 FP7 编列了超过 1.35 亿欧元的预算用于启动其信息通信技术主题（ICT）下的 FIRE 计划，目的是召集全欧洲的相关科研机构共同建设一个基于虚拟化技术的未来网络实验平台。信息通信技术主题下的未来网络计划（future networks）有着明确的总体目标，研究面向网络基础设施的虚拟化技术和虚拟网络管理控制架构。日本也非常重视网络虚拟化技术的研究，他们在新一代互联网项目 AKARI 计划中建设了基于虚拟化技术的实验平台。网络虚拟化技术也同样吸引着学术界的极大关注，作为计算机领域全球顶级的会议，Sigcomm 等国际学术会议连续多年举办关于虚拟化技术的专题研讨。IRTF、IETF 和 ITU 等标准化组织非常重视并努力推动相关技术的标准化工作，并成立了各自的针对网络虚拟化技术研究的标准化工作组。

虚拟化在现代计算机领域中已经是一个成熟的技术。虚拟化在过去十年的快速发展使得它对主流的计算平台产生了巨大的影响。根据最近的报道，虚拟服务器的数量已经超过了物理服务器的数量。虚拟机监管程序使不同的虚拟机共享硬件资源。在云基础设施即服务（IaaS）中，每个用户都可以有自己的虚拟计算、存储资源。这使用户可以以相对低的成本按需分配资源和共享物理基础设施，成为了一种新的收入和业务模式。同时，供应商可以更好地利用物理基础设施，在没有显著增加其资本支出和运营支出（OPEX）的条件下创造新的收入。虚拟机可以从一个物理服务器迁移到另一个，并且可以根据用户的需求创建和删除，从而提供灵活和易于管理的弹性服务。尽管在虚拟化的计算和存储设备方面取得巨大进步，大多数网络仍然采用静态配置的方式搭建[28]。网络主要的需求可以在两个角度上展开：网络拓扑结构和地址空间。不同的工作负载需要不同的网络拓扑和服务(如扁平 L2 或 L3 的服务或用于高级功能的、更复杂的 L4-L7 服务)。目前，在一个单一的物理拓扑中支持应用程序和服务的多种需求是困难的。类似地，地址空间在现有的网络中进行改变也是很困难的。虚拟化工作在物理基础设施的同一个地址进行操作，很难保持一个租户的原始网络配置，虚拟机不能迁移到任意位置，寻址方案是固定的并且很难改变。例如，如果底层物理转发设备仅支持 IPv4，则 IPv6 不能用于该租户的虚拟机（VM）。

为了提供完整的虚拟化方案，网络应提供具备类似性质的虚拟层[28]。网络基础结构应当能够支持任意的网络拓扑和寻址方案。每个租户应同时具备配置计算节点和网络的能力。主机迁移应自动触发相应的虚拟网络端口迁移。广泛采用的虚拟化功能，如 VLAN（虚拟化的

L2 域）、NAT（虚拟 IP 地址空间）和 MPLS（虚拟路径）不足以提供全面和自动化的网络虚拟化。这些技术都使用 box-by-box 基础结构，即不存在统一的抽象基于一个全局的方式配置（或重新配置）网络。因此，当前的网络搭建可能需要几个月，而计算机配置只需要几分钟。这种情况有希望通过 SDN 和新隧道技术的联合使用来改变（如 VXLAN 和 NVGRE）。

① 切片网络：FlowVisor 是 SDN 虚拟化的早期的技术之一，其基本思想是允许多个逻辑网络共享相同的 OpenFlow 网络基础设施。为了这个目的，它提供了一个抽象层，该层可以更容易地在 OpenFlow 交换机上实现网络切片，允许存在多个不同的切片网络并共用一个数据平面。FlowVisor 从 5 个维度考虑如何切片：带宽、拓扑结构、通信量、设备 CPU 和转发表。此外，每个网络切片对应一个控制器，多个控制器可以在相同的物理网络基础设施的顶部共存。每个控制器只作用于它自己的网络切片。一个切片定义为一组特定的数据平面流量。从系统设计的角度来看，FlowVisor 是截取交换机和控制器之间的 OpenFlow 消息的透明代理。它划分每个转发设备的链路带宽和流表。每个切片接收最小的数据率，每个租户控制器都有自己的（交换机中的）虚拟流表。

OpenVirteX 与 FlowVisor 类似，它充当 NOS 和转发设备之间的代理，它的主要目标是拓扑、地址和控制功能的虚拟化。虚拟网络拓扑必须映射到底层转发设备，进而允许租户不依赖于底层网络元件的寻址方案直接透明的管理他们的地址空间。

AutoSlice 是另外一个 SDN 的虚拟化方案。不同于 FlowVisor，它着重于虚拟 SDN（vSDN）拓扑结构以最小的操作实现网络部署和管理的自动化。此外，AutoSlice 也通过网络虚拟化管理程序、精确的流量监测和统计，解决流表可扩展性的限制，最终优化资源利用率。AutoVFlow 与 AutoSlice 类似，它也可以实现多域网络虚拟化。它没有像 AutoSlice 一样采用某个第三方软件来控制 vSDN 中拓扑的映射，而是使用 multiproxy 架构来允许网络所有者通过交换不同域之间的信息以自主的方式实现流空间虚拟化。

② 商业多租户网络管理程序。上述方案无法解决多租户数据中心的挑战。例如，租户希望迁移其网络解决方案到云提供商而不需要修改其所属网络的网络配置。现有的网络技术和迁移策略大多未能满足这种条件下租户和服务供应商的需求。多租户环境中网络应支持对底层转发设备和物理网络拓扑结构进行抽象的网络管理程序，每个租户应该访问子集的控制抽象并独立管理自己的虚拟网络使之与其他租户隔离。最近基于 SDN 概念的商业虚拟化平台已经开始涌现。VMWare 提出了一个网络虚拟化平台（NVP），该平台提供了必要的抽象来允许为大型多租户环境中创建独立的虚拟网络。 NVP 是一个完整的网络虚拟化解决方案，它可以创建具有独立服务模式的虚拟网络拓扑结构（每个都有独立的服务模型）、使用相同的物理网络寻址体系结构。使用 NVP，租户并不需要了解底层网络拓扑、配置或其他转发平面中转发设备的信息。NVP 的网络管理程序将租户配置和需求翻译为低级的指令集，这些指令集合会安装在转发设备上。为了实现这个功能，该平台使用 SDN 控制器来操纵工作在主机上的

Open vSwitch 转发表。数据分组被物理网络通过隧道发送到主机管理程序。

IBM 最近还提出 SDN VE，它是另一个商业企业级网络虚拟化平台。 SDN VE 使用 Opendaylight 作为软件定义环境（SDEs）。 与 NVP 一样，它采用了基于主机的叠加网络实现网络抽象，在大规模多租户环境中实现了应用程序级的网络服务。

目前已经有一些网络管理程序充分利用 SDN 的优势。但是，仍有一些问题需要解决。尤为突出的是，虚拟网络到物理网络映射技术的改进、逻辑层展示的定义细节以及对嵌套虚拟化的支持。预计这个研究体系将持续扩大，网络虚拟化将在未来的虚拟化环境中扮演关键作用。

6.1.3　虚拟网络映射问题

在网络虚拟化环境中，为虚拟网络在有限的物理网络资源的约束下分配底层网络资源的问题称为虚拟网络映射问题。虚拟网络映射问题是 NP 困难问题，是网络虚拟化技术的主要难点，也是研究热点。设计出高效、可靠的虚拟网络映射算法具有重要的意义。虚拟网络映射问题的研究需要考虑以下 3 个关键点。

① 如何提高虚拟网络映射的成功率。虚拟网络映射的成功率直接关系到基础设施提供商的运营收益，是衡量虚拟网络映射算法优劣的关键指标。

② 如何提高底层网络的资源利用效用。提高底层网络资源利用效用是基础设施提供商增加收益的有力手段。由于底层网络资源的有限性以及虚拟网络映射问题本身的复杂性，在解决虚拟网络映射问题的同时提高底层网络的资源利用效用是一个难题。

③ 如何提高虚拟网络服务的可靠性。虚拟网络服务的可靠性是评价基础设施提供商的服务质量的重要指标。由于大量的虚拟网络共享底层物理网络资源，即使单条底层网络链路失效都会导致大量的虚拟网络服务中断。因此，提高虚拟网络服务的可靠性是基础设施提供商亟待解决的一个问题。

一个虚拟网络是由虚拟节点和虚拟链路构成的集合。虚拟网络映射（或称虚拟网络嵌入）的主要目标是将虚拟网络请求合理分配到实体网络中并同时满足节点约束和链路约束。其中，节点约束的定义是，虚拟节点所映射的实体节点的 CPU 计算能力不小于这个虚拟节点的 CPU 计算能力需求；而链路约束的定义是，虚拟链路所映射的实体链路的带宽容量不小于这个虚拟链路的带宽容量需求。如果整个底层物理网络是由多个基础设施提供商提供的，建立虚拟网络需要横跨多个异构物理网络，则需要在各个物理网络之间提供协作。

以下几个方面的因素可能会影响到虚拟网络映射的性能：① 资源容量约束，即上文所述的节点资源约束和链路资源约束；② 地理位置约束，每个虚拟节点和物理节点都有自己的位置属性，有些情况下虚拟节点会优先映射到距离较近的实体节点上；③ 访问控制，在虚拟网络请求很多而物理网络资源无法同时满足需求的情况下，必须对虚拟网络请求有选择性的舍弃；④ 虚拟网络同样会有多种拓扑结构，虚拟网络映射算法可以利用不同的拓扑结构进行有策略的映射。

6.2 虚拟网络映射模型及算法

6.2.1 映射模型

虚拟网络映射问题的关键是如何在满足底层网络资源约束的前提下，为虚拟化请求分配合适的资源问题。下面给出对虚拟网络映射问题的形式化模型。

1. 虚拟网络请求

图 6-2（a）描绘了带有节点与链路资源约束的虚拟网络请求。与底层网络类似，虚拟网络拓扑也可被标记为有权无向图 $G_v=(N_v, L_v, C_{vn}, C_{vl})$，其中 N_v 为虚拟节点的集合，L_v 为虚拟链路的集合，C_{vn} 与 C_{vl} 分别表示虚拟节点 $n_v(n_v \in N_v)$ 与虚拟链路 $l_v(l_v \in L_v)$ 的资源约束。一般情况下，虚拟节点的资源约束主要考虑该虚拟节点的计算能力需求，虚拟链路的资源约束主要考虑该虚拟链路的带宽资源需求。当虚拟网络请求到达后，底层网络应该为其分配满足其节点与链路资源需求的相应资源。当虚拟网络离开底层网络时，为其分配的资源将被释放。另外，当底层网络资源不足时，应将该请求延迟映射或直接拒绝。

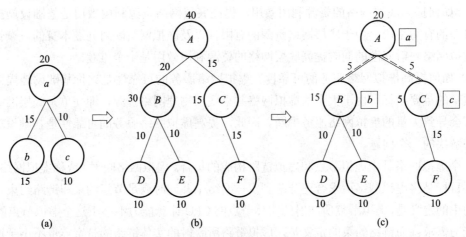

图 6-2　虚拟网络映射流程

2. 底层网络

图 6-2（b）描绘了一个底层物理网络的抽象模型，圆形代表节点，节点间的线代表链路。其中节点附近的数字表示该节点的可用计算资源，链路附近的数字表示该链路的可用带宽资源。

将底层网络视为有权无向图 $G_s=(N_s, L_s, A_n, A_l)$，其中 N_s 表示底层节点的集合，L_s 表示底层链路的集合，A_n 与 A_l 分别表示底层节点 $n_s(n_s \in N_s)$ 与底层链路 $l_s(l_s \in L_s)$ 所具有的属性。底层节点 A_n 可以是该节点当前可用计算能力、物理位置等，而 A_l 可以是该链路当前可用的带宽资源等。所有底层网络的链路可标记为 P_s。

3．虚拟网络映射问题描述

图 6-2 描述了虚拟网络请求 1 的一个可行映射方案。例如，节点映射为 {$a \rightarrow A$，$b \rightarrow B$，$c \rightarrow C$}，链路映射为 {$(a,b) \rightarrow (A, B)$，$(a,c) \rightarrow (A, C)$}。当底层网络向虚拟网络请求分配资源后，其剩余资源状况如图 6-2（c）所示。

虚拟网络映射问题可以定义为映射：$M:G_v(N_v, L_v) \rightarrow G_s(N_s', P_s')$，其中 $N_s' \square N_s$，$P_s' \square P_s$。虚拟网络的映射过程可分解为两个步骤：首先将虚拟节点映射到满足其资源约束的底层节点上；然后将虚拟链路映射到满足其带宽资源约束的底层链路上。

网络虚拟化环境下多个虚拟网络可以共存在相同的底层基础设施上。在不同的虚拟网络上部署不同的网络技术，解决了研发和部署全新的网络体系结构不灵活的问题。云计算环境下多个虚拟网络承载基于不同平台的应用，并共享相同的底层基础设施。由此，底层资源可以得到充分的利用。资源分配是部署虚拟网络的基础。底层为虚拟网络分配（物理节点上的）计算和（物理链路上的）带宽资源的问题统称为虚拟网络映射问题。基本的虚拟网络映射问题，即给定虚拟网络请求和底层基础设施，采用集中式的方法用最小的成本完成虚拟网络到底层基础设施的映射，其中虚拟节点映射到物理节点，虚拟链路映射到物理路径。基本虚拟网络映射不考虑底层设备故障，且在单域环境下进行。单域的特点是映射的决策者可以得到底层基础设施拓扑和资源等全局信息，因此可以采用集中式的方法进行映射。基本的虚拟网络映射是虚拟网络映射的研究基础，在现有关于虚拟网络映射问题的研究中占了很大的比重。由于该问题难以在多项式时间内找到最优解，因此需要使用启发式算法进行求解。

基本的虚拟网络映射的研究目前已经有不少相关成果。基本虚拟网络映射建立的 MILP 模型是多商品流问题的一个变形。其中，虚拟节点作为业务（即虚拟链路）的源节点和目的节点加入到底层拓扑中，并为虚拟节点与（其可映射至的）物理节点之间建立辅助边。在扩展后的底层拓扑上，虚拟网络映射被转化为一个多商品流问题。为了求解这个 NP 困难问题，作者还提出了采用整数松弛思路的算法：D-ViNE 和 R-ViNE。在 D-ViNE 和 R-ViNE 算法中，首先将模型中的（决定节点映射的）0-1 整数变量松弛为 0 到 1 之间的连续变量，由此原 MILP 模型变为线性规划（linear programming，LP）。线性规划可以在多项式时间内完成求解，将所求得的松弛后的变量的解进行"四舍五入"，其中 D-ViNE 和 R-ViNE 算法的区别在于决定 0-1 整数变量取值的具体方法。在确定 0-1 整数变量取值的条件下（即确定了节点映射），剩余的问题（即链路映射）就是一个多商品流问题，再进行求解以完成虚拟网络映射。该工作为虚拟网络映射的相关研究提供了很高的参考价值。

很多研究提出了多个解决基本虚拟网络映射问题的算法，这些算法基本都是以最小化映射成本为目标的启发式算法[29]。这些算法可以分为两类：分离节点映射和链路映射，以及耦合节点映射和链路映射。在节点映射和链路映射分别完成的算法中，都是先完成节点映射，再根据节点映射的结果为虚拟链路选择路径。相关工作主要有以下几种：

（1）在节点映射阶段，虚拟节点被映射到可用计算资源最多的物理节点上。在链路映射阶段，采用路径分割（path splitting）的方法增加链路映射的可行映射，即容许一条虚拟链路映射到多条源节点和目的节点相同的物理路径上，并通过求解多商品流问题模型决定链路映射。

（2）在节点映射阶段，虚拟节点在满足计算资源需求的条件下被映射到可用计算资源最少的物理节点或是相邻物理链路可用总带宽最大的物理节点上。

（3）在链路映射阶段，映射算法采用 k 最短路算法为每条虚拟链路寻找 k 条路径，并在满足带宽资源需求的条件下选择其中成本最小的一条路径。

节点映射和链路映射的分段进行虽然可以将整个虚拟网络映射问题分成两个相对简单的子问题，但是这种方法所得到的映射成本不够理想，即使链路映射阶段采用求解多商品流问题模型的方法得到局部最优解，但如果节点的映射不理想（有通信关系的虚拟节点映射到距离远的物理节点对上），总映射成本与全局最优解仍会有不小的差距。因此有研究人员提出节点映射和链路映射相耦合的虚拟网络映射算法。映射算法 vnmFlib 采用同构图搜索的思想同时进行虚拟节点和虚拟链路的映射。传统的同构图搜索问题是在拓扑图中寻找一个特定拓扑的子图。在虚拟网络映射问题中，由于虚拟链路可能映射到由多条物理链路组成的物理路径上，因此 vnmFlib 映射算法容许虚拟链路同构于条数不大于设置上限的物理路径。

6.2.2　静态映射与动态映射

虚拟网络映射的动态性是虚拟网络映射研究中一个重要的问题，其动态性包含底层物理网络的动态性、虚拟任务请求的动态性和虚拟网络运行过程的动态性等多方面的因素。当底层物理网络更新或发生变化时，部分物理节点和链路会被删除，因此，映射其上的虚拟节点和虚拟链路需要被重新映射。那么，如何以最优化的代价重新部署虚拟网络是值得研究的问题。一种两阶段的运行时重优化机制[29]可以参考：第一阶段检测网络中的瓶颈带宽和节点状况；第二阶段则重新映射并迁移虚拟链路和节点，从而释放瓶颈链路的资源。通过实验验证，这种重优化机制和瓶颈链路上的负载均衡算法能够提高虚拟网络请求的接受率和收益回报比。为了高效地利用底层网络带宽资源，最大限度地提高系统总体性能，动态自适应虚拟网络架构（DaVinci）可以通过底层链路监测各个虚拟网络的流量状况，并根据其承载的虚拟链路的拥塞级别和性能指标等局部信息，周期性地重新为虚拟链路分配共享的底层带宽资源。

每个虚拟网络可以运行个性化的流量管理协议对虚拟网络服务的性能进行优化(例如,最小化时延、最大化吞吐量等),且协议的设计和运行是与其他虚拟网络无关的。该架构结合了虚拟路由器、包封装和挂起调度技术,根据虚拟网络服务的性能需求,能够动态自适应地为虚拟网络分配底层网络带宽资源,从而提高了底层网络带宽资源利用效率。它没有考虑虚拟节点的映射和资源分配问题,由于周期性地对所有虚拟网络的带宽资源分配进行调整,系统的稳定性是一个值得关注的问题。

6.3 映射可靠性

底层的物理网络可能会因为自然灾害、恶意攻击、计算节点或物理链路的故障等多种原因而失效,如何让映射的虚拟网络具备容灾容错能力是提高虚拟网络服务质量和可生存性的关键,而预留备份资源和链路是最直观的解决方案。可靠虚拟网络映射是指给定虚拟网络请求和底层基础设施,包括虚拟网络的容错能力需求和底层基础设施的失效假设,在满足一定容错能力的条件下以最小的成本为目标完成虚拟网络到底层基础设施的映射。

可靠虚拟网络映射需要解决两个问题:① 如何保证虚拟网络的可靠性;② 如何将可靠虚拟网络映射到底层基础设施上。对于第一个问题,可在虚拟层增加备份虚拟节点和备份虚拟链路,将基本虚拟网络增强至可靠虚拟网络。对于第二个问题,相比基本虚拟网络映射,可靠虚拟网络映射还需要考虑资源的共享,其难点在于如何确定共享关系以最小化可靠映射成本。

1. 问题描述

(1) 底层基础设施

底层基础设施(如数据中心)由无向图 $G_s = (V_s, E_s) = (V_f \cup V_x, E_s)$ 表示,其中 V_s 和 E_s 分别是物理节点集合和物理链路集合。物理节点集合 V_s 由实现路由转发功能的交换节点集合 V_x 和实现计算功能的设施节点集合 V_f 构成,其中设施节点不一定表示单个服务器,还可能表示一组放置在一起的服务器(如机架)。虚拟节点只能映射在设施节点上。

设施节点 $n_s \in V_f$ 上的可用计算资源(如 CPU)定义为 $C_s(n_s)$。一条物理链路定义为 $l_s = (s, t) \in E_s$,其中 s 和 t 为物理链路 l_s 的两个端点。物理链路 l_s 上的可用带宽定义为 $B_s(l_s)$。设施节点 n_s 上的单位计算容量成本定义为 $u_n(n_s)$,物理链路 l_s 上的单位带宽成本定义为 $u_l(l_s)$。

(2) 虚拟网络请求

虚拟网络请求由无向图 $G_v = (V_v, E_v)$ 表示,其中 V_v 和 E_v 分别是虚拟节点集合和虚拟链路集合。对于一个虚拟节点 $n_v \in V_v$,其所需要的计算资源定义为 $C_v(n_v)$。一条虚拟链路定义为 $l_v = (i, j) \in E_v$,其中 i 和 j 为虚拟链路 l_v 的两个端点。虚拟链路 l_v 所需的带宽定义为 $B_v(l_v)$。虚拟网络要求的可靠性定义为 r_v。

（3）服务器失效

底层基础设施内的任意物理服务器都会以一定的概率失效。假设所有服务器在任一时刻失效概率都一致，且不同设施节点内的物理服务器故障概率独立，例如数据中心内部不同机架可以连接到不同的网络设备以及使用不同的供电设备。

物理服务器的失效会导致放置在其上的虚拟节点（即虚拟机）失效。那么，虚拟节点映射到不同的设施节点意味着虚拟节点的失效概率独立。

（4）备份虚拟组件

虚拟网络的可靠性定义为任一时刻即使服务器失效，所有虚拟节点仍然正常运行的概率。由于只依靠原始/工作虚拟网络中的虚拟节点可能无法满足虚拟网络请求所要求的可靠性，因此需要增加备份虚拟节点和备份虚拟链路增强可靠性。

（5）备份虚拟节点

定义备份虚拟节点集合 V_b。所有工作虚拟节点和备份虚拟节点都映射在不同的设施节点上以保证其失效概率独立，因为工作虚拟节点和备份虚拟节点都可能失效。另外，所有的工作虚拟节点集中共享所有的备份虚拟节点以最小化备份虚拟节点数目，即任何一个工作节点都可能切换至任何一个备份节点。那么，虚拟网络的可靠性就是 $|V_n|+|V_b|$ 个工作和备份虚拟节点同时失效的数目不超过 $|V_b|$ 个的概率。

在可靠虚拟网络映射的研究中，研究人员分别考虑了底层基础设施的节点失效、链路失效以及区域失效。在不同的失效假设中，为了保证虚拟网络的容错能力，主要是在底层物理设施上预留备份资源用于故障后的虚拟节点和虚拟链路的切换。虚拟网络的容错能力主要通过为工作（基本的）虚拟网络增加备份虚拟节点和备份虚拟链路得到保证。扩展后可靠虚拟网络映射比基本的虚拟网络映射问题更加复杂。由于有些失效场景不会同时出现，例如在任一单节点失效假设下不会出现两个物理节点同时失效，备份资源可以相互共享，而非基本虚拟网络映射中的累加性资源分配。因此在可靠虚拟网络映射问题中，需要考虑如何充分地共享计算和带宽资源，以最小化（工作和备份的）计算总资源成本和带宽总资源成本，即可靠映射成本。可靠虚拟网络映射的研究基于不同的失效假设可以分为单失效和多失效两类。

2．单失效

单失效指的是物理节点、链路或区域在一个时刻最多只会出现一个失效。目前虚拟网络的生存性研究中大部分都是基于单失效假设。网络的生存性是网络在故障发生后仍然可以使用的能力。网络的生存性研究由来已久，从早期的单层网络生存性设计，到后来的多层网络生存性研究，直到目前的虚拟网络生存性问题。虚拟网络中，虚拟节点实现特定的计算功能，因此除了路径保护还需要为虚拟节点预留备份计算资源，用于在虚拟节点失效后恢复对应的计算功能。另外，虚拟网络中虚拟机（虚拟节点）可以从一台物理服务器迁移到另一台物理服务器。这为虚拟网络的生存性提供了更灵活的设计空间。例如在为一条虚拟链路预留备份带宽资源时，除了采用传统的方法为固定的源—目的之间保留一条具有分离属性的备份路径外，还可以通过迁移该虚拟链路的端点以进一步减少备份资源成本。单失效下的资源共享问题相对简单。因为单失效意味着不会同时出现两个部分（节点、链路或区域）失效，针对不同部分所增加的备份资源可以共享。例如考虑到任一物理节点失效，虚拟节点映射到不同物理节点时，在任一失效场景下最多只有一个虚拟节点失效。因此为不同工作虚拟节点增加的计算和带宽备份资源可以共享。类似地，单底层区域失效可以考虑基于不同区域失效的映射共享底层资源[30]。也有学者考虑了在单链路失效的情况下，如何进行容错的虚拟网络映射问题。为了提高虚拟网络的可生存性，在进行虚拟网络映射时，预先为虚拟链路考虑好备份链路，并预留一定的带宽。在链路发生失效时，可通过重新设定路由的方法，将失效的虚拟链路移植到备份物理链路上。这种方法也能够处理多链路失效的情况。结合节点迁移策略，类似的方法还能处理单节点失效的情况。

3. 多失效

多失效指的是底层的物理设备在一个时刻可能存在多个失效。可靠虚拟网络映射问题中，多失效假设更具有现实意义。云计算数据中心需要上千台物理服务器，因此通常会购买廉价的设备搭建，物理服务器的可靠性不高，会出现多个服务器同时出现故障的现象。在现有基于多失效假设的可靠虚拟网络映射的研究中，假设每台物理服务器都会以一定的概率失效，而虚拟网络的可靠性则定义为多个物理服务器失效的情况下全部（或某些关键）虚拟节点仍然正常运行的概率。为保证虚拟网络的可靠性需求，增加备份虚拟节点和备份虚拟链路。单失效下为不同失效部分增加的备份资源可以共享，多失效下的可行共享关系更加复杂，即某些备份资源的共享会影响其他备份资源共享的可行性。一种可行方案是采用整数松弛的方法求解可靠映射的模型，松弛后的模型同样包含了指数项个约束，该方法适用于多节点失效场景，但该方法没有考虑工作带宽的再利用，如果虚拟链路使用的节点失效后，为该工作虚拟链路分配的带宽也不再使用，实际上对应的备份虚拟链路可以共享这部分带宽。

6.4 跨域映射

底层基础设施中不同域的管理者 InP 不会为虚拟网络映射的决策者提供域内拓扑和资源信息。事实上，类似的多域底层结构并不是一个新概念。在已有研究工作中，已经存在很多在多域构成的网络上为端到端通信选择路径的研究。这些研究的重点在于如何为已知源—目的业务选择一条低成本、高服务质量的跨域路径，例如将不同域内的路段进行组合以得到一条完整的路径。这些研究对跨域虚拟网络映射具有参考价值，但是跨域虚拟网络映射更加复杂。在跨域虚拟网络映射问题中，除了虚拟链路的映射，还需要考虑虚拟节点的映射，节点的映射会影响虚拟链路的映射价格和服务质量。例如，一条虚拟链路的端点（虚拟节点）的可映射区域跨了两个 InP 所管理的域，那么这个端点放置到不同的域中会对该虚拟链路的映射价格和服务质量有不同的影响。

虚拟网络映射问题的研究主要集中在单域环境下，跨域映射的研究相对较少。现有的跨域虚拟网络映射研究采用了两种不同的思路。一种思路认为由于域间物理链路（连接不同域的链路）的单位代价更高，以最小化映射代价为目标，虚拟链路应该在域间链路上尽量少地使用带宽资源[31]。因此作者提出在虚拟层利用最大流最小分割的方法将虚拟网络拓扑分割成多个子图，再由不同的 InP 完成子图的域内映射。其中，域内映射是单域映射问题。另外一种思路则认为 InP 对于虚拟网络映射应该具有选择的能力，因此采用了竞价的机制。虚拟网络请求发送给所有 InP 进行竞价，单个 InP 在域内完成虚拟网络的部分映射后，再将未映射的部分转发给其他 InP 进行竞价。InP 以递归的方式完成整个虚拟网络的映射并返回最终报价，服务提供商（SP）选择报价（即映射价格）最低的映射。这个跨域映射方法令 InP 拥有很高的自主性，不过虚拟网络映射完全交由 InP 进行会减少 SP 的选择空间。另外，InP 针对子图进行报价，报价对象相对较大，减少了映射价格和服务质量的全局优化空间。因此，可以在 SP 和所有 InP 之间增加一个映射代理（即映射管理器），与 InP 协商为 SP 提供低价格、高质量的跨域映射。InP 报价的对象是虚拟节点和虚拟链路，由此可以得到更高效的全局映射，即映射价格低且服务质量高。

基本虚拟网络映射算法没有考虑跨数据中心的底层带宽特性，很可能导致映射成本较高，因此对跨数据中心虚拟网络映射提出了分层映射的思路，将虚拟网络逐层映射到底层设施（如数据中心）、设施内多个服务器的容器（如机架）和物理服务器上，其中每层内所涉及的物理链路上的单位带宽成本相近。具体地说，就是先决定虚拟节点放置到哪个数据中心中，再决定放置到数据中心内的哪个机架中，最后决定放置在机架中的哪台物理服务器上。为了最小化映射成本，虚拟节点尽量放置在相同的数据中心内，但是同时数据中心的失效会对虚拟网络造成更大的影响。另外为了提高映射计算速度，可以在合理的范围内忽略计算设施（数据中心）内的（低）带宽成本，只考虑广域网上的（高）带宽成本，并将虚拟节点映射到不同的计算设施内。由此将问题转变成为基本的虚拟网络映射问题。

为了针对整个数据中心失效实现虚拟网络容错，应该尽量将虚拟节点放置在不同的数据中心内。在极端的情况下，每个虚拟节点都放置在不同的数据中心内。从另一个角度看，由于广域网上单位带宽成本高，为了减少映射成本，虚拟链路（包括端点）应该放置在相同的数据中心内部。因此提高容错能力和最小化映射成本产生了矛盾，需要在跨数据中心虚拟网络映射问题下进行折中的考虑。目前虽然在数据中心内部，有研究折中考虑容错能力和映射成本，但是并没有提供一定的生存能力保证。

在实际的 VN 环境中，网络可能需要经过多个管理域。在云计算环境下，VN 可能分布于多个数据中心，因此，跨域（管理域或数据中心）VN 映射的研究具有重要意义。在传统的跨域 VN 到多域底层基础设施的映射问题中，由于各个域的信息拓扑和资源信息不公开，需要采用分布式的方法进行映射，而在 SDN 的集中式管理下，各个域的拓扑信息获得更为容易，映射问题可以进行更加全面的考虑，关注点从分布式的多域映射转移到对信息已知的大规模复杂多域网络的资源分配问题上来。另外，在云计算环境中，VN 为了预防大规模的区域故障导致整个数据中心失效，会将 VN 中的虚拟节点映射到多个数据中心，即跨数据中心 VN。整个底层基础设施是由多个数据中心通过广域网互连而成，其特点是广域网上的带宽成本比数据中心内的高。无论是跨管理域还是跨多个数据中心的 VN 问题，都具有域内信息不公开和域间带宽成本更高的问题。

6.5　基于 SDN 的虚拟映射

软件定义网络和网络虚拟化常因相似之处而被混淆。实际上，SDN 要做的是从底层数据平面分离出逻辑上集中的控制平面，而网络虚拟化则是根据逻辑网络对底层网络进行抽象。利用 SDN 作为网络虚拟化的实现技术，比传统的 VN 技术实现起来更加简便、灵活，因此 SDN 中使用网络虚拟化具有优越性。在传统网络中，虚拟一个路由器或交换机的操作是比较复杂的，需要让每个虚拟组件运行各自的控制层软件实例，而虚拟出一个 SDN 交换机要简单的多，只要遵照相应的南向接口和北向接口协议并让虚拟交换机能够缓存和处理符合协议规格的流表即可。

SDN 在网络虚拟化中主要需要进行对物理网络的管理、对网络资源的虚拟化以及网络隔离三部分工作。虚拟化平台需要完成物理网络的管理和抽象虚拟化，并将这些资源作为服务分别提供给不同的租户。虚拟化平台可以将不同的租户之间互相隔离，保持彼此间网络的独立性，排除互相的影响，实现对用户透明的网络虚拟化。

6.5.1　SDN 虚拟化平台

虚拟化平台介于底层物理设施和控制器之间，对数据平面来说，虚拟化平台是控制器，交换机无法察觉虚拟平面；对控制器来说，虚拟化平台是数据平面，租户只能看到属于自己的虚拟网络，具有双重属性。虚拟化平台让面向租户和面向底层网络的虚拟化实现透明化，虚拟化平台能够在管理物理网络拓扑的同时，向租户提供隔离的虚拟网络，如图 6-3 所示。

虚拟化平台可以实现"一虚多"和"多虚一"的虚拟化。"一虚多"是指单个物理交换机可以虚拟映射成多个虚拟租户网中的逻辑交换机，从而被不同的租户共享；"多虚一"指多份物理资源被从逻辑上虚拟成一个大的交换机。

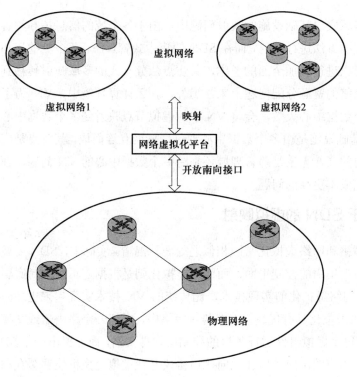

图 6-3　SDN 虚拟化平台

6.5.2　网络资源虚拟化

网络资源虚拟化顾名思义，即对网络资源进行抽象，通常包括网络拓扑虚拟化、节点资源虚拟化和链路资源虚拟化。

1．网络拓扑虚拟化

网络拓扑虚拟化是网络虚拟化平台实现的基础目标，通过实现网络拓扑虚拟化，虚拟化平台能够实现虚拟节点和虚拟链路到物理节点和物理链路的映射。映射包括"一对一"和"一对多"的映射。

2．节点资源虚拟化

网络拓扑虚拟化在实现了虚拟节点到物理节点的映射的时候，只进行了拓扑上的映射，而没有对节点的资源进行分配，可能出现物理资源不能满足虚拟映射请求的情况，也无法考虑到多个虚拟映射之间的规划和资源分配。如果虚拟化有资源上的约束和需求，就需要进行节点资源虚拟化。

节点资源虚拟化在对常规的计算资源进行虚拟化的同时，也要考虑 SDN 的具体情况，对流表资源进行虚拟化，由于流表资源的稀缺性，对其进行虚拟化和资源分配有利于进一步的实现 SDN 的灵活配置管理的特性，灵活的调度资源。

3. 链路资源虚拟化

和节点资源虚拟化的要求类似，在进行链路资源虚拟化时，如果有资源约束，就需要进行链路资源虚拟化。和常规的网络链路资源虚拟化类似，链路资源通常包括带宽资源和端口队列资源等。

6.5.3 SDN 虚拟化软件

1. FlowVisor

FlowVisor 是使用 Java 语言编写的建立在 OpenFlow 之上的网络虚拟化平台，用来在交换机和多个控制器之间传输透明代理，FlowVisor 是建立在 OpenFlow 之上的网络虚拟化工具，它可以将物理网络划分成多个逻辑网络，从而实现虚拟网划分。它以为管理员提供了通过定义流表记录，而不是调整路由器和交换机配置的方式来管理网络。正如管理程序依赖于标准 x86 指令来虚拟化服务器一样，FlowVisor 使用标准 OpenFlow 指令集来管理 OpenFlow 交换机，这些指令设置了低级别流表记录，比如如何基于数据包表头中的特点来转发数据包。FlowVisor 已经被部署在很多生产环境中，如从 2009 年开始应用于斯坦福大学的校园网络。

作为一个网络虚拟化平台，FlowVisor 部署在标准 OpenFlow 控制器和 OpenFlow 交换机之间，成为两者的透明代理。FlowVisor 能够与多个控制器连接使得每个控制器控制一个虚网，保证各虚网相互隔离。

FlowVisor 的设计有如下几个原则：① FlowVisor 对控制器和交换机而言是透明的，它们都感知不到 FlowVisor 的存在；② 各个虚拟网之间是隔离的，即使在广播条件下各个虚拟网的流量也必须实现隔离；③ 虚拟网划分策略是丰富且可扩展的，由于当前网络虚拟化的技术还不成熟，因此划分虚网的策略需要灵活的、模块化的。

目前虚拟网划分范围涵盖了物理层、数据链路层、网络层和传输层的协议字段，以数据包的 12 元组作为划分依据，按照流的思想将网络资源进行合理分配，以达到限定当前切片内数据流量类型的目的。一般对于某个特殊的应用，可以通过指定源/目的 IP 地址、源/目的 MAC 地址或者 TCP 端口信息来把数据包划分到一个切片内。

FlowVisor 是一个特殊的 OpenFlow 控制器，所有 OpenFlow 消息都将透过 FlowVisor 进行传送。FlowVisor 会根据配置策略对 OpenFlow 消息进行拦截、修改、转发等操作。这样，OpenFlow 控制器就只控制被允许控制的流，并不知道其所管理的网络被 FlowVisor 进行过分片操作。相似地，从交换机发出的消息经过 FlowVisor 也只会被发送到相应的控制器。

2. OpenVirteX

OpenVirteX 是 ON.Lab 开发的一个网络虚拟化平台，可以实现多租户的网络虚拟化，可以用来创建和管理虚拟 SDN（vSDNs），通过虚拟化的 OF 网络构建特定的网络拓扑、寻址等。同 FlowVisor 相似，OpenVirteX 也处于 Physical Network 与 Controller 的中间层，担任代理角色。两者区别在于对数据包头的处理粒度不同，FlowVisor 会根据 flowspace 的信息（如端口、IP 地址等）将不同主机进行划分，以此来组成不同的网络服务分片（slice），而 OpenVirteX 则提供一个完整的虚拟网络。

OpenVirteX 通过代理来实现网络虚拟化。代理位于网络和租户网络操作系统之间。对于每一个租户，OpenVirteX 重写 OpenFlow 消息用于翻译租户网络操作系统（NOS）发送给它的虚拟网络的消息及从虚拟网络接收到的消息，决定物理网络收到后应该产生与租户网络一致的行为。这样的方法会产生两个结果：一方面，允许 OpenVirteX 呈现支持 OpenFlow 的可编程虚拟网络，租户可以使用自己的 NOS 控制虚拟网络；另一方面，使 OpenVirteX 是透明的：从底层网络的角度，OpenVirteX 表现为一个控制器，从租户的角度上看，OpenVirteX 作为网络中具有 OpenFlow 能力的交换机集合。

由于这部分的功能，OpenVirteX 可作为租户控制平面与基础物理设施之间 OpenFlow 消息的多路复用器/解复用器。该过程依赖于这样的一个假设：每个网络主机属于一个虚拟网络，主机硬件地址在关联租户与它们的网络流量中发挥关键作用。

在 OpenVirteX 中，无论物理的还是虚拟的网络，都是由交换机、端口、链路等基础对象组成的。对于租户而言，他们面对虚拟的交换机，本质上和真实的交换机没有差别。全局映射表（global map）描述了虚拟交换机和物理交换机之间 *n*:1 的映射关系，在这里的映射是 OpenVirteX Switch 和 PhysicalSwitch 之间的映射，本质上是租户侧看到的虚拟交换机和真实物理交换机之间的映射。*n*:1 映射给交换机复用提供了条件，从而使不同租户的交换机可以映射到同一台物理交换机。如图 6-4 所示。

OpenVirteX 通过对 Switch、Port、Host 等类进行实例化的方式创建一个网络，除了 Host 类以外，其他的类都可以派生为物理类和虚拟类，物理类描述实际的物理设备，虚拟类描述 OpenVirteX 虚拟化后呈现给用户的映射。可以由实例化交换机或者端口等类的过程去触发 PhysicalNetwork 的实例化，因为任何一个交换机或者交换机上的端口都应该属于某一个网络。

面向不同租户的数据流量之间需要隔离，交换机到租户控制器的 OpenFlow 消息也需要隔离。在这个隔离过程中，OpenVirteX 扮演着中继或者代理角色。接收交换机的消息，并保存到对应的 OF 数据结构中，然后将对应字段做映射（如 xid）保证上行的 OF 消息能送到正确的租户控制器，也需要保证多个租户控制器的消息能够反向翻译成下行数据，发送给正确的交换机。从而实现 OF 信道的完整性和隔离性。转换之后的消息保存在以 OpenVirteX 开头的数据结构中，与以 OF 开头的消息数据结构相对应。

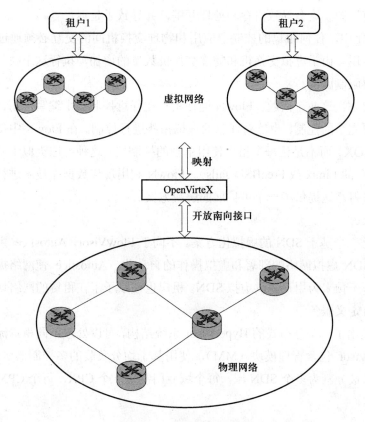

图 6-4　OpenVirteX 部署案例

3. FlowN

普林斯顿大学的 Jennifer Rexford 和宾夕法尼亚大学的 Eric Keller 等人提出了基于 SDN 的可扩展网络虚拟化平台 FlowN。通常网络虚拟化给数据中心中每个租户独立的拓扑，同时对应每个租户的通信独立控制流。SDN 提供控制器应用和交换机转发表之间的标准接口，具有网络虚拟化平台的特质。

在网络虚拟化中，数据中心的每个租户有自己的拓扑和基于数据流的流量控制。然而，如何支持具有不同拓扑结构和控制器应用的大量的租户是可扩展性方面的重大挑战。FlowN 为每个租户提供了自己的虚拟地址空间、拓扑和控制器。FlowN 利用数据库存储虚拟网络和物理交换机之间的映射。FlowN 并不是在每个租户上运行单独的控制器，而是使用基于虚拟化的轻量级容器。可扩展性和高效性是软件定义网络的关键。由此得出两个基于 SDN 的网络虚拟化的性能问题。

① SDN 控制器必须通过可靠的通信通道与交换机交互（例如 SSL、TCP）和维护物理基础设施的当前视图。这会导致内存和处理开销，并导致了延迟。

② 在虚拟化中，任何租户的控制器应用和物理交换机间的交互必须通过物理网络和虚拟网络的映射实现。由于虚拟交换机和物理交换机数量的增加，执行这个映射的开销将成为可扩展性的重要限制因素。

FlowN 主要解决这两个问题。FlowN 能使租户在任意控制器上编写应用，这些应用可以对地址空间进行完全的控制，也能对任意的虚拟拓扑进行控制。在 FlowN 中使用共享的控制器平台（例如 NOX）而不是让每个租户使用单独的控制器。这种方法类似于基于容器的虚拟化（如使用 LXC 的 Linux 或 FreeBSD Jails）。FlowN 利用现代数据库技术进行虚拟和物理地址空间之间的映射。这提供了一个可扩展的解决方案。

4．AutoSlice

Autoslice 是一个基于 SDN 的虚拟化方案。不同于 FlowVisor，Autoslice 主要关注自动部署，主要关注 SDN 虚拟网络的部署和虚拟操作的自动化。Autoslice 使网络提供商能够使用尽可能少的操作干预来为用户提供虚拟 SDN。租户也被赋予了在租赁的网络切片上编程的能力，可以部署自定义服务。

Autoslice 提出了一个分布式的 HyperVisor 系统结构，可以处理不同租户流表中的大量控制信息。HyperVisor 包含管理模块（MM），使用基于均分负载的多控制器协议（CPX）。底层物理环境可以被分割为多个 SDN 域，每个域专门制定一个 CPX。每个 CPX 透明的管理域中交换机的通信。

6.5.4 基于 SDN 的智能虚拟映射系统原型

在虚拟网络环境中，各种底层网络结构对虚拟网络映射算法有不同的侧重和需求。网络虚拟化的一个重要挑战就是如何提高映射的效率，使服务提供商获得更高的收益，因此，需要找到合适的方法来针对实际情况选择高效可靠的虚拟映射算法，并将计算结果快速部署到实际环境中去。

当前的基于 SDN 的虚拟网络映射方案能够提供基本的物理网络和虚拟网络之间的映射，但是仍然存在一些问题，例如配置过程不够智能，仍然需要复杂的人工干预，不符合 SDN 减少复杂网络配置、创建灵活的可编程网络的初衷。为了进一步减少网络虚拟化过程中的复杂工作，本书设计了一个基于 SDN 的智能虚拟映射系统，通过对现有基于 SDN 虚拟网络映射平台 OpenVirteX 的功能扩展，能够选择多种映射算法，整合主流的底层云计算平台，实现灵活的基于 SDN 的虚拟网络配置方案。

由于现有的基于 SDN 虚拟网络映射方案（例如 FlowVisor 和 OpenVirteX 等）只收集网络信息，没有和物理主机信息相结合，在计算实际映射方案时，无法将所有映射的关键参数包含进去，对多种现有的映射算法不适用。现有的方法缺少有效的信息收集机制获取底层信息来提供给虚拟化算法以计算映射方案，同时，由于不同的网络情况适合不同的虚拟映射算法，如何选择合适的映射算法也是一个关键问题。本书提出了一个 SDN-NV 虚拟映射算法选择器系统架构，依据该架构可以实现 SDN 环境下的虚拟网络映射算法选择以及对映射结果的快速部署。系统架构如图 6-5 所示。

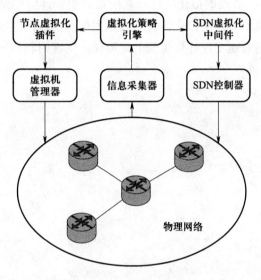

图 6-5　SDN-NV 架构

SDN-NV 系统架构包含底层物理设施、信息采集器、映射策略引擎、SDN 虚拟化中间件、控制器、节点虚拟化插件和虚拟机管理器。其中：

① 物理网络：底层物理设施需要支持 SDN。底层物理设施中的资源信息由信息采集器收集，交由映射策略引擎处理。

② 信息采集器：信息采集器从底层物理设施汇总采集带宽资源信息和计算资源信息，这些信息存储在全局数据库中。计算资源信息包含主机 IP、MAC、全部 CPU 资源、存储资源和已经使用的 CPU 资源和存储资源。网络资源包含链路两端的 IP 地址和 MAC 地址、链路总带宽和已占用的带宽。收集到的数据存储在全局信息数据库中，通过锁机制保证数据一致性。

③ 虚拟化策略引擎：虚拟化策略引擎从全局信息数据库中获取数据并计算结果，算法可以手动选择也可以根据预设策略来选择。引擎中预先添加了一些典型的映射算法，也可以

在后期向引擎中另外添加算法。每个算法带有自己的特征信息,包括动态或者静态算法,可否跨域以及根据算法运行速度、算法请求成功率、算法收益方面的排名做出的权重。虚拟化策略引擎可以使用这些信息作为算法选择的依据。

④ SDN 虚拟化中间件:虚拟映射中间件提供控制器和映射策略引擎间的接口,使映射结果能够快速转化为实际的虚拟网络部署方案,分配虚拟网络资源。中间件将映射策略引擎计算得出的结果作为虚拟网络的部署方案,操纵控制器做出虚拟网络的部署。现有的虚拟网络映射平台如 OpenVirteX 能够满足部分要求,需要在其中增添和映射策略引擎对接的接口。

⑤ 节点虚拟化插件:节点虚拟化插件将映射策略引擎计算的结果转化为虚拟节点部署方案,分配虚拟计算资源。节点虚拟化插件通过基本信息快速的建立和修改集群,能有效地提高计算资源利用率,高效地实现计算资源的虚拟化,实现对物理网络的切分。

无线网络是采用无线通信介质传输各种信息的网络，它在现代生活中扮演着不可或缺的角色，人们生活中随处可见各种类型的无线网络，如 3G/4G 移动网络、WiFi 网络、GPS 通信、LTE 通信等。软件定义网络将数控平面分离并使用控制器集中控制整个网络为有线网带来了新的管理控制模式，随着无线网络的重要性日益提升，两种技术的融合是一个重要的研究课题，并已经有众多典型的实现。SDN 开始逐步被运用到无线网络的相关领域中，并且给无线网络带来了较大的灵活性。无线 SDN（wireless software defined network，wSDN）是指使用软件定义网络技术管理的无线网络。

无线网络相对于有线网络具有对资源更加依赖、各节点具有移动性和节点间存在干涉性等特点[32]。节点的移动性决定了无线网络是时刻变化的，需要不停地进行网络重配置以适应节点位置变化、环境变化带来的各种数据变化；对资源的严重依赖则要求网络采用全局的优化算法进行管理；随着物联网的发展，未来无线网络中将需要对大量来自不同厂商的移动设备构成的网络进行管理控制。SDN 技术通过逻辑上的集中控制和全局的网络视图恰好适用于这些需求，可以提供虚拟化、QoS 管理、全局优化、异构网络管理等功能。

然而，SDN 应用在网络中带来了较大的控制开销，所以在不同的网络环境中 SDN 的优点和开销必须分别进行有针对性的分析。目前已有的 SDN 无线网络的相关应用表明 SDN 表现出了较好的效果。在基础设施稠密的无线网络中，SDN 可以提供面向单个数据流的路由从而减小 OpenFlow 转发设备与控制器之间的距离。通过为企业提供直观简便的控制减少了用户的延迟；在基础设施稀疏的环境中，SDN 可以提供虚拟化和流量隔离（traffic isolation），同时提供了安全和网络重配置。在无线环境中，通过 SDN 技术可以提供负载均衡、服务质量保障等功能。

7.1　wSDN 网络

无线网络在很多方面对技术的革新带来了挑战，无线网络较传统网络更加灵活、可以动态控制，特别是针对无线传输不可靠的特点可以做出实时反映。总的来说，动态控制特性的出现意味着用于控制信息传播的流量增加。当不同的无线网络不能良好地协作时，说明无线网络之间存在信号的相互干扰从而降低各自网络的用户体验。同时，无线网络又是普遍存在的网络并拥有庞大的用户群体，这些用户都期望体验高速而丰富的网络内容。在蜂窝网络中，有研究者研究通过更小的蜂窝来提供更高的速度，但是这种方式却带了更大的干扰。在无线本地网中的用户不可能都是专家，所以随着无线网络数量的增加带来了更严重的干扰。更多的无线网络趋于饱和，因此网络控制会逐渐趋向于采纳更大的信道从而增加网络性能。然而，这种方法又会使传输范围降低，导致网络需要更多的接入点（access points），因而带来了更大的开销。接入点密度较大的网络称为基础设施稠密的无线网络。

尽管无线网络中有如此多的可变性，供应商之间依旧保持着难以合作的关系。网络协议和工具比较复杂，存在着不能自由扩展的问题，因此网络控制器必须依靠供应商提供的专用工具对网络进行管理。同样的，供应商工具多数针对特定厂商产品解决特定问题。控制器之间分享管理经验和知识是十分困难的，因为不同解决方案使用的可能是完全不同的工具和硬件。SDN 技术为无线网络环境提供了一种灵活的、管理性能优越的、方便部署的方法；同时也有助于平衡无线网络中的信号强度和数据率问题。通过与 SDN 相结合可以为无线网络带来以下诸多好处[32]。

① 可以提高终端用户的连通性和用户 QoS，通过多个控制器的相互协调用户可以访问任意访问点（access point）。一般的无线设备都同时具备多种无线接口（如 WiFi、3G 或蓝牙），使用 SDN 技术可以帮助网络服务提供商统一规划业务以应对用户请求。

② 使用 SDN 技术可以实现多网络区域的集中控制与规划，从而实现以往难以实现的功能（如访问点协同、能量控制等）。

③ 集中控制带来的全局视图可以方便进行安全策略的执行，可以从全网的角度去观察无线网络中是否存在入侵等。

④ 随着数据库中关于各节点信息的增多，其中的信息可以帮助了解用户的位置进而提供用户移动预测信息以帮助改善服务。

7.2 无线 SDN 前沿

本小节将介绍 SDN 技术在无线网络中的特点及一些代表性的研究，以此向读者介绍当前 SDN 无线网络的研究前沿与趋势[33]。

1. 分片机制（slicing）

分片机制是一种将流分离成子空间（subspace）的技术。这些子空间或分片被控制器管理，同时共享网络资源。这个概念类似于操作系统中进程的虚拟存储资源，每个分片都对应着一个虚拟的网络资源。实际上，在一个硬件资源上可能执行着多个分片。当这些分片与一个单流策略结合时，这个概念便独立于网络中的其他分片。

Chaudet 等人[32]在分片机制研究中获得了较大的突破。他们的工作对比了两种策略：第一种是分配与信道数量相同的分片，第二种是分配多于信道数量的分片。在实验中作者假设控制器有三个独立的 802.11 信道，控制器可以决定是否允许各个分片占有这三个信道。因此在同一条信道上频分多个分片就需要使用多路传输技术，这需要时间间隔和时间粒度的保障，取决于使用时分多路传输技术还是频分多路传输技术。

2．控制策略（control strategy）

在无线网络中更适合使用分布式控制器。没有匹配记录的数据包可以被路由到比较近的其他控制器上。如果有大量没有匹配的包，那么可以将这些包分配给各个控制器，通过这样方式保证无线 SDN 中的包尽快转发。如果一个控制器失效了，未匹配的流量可以通过相邻的控制器处理。这种方法也存在一些问题，例如分布式的控制器使得网络实现成本增高。表 7-1 中列出了集中式和分布式两种控制器的比较。分布式控制器中每个控制器都需要全网的拓扑结构，控制器之间需要通过通信进行信息同步。无线 SDN 网络的具体环境就决定了实时性和一致性的取舍平衡。

表 7-1　无线网络控制器对比

类型	集中式控制器	分布式控制器
花费	✓	
复杂性	✓	
可用性		✓
响应时间		✓
控制流量	✓	

不同的系统对控制器的失效也有不同的处理方式，① 使用正常的路由策略对数据进行发送；② 系统重新制定路由策略；③ 使用备用控制器；④ 等待控制器重新启动。

3．流量工程（traffic engineering）

由于 SDN 技术是基于流的路由，这一特点使得流量工程中的很多问题得以解决。其中最常见的流量工程应用就是负载平衡。将转发设备计数器中的数据集中在一起，控制器可以通过统计的方式获得设备的使用情况。如果这个值达到一个阈值，那么控制器可以生成一个新的流表记录，将负载转移出这条链路，分配给其他的相邻链路。负载均衡的一个例子如图 7-1 所示。其中 ρ 表示链路上的流量，这是一个达到稳态的拓扑结构。例如网络负载已经充分平衡，这时一个"大流"从节点 1 经由节点 3 向节点 4 发送，链路 1-3 和链路 3-4 处于不均衡的状态，负载低时根据拓扑结构进行负载均衡，可使得无线网络中避免拥塞。进一步讲，通过流量工程的方法也可以支持基于能量的路由方式。能量均衡代替负载均衡，控制器可以将包发送到睡眠状态的设备。一些无线网络控制器只在网络利用不是很高的时候使用基于能量的路由方式。

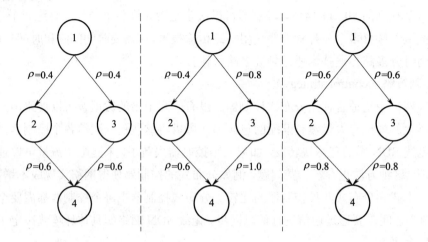

图 7-1　流量控制示意

7.3　wSDN 典型应用

围绕上述问题，国内外开展了大量研究工作。由于目前没有商用产品，所以各个无线网络的应用均只进行简单介绍。案例涵盖了最常见的应用场景：移动网络、Mesh 网络、WiFi 网络、物联网、传感器网络。

7.3.1　移动网络

下面给出移动网络中设计的一个 wSDN 架构[34]。图 7-2 中一个单节点控制器管理着移动网络的骨干网络，并未强调骨干网络的传输介质，其叶子节点由无线通信基站组成并为移动用户提供网络信息服务。所有的应用如数据路径控制（即路由功能）、用户授权（即权限管理）和终端移动接入管理均基于全局视野并获得了集中优化。

该架构的特点在于 SDN 控制器管理无线网络访问点汇聚的骨干网。与访问点—移动主机间采用无线通信不同，该骨干网内部的转发设备之间既可以采用无线通信也可以采用有线通信方式，此时控制器本身能源相对充足。

7.3.2　Mesh 网络

wSDN 技术经过 PlanetLab、NITOS 和 w-iLab.t 三个实验平台实际部署在 Mesh 网络中，着重解决了网络中各无线节点与控制器之间的安全通道的建立与维护，并试图解决使用多个控制器节点管理 Mesh 网络的问题，如图 7-3 所示。

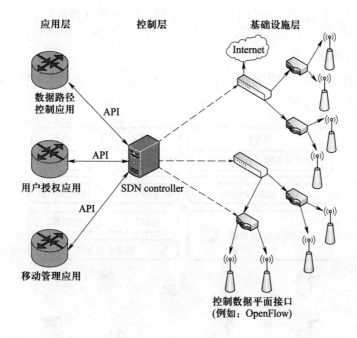

图 7-2　SDN 移动网络架构

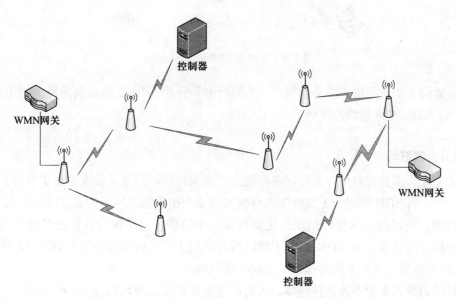

图 7-3　Mesh 网络使用 SDN 技术的网络架构

该案例中 SDN 实现了优化无线网络内流量的功能，SDN 基于全局视野让客户端主机通过不同的无线网关访问 Internet。通过实验证明引入 SDN 技术后 Mesh 网络的灵活性得到了提高，网络管理得到了简化，资源的分配更加合理，SDN 的优势得到了充分的发挥。

7.3.3 WiFi 网络

WiFi 无线网作为未来 5G[35]网络环境中重要的组成部分得到学术界和工业界的重视，一种 wSDN 架构[36]如图 7-4 所示。

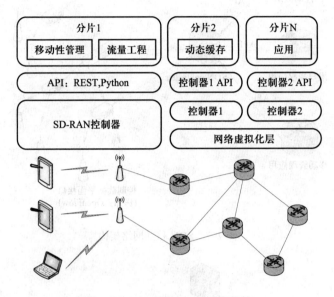

图 7-4　SDN 化的 WiFi 网络架构

在该架构下实现了用户服务的隔离，不同的服务分片（slice）可以面向特定的用户服务，充分发挥了 SDN 可编程性的优势。

7.3.4 物联网

上述工作大多数针对单一无线网络环境，而未来物联网的迅猛发展决定了多种无线网络将共存工作，将 SDN 应用于无线网络本身也等同于应用于物联网。例如，应用于家庭网络、移动互联网，可以提高这些网络虚拟化管理和安全防护，动态地为各种物联网终端分配资源[37]。值得注意的是，将 SDN 应用于物联网与应用于单一网络有着巨大的区别，物联网络中 SDN 控制器需要管理不同物理网络之间互通的网关。

物联网的数据来源于各种传感器、因特网等复杂的信息源，通过 3G/4G 网络、路由器、交换机进行转发，SENSEI、IoT-A 等项目均明确物联网在智慧网格、智能家居、健康监护、环境监测、精准农业等领域中需要具备网络的安全性、稳定性、性能的管理。在智能家居方面，SDN 可以管理各种无线终端的接入，在视频、语音、电器管理等应用上实现按需网络资源分配，实现应用驱动的网络 QoS 调整。在安全方面，由于物联网设备中大量传感器节点资源受限，因此 SDN 能够将大量计算任务集中到控制器，从而延长节点使用周期。

7.3.5　传感器网络

无线传感器网络（wireless sensor network，WSN）自出现以来一直保持着专用的特点。随着时代的发展，无线传感器网络将被赋予更多的功能，以适应未来更多领域的各项应用。

① 传感器网络资源复用率低：专用的无线传感器网络都是分别执行着各自的任务，当执行相同任务时造成了大量的资源重叠；不同的供应商独立地部署无线传感器网络。

② 无法适应策略变化（policy change）。策略改变主要是由日新月异的商用需求决定的，对于这些新的需求传统的算法已经无法满足，手动对传感器网络进行配置逐渐成为了不可能的任务。各个厂商提供的节点平台不相同，也为策略的执行增加了难度，带来了客观的经济成本。

③ 数据流的调度不灵活，节点均基于传感器路由协议制定转发策略，依然具有局部性，在很多情况下需要灵活的改变策略。

图 7-5 是一种软件定义无线传感器网络的体系结构。将 SDN 技术引入无线传感器网络中可以改善 WSN 中的固有问题，以下本书将其称为 SD-WSN，SD-WSN 可以支持多应用的插拔技术。整合两种方法可以使传感器基于可定制应用工作：① 一个支持虚拟包分发流表记录的可编程数据层；② 一个将上层应用和物理设备分离的控制层。摒弃单调的任务、层内紧密耦合的设计，通过集中、粒度可控的 SD-WSN 架构实现简单的全网更新策略。无线传感器网络中的 OpenFlow 技术有以下几点特性。

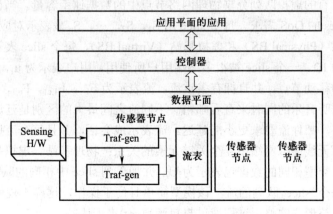

图 7-5　SDN 无线传感器网络架构

1．能耗控制

SDN 可以在频带外控制 OpenFlow 信道，实现虚拟网络之间的隔离。虽然该功能优势十分明显，但却带来较大的资源开销。因此，资源集中的 WSN 不得不在控制器和传感器之间携带控制流量以节省能源。由于 WSN 动态的特点，WSN 携带控制流量会使得性能恶化（节点或链路失效，能量感知路由或移动性等）。如果 wSDN 控制器缺少一个减小控制流量开销的机制，WSN 节点会产生过载的现象，从而大大减小无线传感器节点工作时间。

2．中继和终端一体

在有线 SDN 中，网络中继节点一般是转发设备，终端节点则是数据的发送或接收方，中继和终端是严格区分的两个部分。但是，无线传感器网络要求每个节点既可作终端也可做中继，这在应用和策略设计上需要特殊考虑。

3．网络传输过程

有时在 WSN 需要即时对数据进行处理，例如将数据合并或整合以减少数据冗余，节省网络资源。

7.4　wSDN 性能评估

利用软件定义网络的虚拟化功能，可以将物理的移动无线网络划分成多个软件定义的虚拟网络，而无线虚拟网络中的虚拟基站也需要对移动终端用户提供与物理宿主网络相同的QoS。网络延迟是无线网络中的一个典型 QoS 指标，本节介绍一种基于网络演算理论的软件定义虚拟网络延迟模型。

7.4.1　系统模型描述

图 7-6 为一个带有虚拟队列的虚拟无线网络，每个 slice 对应宿主物理网络或者网络节点中的虚拟队列。所有的虚拟队列分享物理网络节点中的数据速率容量。当调度资源的时候，调度器将考虑 slices 的 QoS 需求。每个 slice 用 S_1，S_2，$\cdots$，S_n 来表示对应的每个虚拟基站。可以看到物理基站（Physical BS）和虚拟基站（Virtual BS），每个 slice 表示一个虚拟移动网络并且拥有独立的 ID。一个 slice 被很多终端用户所使用，用户表示为 u_1，u_2，$\cdots$，u_n。用户实际上是网络中的移动节点，并且拥有多重流，流表示为 $F_{1,1}$，$F_{1,c1}$，$F_{n,1}$，$F_{n,cn}$。例如，智能手机用户可以在线听音乐的同时来查看邮箱。不同流之间最大的区别是延迟需求。音频流对延迟的要求并不高，邮件流要求更小的延迟。流表示成会话，并且每个流拥有自己的 ID。

图 7-6 展示了无线虚拟网络中 4 个关键元素的关系：物理基站、虚拟基站、用户和流。来自不同用户但是类型相同的数据包表示为 U_i，并加入到 slice 中相同的队列当中。可利用漏筒资源模型整形每个 slice 队列的流，该模型简单且便于操作，这样不规则的流就可以在特定情况下被控制。整形器的整形过程通过封包函数 $\alpha(t)$ 来表达：

$$\alpha(t) = r \cdot t + b, \ \forall_t \geqslant 0 \tag{7.1}$$

其中，b 是突发参数；r 是平均到达速率；t 表示时间。

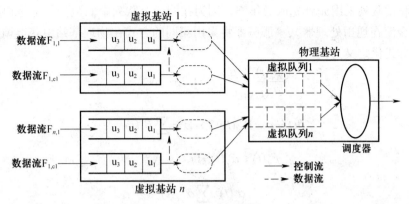

图 7-6 虚拟无线网络

7.4.2 基于随机网络演算的上界延迟模型

本节将介绍基于随机网络演算的无线 SDN 系统建模方法，并介绍计算延迟上界模型。模型的符号说明如表 7-2 所示。

表 7-2 模型符号说明

r	流的平均到达速率
b	流的突发参数
$\alpha(t)$	通过某一基站的抵达数据流曲线
$\beta(t)$	物理基站的服务曲线
$\beta_i(t)$	切片 i 的服务曲线
μ_i	切片 i 的权重
ρ	网络带宽利用率
N	切片的数量
R	物理基站的服务速率
T	物理基站延迟
c_i	切片 i 中数据流的数量
$\alpha_{i,j}(t)$	切片 i 中某个数据流 j 的抵达曲线
D_i	切片 i 网络延迟的下确界
d_i	给定的切片 i 的网络延迟
$r_{i,j}$	切片 i 中数据流 j 的平均抵达速率
$b_{i,j}$	切片 i 中数据流 j 的突发参数
$\inf\{\}$	最大下确界
$\sup\{\}$	最小上确界
$\exp\{\}$	指数函数
$\Pr[X \geqslant x]$	$X \geqslant x$ 的概率

建模的过程如下：一个流到达虚拟基站，被漏筒整形器整形（式7.1），流的到达曲线表示为 α(t)。假设队列采用先到先服务策略，因为在同一个队列中的数据包都是相同类型的。slice 中的聚合流在通用处理器共享服务器将采用相同的方式在物理基站中获得调度。这个系统过程可以形式化定义为：

$$\frac{\beta_i(t)}{\beta_j(t)} \geqslant \frac{\mu_i}{\mu_j}, j = 1, 2, \cdots, N \tag{7.2}$$

$$\beta(t) \cdot \rho = R \cdot (t - T) \cdot \rho = \sum_{j=1}^{N} \beta_j(t) \tag{7.3}$$

$$\beta_j(t) \leqslant \alpha_j(t), \ 1 \leqslant j \leqslant N \tag{7.4}$$

$$\alpha_i(t) = \sum_{k=1}^{c_i} \alpha_{i,k}(t) \tag{7.5}$$

slice 的总带宽之和是物理基站的总带宽。每个 slice 进入到物理基站的时候会得到一个特定的服务曲线，该曲线不仅由物理基站调度器的总服务曲线决定，也由 slice 的到达曲线决定。

命题1：在时间段[0,t]中，物理基站 i 的最小随机延迟上界由以下公式计算：

$$\Pr\left[D_i(t) \geqslant d_i\right] \leqslant \inf_{\delta \geqslant 0} \left\{ \left\{ \exp\left\{-\delta \varepsilon_i \rho R \cdot (t - T + d_i)\right\} \cdot \prod_{k=1}^{c_i} \left[\frac{r_{i,k} \cdot t}{r_{i,k} \cdot t + b_{i,k}} \cdot (\exp\left\{\delta \cdot (r_{i,k} \cdot t + b_{i,k})\right\} - 1) + 1 \right] \cdot \right. \right.$$

$$\left. \left. \prod_{j=1}^{i-1} \prod_{k=1}^{c_i} \left[\frac{r_{j,k} \cdot (t + d_i)}{r_{j,k} \cdot (t + d_i) + b_{j,k}} \cdot (\exp\left\{\varepsilon_i \delta \cdot (r_{j,k} \cdot (t + d_i) + b_{j,k})\right\} - 1) + 1 \right] \right\} \right\} \tag{7.6}$$

符号 $\Pr\left[D_i(t) \geqslant d_i\right]$ 表示流在经过 slice i 时的延迟可能性大于 d_i。当式(7.14)右侧值达到最小值的时候，将获得参数δ。其他的参数在表 7-2 中显示，服务速率和延迟是物理基站的两个关键参数，前者等同于网络带宽，后者是物理基站的最大服务延迟。

证明：可以从式(7.2)和(7.3)中得到式(7.7)：

$$\beta(t) \cdot \rho = \sum_{j=1}^{N} \beta_j(t) = \sum_{j=1}^{i-1} \beta_j(t) + \sum_{j=1}^{N} \beta_j(t) \leqslant \sum_{j=1}^{i-1} \beta_j(t) + \sum_{j=1}^{N} \left(\frac{\mu_j}{\mu_i} \beta_i(t) \right) \leqslant \sum_{j=1}^{i-1} \beta_j(t) + \frac{1}{\varepsilon_i} \beta_i(t)$$

$$\tag{7.7}$$

从式（7.7），可以得到式（7.8）

$$\beta_i(t) \geqslant \varepsilon_i \left(\beta(t) \cdot \rho - \sum_{j=1}^{i-1} \beta_j(t) \right) \tag{7.8}$$

其中：

$$\varepsilon_i = \frac{\mu_i}{\sum_{j=1}^{N} \mu_j}$$

从文献[31]中的式（10）和式（17），可以得到：

$$E\left[\exp\{\delta\alpha_{i,^*k}(t)\}\right] \leqslant \frac{r_{i,k}\cdot t}{\alpha_{i,k}(t)}\cdot\left(\exp\{\delta\alpha_{i,k}(t)\}-1\right)+1 \tag{7.9}$$

把式（7.5）带入（7.9）中，可以得到：

$$E\left[\exp\{\delta\alpha_{i,^*k}(t)\}\right] \leqslant \prod_{k=1}^{c_i}\left[\frac{r_{i,k}\cdot t}{\alpha_{i,k}(t)}\cdot\left(\exp\{\delta\alpha_{i,k}(t)\}-1\right)+1\right] \tag{7.10}$$

然后，利用 Chernoff's Bound Theorem 理论，得到：

$$\Pr[X\geqslant x] \leqslant \exp\{-\delta x\}\cdot E\left[\exp\{\delta X\}\right],\ \forall\delta\geqslant 0 \tag{7.11}$$

利用网络演算，得到：

$$D_i(t) \leqslant \sup\{\inf\{d_i\geqslant 0:\alpha_i(t)\leqslant\beta_i(t+d_i)\}\},\ s\geqslant 0 \tag{7.12}$$

从式（7.12）中，可以得到：

$$\Pr[D_i(t)\geqslant d_i] = \Pr[\alpha_i(t)\geqslant\beta_i(t+d_i)] \tag{7.13}$$

将式（7.4）和式（7.8）代入到式（7.13），可以得到：

$$\Pr[D_i(t)\geqslant d_i] \leqslant$$

$$\Pr\left[\alpha_i(t)\geqslant\varepsilon_i\left(\beta(t+d_i)\cdot\rho-\sum_{j=1}^{i-1}\alpha_j(t+d_i)\right)\right] \leqslant \Pr\left[\alpha_i(t)+\varepsilon_i\sum_{j=1}^{i-1}\alpha_j(t+d_i)\geqslant\varepsilon_i\rho\beta(t+d_i)\right] \tag{7.14}$$

因此式（7.6）得以证明。

7.5 wSDN 机遇与挑战

无线网络的特殊性使得 SDN 技术的引入面临诸多未解的问题，上述工作在多种无线网络环境下介绍了 wSDN 的案例，近几年美国开始构建"信息栅格"，提出要将卫星、空基平台等无线终端进行全面组网，未来的无线网络通信将拓展到空、天、地、海，创造大量的经济价值。中国也提出了自己的"天地一体化信息网络"，世界范围内在无线网络多网络融合方面竞争着技术制高点。SDN 技术在网络管理和跨厂商协议这方面受到这些项目的重视，在规划中都拟定将 SDN 纳入到组网技术体系中，通过本章的介绍可以发现 wSDN 尚需要出现一些成熟的商业产品，由于数据传输介质不同，wSDN 还面临着几大挑战。成熟的 wSDN 方案需要解决下列问题[32]。

① 信道隔离：无线网络中同时存在不同频段的信号，这是由各无线网络的国际标准决定的，SDN 对信号的智能选择是其优点，然而这些信号之间存在一定的干涉是客观要克服的问题。将信道隔离可以减轻信号间的干涉程度，它是实现无线网络虚拟化的基础。SDN 技术可以根据全局视野配置无线信道的分布，通过调整接入点和同步周期来避免信号的重叠。

② 区域切换：无线网络中各节点具备移动能力，地理位置的变化可能会引起逻辑拓扑的改变，移动终端会实时从前一个接入点移动到当前接入点，SDN 需要保障在这一过程中终端的负载均衡、无缝切换和网络控制。

③ 网络选择：在很多现实环境中，存在着大量无线网络重叠的问题，SDN 技术可以在同时管理多种无线网络的情况下，运行多个管理特定网络的控制器实例，根据用户的需要调整用户邻近的访问点，这可以实现信道选择和能耗管理，然而如何在计算开销和切换访问点的效益之间取得合理平衡是个需要不断优化的问题。

④ 室内定位：目前很多终端采用 GPS 定位，这在户外是很有效的定位方法，但在信号较弱的室内环境中，GPS 定位无法有效给出结果。SDN 通过数据库中移动终端接入点的变化信息能够为室内定位给出一个有效的方案，但需要同时对大量用户进行定位时产生大量计算和通信开销，需要针对这一场景提出完整的解决方案，进而与其他服务结合提供更多的增值服务。

SDN 技术在无线网络中的应用并非坦途，在 5G 无线网络中，支持 SDN 技术的交换机的性能尚不足以满足需求，且目前已有的开放标准尚不完善。wSDN 网络中分布式控制器的管理问题也有待解决，同一个控制器实例管理的无线网络如何切分，多个控制器实例管理的无线网络如何合并等问题需要进一步解决。未来的天地一体化网络中，存在大量不同网络的网关，wSDN 需要对这些节点的能力进行刻画，才能够合理地进行管理，同样需要在策略设计时考虑到不同信息传输介质的特征。

虽然 wSDN 的研究还没有完整的体系，但随着 SDN 技术逐步成为无线网络中的关键组成部分，上述问题会逐步得到解决。

本章以笔者实现的 SDN 数据中心应用介绍 SDN 中如何实现具体的安全应用和数据中心管理应用，这些案例充分利用了 SDN 网络的特性，实现了上层服务与下层网络的业务融合。

8.1　在 SDN 环境下的入侵检测系统案例

由于 SDN 环境集中化控制的特点，在 SDN 网络中不需要像传统网络一样部署多个网络入侵检测系统来检测网络各个部分的流量。SDN 控制器能够集中化的控制整个网络，并将网络中各个交换机的流量信息以 tap 或 packet_in 的形式发送给入侵检测系统进行检测。由于 SDN 交换机的可编程性，SDN 交换机的行为和功能已经超过了传统交换机的能力。本书给出一个案例，利用 SDN 控制器集中化控制的优势及 HSA（头部空间分析），对 SDN 环境的分析来追踪异常流量；既简化了传统网络入侵检测系统的部署，也借助了 SDN 网络的可编程性特点帮助维护人员追踪异常流量的来源。

该入侵检测系统能够在发现异常流量的同时，分析出异常流量进入网络的位置，并从源头阻止异常流量进入网络。系统架构如图 8-1 所示，系统主要由 5 个模块组成：SDN 控制器、Agent 代理、HSA 计算、入侵检测、数据包拦截。SDN 控制器为入侵检测系统提供网络流量镜像，控制和管理整个 SDN，并在网络拓扑结构变化时通知 Agent 代理。Agent 代理将获取到的拓扑信息和流表信息发送给 HSA 计算模块。HSA 计算模块分析检测到的异常数据包的来源并通知数据包拦截模块拦截。

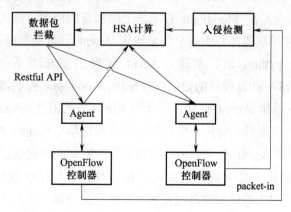

图 8-1　基于 HSA 的入侵检测系统框架

基于 HSA 的入侵检测系统在检测到异常攻击流量时，通过 HSA 计算模块可以确定异常攻击流量的来源，并通过 OpenFlow 控制器从源头阻止异常网络流量对网络环境造成的危害。基于 HSA 的入侵检测系统框架如图 8-2 所示，主要由 5 个部分构成：入侵检测、HSA计算、数据包拦截、控制器代理、控制器。这五部分的关系如图 8-2 所示，控制器将 SDN流量通过 tap 或 packet_in 的方式交给入侵检测进行检测。入侵检测如果发现异常流量，将异常数据包的包头发给 HSA 计算模块，进行数据包追踪。HSA 通过反向数据包追踪算法，可以找到攻击数据包是从哪一个交换机的哪一个接口进入被检测的网络环境。HSA 计算模块将检测结果交给数据包拦截模块，数据包拦截模块与控制器交互，向目标交换机下发流表，从源头阻止攻击流量的进入。其中 Agent 频繁与控制器交互监测网络拓扑以及交换机流表等网络环境的变化。如果网络环境发生变化，Agent 监测出某一种变化，并通知 HSA 计算模块更新网络拓扑和端口规则等信息。

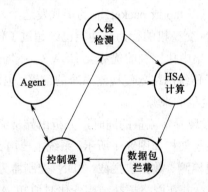

图 8-2　入侵检测系统框架的 5 个模块及模块间的关系

Floodlight 控制器负责整个 SDN 环境的管理与维护，也负责对交换机下发流表和获取交换机的 packet_in 数据包。在 Floodlight 控制器上添加新的模块，该模块主要作用是通过监听 Floodlight 拓扑管理模块的拓扑更新事件来通知 Agent 获取最新网络拓扑。

Agent 代理使用 python 语言实现，Agent 代理主要充当系统中的两个重要模块Floodlight 控制器和 HSA 计算模块的通信代理模块。Floodlight 控制器中的拓扑监听模块监听到拓扑更新事件后，通知 Agent 代理重新获取网络环境的拓扑，Agent 通过 RESTful API获取网络拓扑和交换机规则后，将拓扑信息和交换机规则信息传递给 HSA 计算模块。

HSA 计算模块根据 Agent 传来的拓扑信息和交换机规则信息创建自己的交换机与端口类实例，并根据交换机流表建立端口规则的传递函数和反传递函数。HSA 计算模块使用Switch port 类的二维数组来存储网络环境拓扑。二维数组的每一个元素代表某个交换机的某一个端口，并存储一条以这个端口为入口的规则类链表、一条以这个端口为出口的规则类链表和与这一端口相连的另一个端口的交换机 ID 和端口 ID。

Floodlight 控制器与 Agent 的通信、Agent 与 HSA 计算模块的通信都使用 Apache Thrift 框架。Apache Thrift 框架是可扩展的、跨语言、跨平台的远程过程调用软件框架。其中 Floodlight 控制器通知 Agent 拓扑更新时，Floodlight 控制器作为 RPC 的客户端，而 Agent 作为 RPC 的服务端。当 Agent 将拓扑信息和交换机流表信息发送给 HSA 计算模块时，Agent 是 RPC 的客户端，HSA 计算模块是 RPC 的服务端。

下面对 5 个模块进行详细说明。

① Floodlight 控制器模块管理网络拓扑信息、监控网络拓扑变化。管理网络拓扑信息的功能主要通过 3 个组件实现：DeviceManagerImpl 组件、LinkDiscoveryManager 组件和 TopologyService 组件。这三个组件分别监视 SDN 中设备、链路或拓扑的动态变化，为 Agent 模块提供网络拓扑信息查询服务。每一个组件也都支持 RESTful API。

a）Floodlight 中的 DeviceManagerImpl（设备管理组件）通过 packet_in 请求获取设备信息。它从 packet_in 中提取信息并根据实体分类器的设置给设备分类。它可以发现 SDN 中动态加入的主机、交换机等设备。通过 HTTP 协议请求/wm/device/地址，Agent 可以获得动态加入主机的 MAC 地址、IP 地址、所连接的交换机及交换机的端口。

b）Floodlight 中的 LinkDiscoveryManager（链路发现服务）提供交换机之间的物理连接信息。链路发现服务通过使用 LLDPs 和广播包（也称 BDDPs）来探测交换机之间的物理连接。交换机接收到 LLDP 数据包后，将这些数据包保存起来，并不继续转发，所以，当交换机 X 的端口 a 发出 LLDP 数据包，而交换机 Y 的端口 b 收到了这个 LLDP 数据包，说明交换机 X 的端口 a 与交换机 Y 的端口 b 直接相连。通过 HTTP 协议请求/wm/topology/links/json 地址，Agent 可以获取 SDN 中交换机的端口直连信息。

c）Floodlight 中的 TopologyService（拓扑服务模块）为控制器维护拓扑信息，也用于在网络中寻找路由。拓扑服务使用 LinkDiscoveryService 组件提供的链路信息计算出网络拓扑，这里涉及一个重要的 OpenFlow 岛的思想，一个岛是指同一个 Floodlight 控制器实例下一组强连接的 OpenFlow 交换机。岛之间是通过非 OpenFlow 交换机相连的。网络的拓扑信息存储在一个不变的拓扑实例中，如果拓扑有任何改变，拓扑服务会创建新的拓扑实例，并发出拓扑改变通知消息。其他模块可以通过实现 TopologyListener 接口来监听拓扑改变的信息。

对于监控网络拓扑变化的功能，Floodlight 控制器模块作用于整个入侵检测框架，对 SDN 环境直接管理与控制，能够实时发现网络环境的变化，例如主机、交换机数量的变化，主机和交换机的连接与断开等。当 Floodlight 控制器发现网络环境变化时，必须及时通知 Agent 代理模块重新获取网络拓扑信息和交换机流表信息。因此需要在 Floodlight 控制器添加新的模块来实现这一功能。

② Agent 作为 HSA 计算模块与 Floodlight 控制器通信的代理模块，在接收到 Floodlight 的拓扑或流表更新通知后，先要通过 RESTful API 获取网络拓扑信息，并通过 Static Flow Pusher 获取 OF 交换机的流表信息，然后对网络拓扑信息和流表信息进行处理，最后发送给 HSA 计算模块，使其进行网络拓扑和交换机规则的更新，如图 8-3 所示是 Agent 模块与 Floodlight 控制器和 HSA 计算模块的交互过程。Agent 使用 Python 语言实现，Agent 与 Floodlight 的通信和 Agent 与 HSA 计算模块的通信均采用 Thrift RPC 框架。

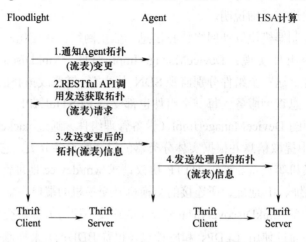

图 8-3　Agent 模块与 Floodlight 和 HSA 计算模块间的交互

③ HSA 计算模块主要对异常或攻击数据流进行追踪。入侵检测系统将可疑的攻击数据包发送给 HSA 计算模块，HSA 计算模块根据实时保存的拓扑信息和交换机流表数据计算出可疑数据包流入网络的端口。数据包拦截模块通过向交换机插入流表促使交换机丢弃异常的攻击数据包，从而达到阻止攻击数据包进入网络的目的。HSA 计算模块的两个最主要的部分是网络拓扑信息、交换机流表规则的管理和可疑数据包路径的追踪。HSA 使用 C++语言实现，使用 SwitchPort 结构体的二维数组存储网络的拓扑信息和交换机的流表规则。HSA 计算模块的初始化与更新过程如图 8-4 所示，HSA 计算模块的初始化和更新过程主要通过从 Agent 代理模块获取的网络拓扑信息和交换机流表信息进行 HSA 计算模块各个类，正、反向规则链表的初始化和更新。整个过程由 Agent 代理模块通过 Thrift RPC 框架远程调用 HSA 计算模块提供的函数进行。

④ 入侵检测系统在基于 HSA 的入侵检测框架中主要检测异常的攻击数据包并将数据包的信息传递给 HSA 计算模块进行处理。在入侵检测系统模块的实现中，选用 Snort 作为检测模块。Snort 有三种工作方式，在这里使用 Snort 的网络入侵检测系统工作方式。在这种工作方式下，Snort 会对网络流量进行检测和分析并在发现异常攻击数据包时报警和记录

数据包信息。将 Snort 安装于网络中任何一个位置都可以，因为 Floodlight 控制器会通过 tap 或 packet_in 的形式将网络中的所有数据包镜像一份给 Snort 进行检测。由于 Snort 必须要将异常的攻击数据包及时发送给 HSA 计算模块，因此在 Snort 的工作命令中加入-A unsock。unsock 代表将报警信息和报警数据包的内容以 socket 的形式发送给指定程序，于是在 HSA 计算模块中加入监听线程来监听特定的端口并解析从 Snort 发送过来的报警信息。

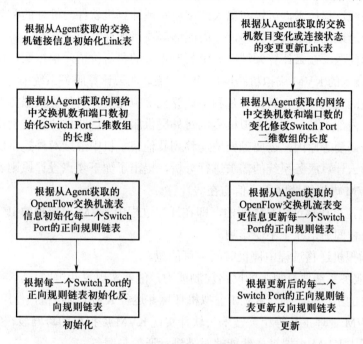

图 8-4　HSA 计算模块的初始化与更新过程流程

⑤ 数据包拦截模块相对简单，时间消耗较短，在接收 HSA 计算模块反向追踪数据包的结果后，向指定交换机下发流表阻止攻击数据包的流入。HSA 计算模块会计算出数据包最初进入网络的交换机号和端口号，数据包拦截模块获得交换机号和端口号后下发流表拦截指定交换机的某一端口的异常数据包。数据包拦截模块有两种下发流表的方式可供选择。

a）使用 Floodlight 的静态流推送：

sudo curl -d '{"switch": "00:00:00:00:00:00:00:01", "name": "flow1", "cookie": "0", "ingress-port": "1", "active": "true", "actions": "drop"}'

http://<controller_ip>:8080/wm/staticflowentrypusher/json

b）使用 DataPath 工具：

dpctl add-flow tcp:192.168.1.105:6634 in_port=1,idle_timeout=360, actions=drop

使用 DataPath 工具存在的问题是 Floodlight 并不能及时发现交换机流表的变化，也不知道是否有数据包拦截模块下发的这一流表信息。

8.2　SDN 虚拟机跨域迁移案例

随着云计算的发展和数据中心规模的扩大，客户要求虚拟机迁移的范围越来越大，甚至是跨越不同地域、不同数据中心之间的迁移，虚拟机的跨域在线迁移技术具有重要意义。利用虚拟机跨域在线迁移技术，可以在更大跨度内实现计算机软件与硬件的有效分离，完成虚拟机实例透明无缝地在宿主机中转移，从而能够解决诸如计算负载均衡、备份存储、热点消除等一系列实际问题，在云计算领域研究中具有重大的科研价值。根据数据中心需求设计了一套基于 SDN 技术的 KVM 虚拟机跨网段迁移方案，在云计算服务系统中，构建了一个不同主机在不同网段的实验环境。云计算是利用计算机虚拟化资源对外提供服务的一种技术。在云计算服务系统内部，是一个个虚拟机实例对外提供服务。这些虚拟机实例由于热点问题、维护需求、备份需要等原因，需要频繁地迁移到其他宿主机中继续对外提供服务。在本案例中，笔者通过对云计算服务系统的需求进行分析，提出了如下 4 点设计原则。

① 支持 KVM 虚拟机跨网段通信与在线迁移。

② KVM 虚拟机迁移过程是透明的，即在迁移过程中 KVM 虚拟机的 IP 地址、MAC 地址保持不变，进程间通信几乎不受影响。

③ KVM 虚拟机迁移过程中停机时间尽可能短。

④ 云计算服务系统要有很强的网络控制能力，能够实现灵活组网。

在不同网段的主机中，部署 KVM 虚拟机环境并运行 KVM 虚拟机，使用 VXLAN、NFS 共享存储池、KVM 管理工具等相关技术与软件实现 KVM 虚拟机的跨网段在线迁移功能，并保证在迁移过程中 KVM 虚拟机依然能够对外进行通信与服务。

虚拟机技术是一种通过将计算机硬件资源加以抽象，打破实体结构制约的计算机管理技术[4]。利用虚拟机技术，可以使一台 PC 并行多个虚拟机实例，每个虚拟机实例均可运行一个操作系统。如此，既可以保证每个操作系统的隔离性，又可以实现计算机资源的按需分配与性能优化。如今，虚拟机技术的发展已成规模。Intel 和 AMD 这两大 CPU 巨头公司均推出了自己的硬件虚拟化技术——Intel Virtualization Technology (Intel VT）和 AMD Virtualization Technology (AMD-V）。这两种虚拟化技术基于 PC X86 架构，通过对 CPU 功能予以扩展从而实现了虚拟化功能。软件方面，VMware Workstation、VMware vSphere、Hyper-V、Xen、KVM 等虚拟机产品也已发展成熟。KVM 更实现了基于 Linux 内核的完全虚拟化。

8.2.1　架构设计

KVM 虚拟机的使用与管理除 KVM 之外，还需要使用很多辅助工具。原因在于用户无法直接使用 Linux 内核去管理 KVM 虚拟机。因此 KVM 开发者选择使用改造后的 QEMU 来管理 KVM 虚拟机。由于 QEMU 的效率与易用性等问题，计算机从业者又在此基础上利用 libvirt 工具对 QEMU 进行管理。libvirt 是一套开源的由 C 语言实现的函数库。它能够为包括 KVM、Xen 在内的多种虚拟机提供便捷、可靠的管理。virsh 是 libvirt 提供的管理虚拟机的指令集。通过 virsh 命令可以调用 libvirt 的所有库函数，从而管理 KVM 虚拟机。virt-manager 是一种图形化管理工具。通过 virt-manager 可以利用图形界面方便的调用 libvirt 库函数，从而管理 KVM 虚拟机。KVM 架构如图 8-5 所示。

　　该系统自顶向下依次由控制层、转发层、物理主机层、虚拟租户层 4 层组成，如图 8-6 所示。

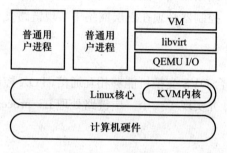

图 8-5　KVM 架构　　　　　　图 8-6　云计算服务系统层次结构

　　控制层负责对整个云计算服务系统的网络进行集中化控制。转发层实现数据转发功能。物理主机层上运行多个 PC，这些 PC 可以位于不同网段，作为 KVM 虚拟机的宿主机使用。虚拟租户层上运行 KVM 虚拟机。系统架构如图 8-7 所示。

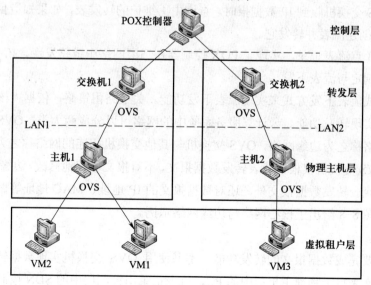

图 8-7　虚拟机迁移实验架构

云计算服务系统由 POX 控制器、OVS 交换机、PC 以及运行在 PC 上的 KVM 虚拟机组合而成。其中，运行在转发层上的 OVS 交换机 switch1、switch2 分别位于 LAN1、LAN2 网段。POX 控制器在三层网络上对这两台 OVS 交换机进行管理与控制。主机 host1、host2 分别与 switch1、switc2 相连。switch1 与 host1 位于 LAN1 网段，switch2 与 host2 位于 LAN2 网段。VM1、VM2、VM3 是运行在 host1 与 host2 中的 KVM 虚拟机实例，它们位于 LAN3 网段。在实验过程中，笔者将正在和 VM2、VM3 通信的 VM1 从 host1 在线迁移到 host2 中。

1. 控制层

控制层主要完成链路发现、拓扑管理、路由制定、流表下发等功能。由 POX 控制器控制两台属于不同网段的 OVS 交换机，POX 控制器必须在三层网络中实现链路发现、拓扑管理、路由制定、流表下发等功能。

（1）链路发现与拓扑管理

为使 POX 控制器下属于不同网段的两台 OVS 交换机能够相互通信，POX 控制器必须具备链路发现与拓扑管理的能力。为此，设计并实现了一个三层链路处理 L3_processing 组件。该组件实现策略如下。

对于任一 OVS 交换机实现如下流表记录。

① 通过 ARP 报文和 IP 数据报，维护一份含有由 IP 地址到 MAC 地址的映射信息及交换机端口号的转发表。

② 当 OVS 交换机收到 ARP 请求报文时，尝试使用①中维护的转发表信息予以回复，如果转发表中没有该 ARP 报文或者报文信息已老旧，则洪泛（flood）该 ARP 请求。

③ 当 OVS 交换机收到 IP 数据报时，查询由①维护的转发表，如果知道目的端口号，则为该 IP 数据报创建流表并转发它。

基于以上 3 点流表记录，实现了 POX 控制器在三层网络中链路发现、拓扑管理的功能。

（2）路由制定与流表下发

采用主动式流表下发方式来实现流表下发功能。关于路由策略，依据"核心交换、边缘路由"的策略实现转发功能。云计算服务系统中的网络可以分成两大类：OVS 交换机与 PC 直接相连的网络称之为边缘网络，OVS 交换机与其他交换机相连的网络称之为核心网络。核心网络中的 OVS 交换机仅根据流表转发数据报文，不对报文做其他修改。边缘网络中的 OVS 交换机除根据流表转发数据报文外，还对数据报文的 IP 地址、MAC 地址等做相应修改，起到路由作用。图 8-8 给出了核心网络与边缘网络示例。

2. 转发层

转发层主要完成数据报文的转发功能。本书使用 OVS 交换机实现数据转发功能。该层转发的数据报文来自于物理主机层中的 PC，流表记录由控制层中的 SDN 控制器制定。

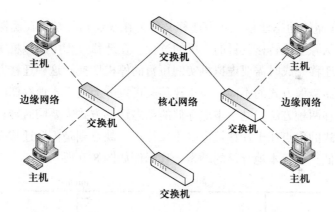

图 8-8 核心网络与边缘网络示意

3. 物理主机层

物理主机层主要完成承载虚拟租户层中的 KVM 虚拟机、转发数据报文、搭建 VXLAN 隧道、搭建 NFS 共享存储池、实现 KVM 虚拟机在线迁移等工作。在该层中使用 OVS 交换机实现 VXLAN 隧道搭建，virsh 命令管理虚拟租户层中运行的 KVM 虚拟机，NFS 共享存储池存储 KVM 虚拟机镜像，virt-manager 工具完成 KVM 虚拟机在线迁移工作。

（1）VXLAN 实现

云计算虚拟化技术的广泛使用方便了用户，同时也带来如下几种技术问题。

① 虚拟机移动性带来繁杂的网络配置问题。

② 将虚拟化技术扩展到二层网络之外的限制。

③ 用于隔离拓展网络所需的 VLAN（虚拟局域网）ID 数量不足。

为解决这些问题， VXLAN（虚拟可扩展局域网）技术应运而生。VXLAN 可以在现有网络设备上运行，提供一种 MAC 嵌入 UDP 的报文封装方法，在三层网络上扩展二层网络。本书将 VXLAN 技术应用于云计算服务系统中，使 KVM 虚拟机能够在连通且属于不同网段的宿主机上完成透明在线迁移工作。同时，在 KVM 虚拟机迁移过程中，保证它依旧能够对外通信且停机时间尽可能短。

（2）虚拟机迁移概述

虚拟机迁移是指将一个运行在源主机 HyperVisor 上的虚拟机实例，转移到目的主机 HyperVisor 上继续运行的过程。目前虚拟机迁移主要有 3 种实现方法。

① 静态迁移。静态迁移又叫做离线迁移，是指在虚拟机实例暂停或关机的情况下将它从源主机转移到目的主机的过程。这种迁移方式只需要将虚拟机镜像和相关配置文件从源主机复制到目的主机以确保迁移成功。该迁移方式的优点在于简单易用；缺点则是在迁移过程中虚拟机实例有明显的停机时间。

② 基于本地存储的动态迁移。动态迁移又称为在线迁移，是指在确保虚拟机实例正常运行的同时，将它从源主机转移到目的主机的过程。在迁移过程中虚拟机实例几乎一直处于运行状态，只有在迁移完成时需要虚拟机实例短暂的停机切换，这种迁移方式停机时间可接受。根据虚拟机存储镜像方式的不同，动态迁移又可以分为基于本地存储的动态迁移和基于共享存储的动态迁移两种方法。基于本地存储的动态迁移方式需要同时转移虚拟机镜像和内存状态。该迁移方式的优点在于迁移镜像时不须停机，缺点则是需要迁移虚拟机镜像和内存状态，迁移性能较低。基于本地存储的动态迁移示例如图 8-9 所示。

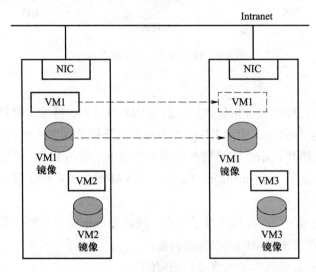

图 8-9　基于本地存储的动态迁移示例

③ 基于共享存储的动态迁移。基于共享存储的动态迁移将源主机与目的主机的虚拟机镜像都存放在共享存储池中，在迁移过程中只需要转移虚拟机实例的内存状态，从而极大地提高了虚拟机迁移性能。该迁移方式的优点在于停机时间短暂，迁移性能高；缺点是配置工作比较复杂。基于共享存储的动态迁移示例如图 8-10 所示。

本书选用基于共享存储的方式完成 KVM 虚拟机的在线迁移工作。共享存储池选用 NFS(network file system，网络文件系统)来实现。

（3）NFS

NFS 是一种应用于分布式文件共享的系统。其作用在于让不同主机通过 TCP/IP 网络分享文件数据。它是 Linux、UNIX 及相关系统实现磁盘文件共享的一种常用方法。

NFS 的实现模式是 CS（client-server，客户机服务器）模式。NFS 服务器提供共享目录，NFS 客户机通过挂载共享目录来访问共享目录中的数据。图 8-11 所示是系统中使用的 NFS 配置示例。

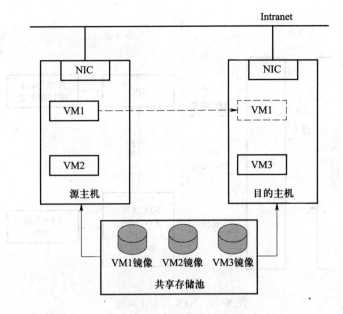

图 8-10　基于共享存储的动态迁移示例

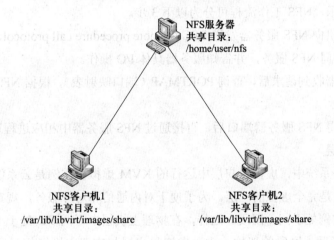

图 8-11　NFS 配置示例

由图 8-11 可见，NFS 服务器主机将/home/user/nfs 文件设为共享目录。NFS 客户机通过将共享目录挂载到本地指定的目录下对共享目录中的数据进行操作。NFS 客户机中指定的目录数据与共享目录数据完全一致，只要 NFS 客户机与 NFS 服务器具备相应权限，NFS 客户机就可以透明地对远程 NFS 服务器中共享服务的数据进行操作。NFS 的工作流程如图 8-12 所示。

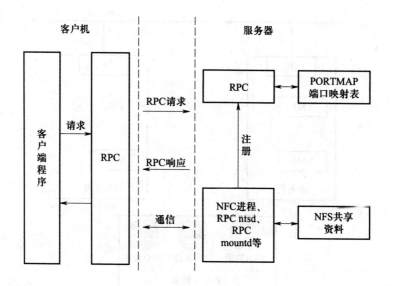

图 8-12　NFS 的工作流程

如图 8-12 所示，NFS 工作流程可分为以下 3 步。

① NFS 客户机向 NFS 服务器发送 RPC（remote procedure call protocol，远程过程调用协议）请求，明确访问 NFS 服务，并告知服务器具体 I/O 操作。

② NFS 服务器收到请求后，查询 PORTMAP（端口映射表），根据 NFS 用户机请求返回相应结果。

③ 客户机获得 NFS 服务器端口后，直接通过 NFS 服务器中相应进程进行 I/O 操作。

4．虚拟租户层

在云计算服务系统中，虚拟租户层中运行的 KVM 虚拟机实例是云系统对外提供服务的实体。虚拟租户层是完全虚拟的一层。为了便于对内通信和对外服务，规定该层中运行的所有 KVM 虚拟机实例处于同一网段。这样，在物理主机层中不同 PC 处于不同网段之下，虚拟租户层又完成了同一网段的架构。由于虚拟租户层与物理主机层相互透明，因此虚拟租户层中运行的 KVM 虚拟机实例可以像在同一网段中一样，实现在虚拟租户层级的任意迁移。

8.2.2　实验系统

基于前文所述的相关技术与概要设计，笔者实现了一个云计算服务系统。该系统详细架构如图 8-13 所示。

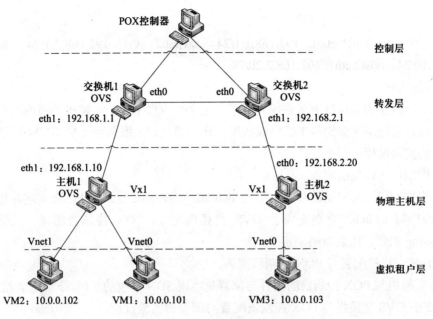

图 8-13　云计算服务系统详细架构

　　由于 PC 数量与主板网卡插槽个数的限制，笔者在不改变系统逻辑架构的前提下对使用的机器做一定的集成处理，具体实现如下。共使用 4 台 PC 完成实验系统，其中两台 PC 用作转发层中运行的 OVS 交换机，两台 PC 用作物理主机层中运行的主机，分别命名为 switch1、switch2、host1、host2。在此基础上，将控制层中运行的 POX 控制器集成到 switch1 与 switch2 上，将虚拟租户层中运行的 KVM 虚拟机集成到 host1 与 host2 上。这样，由 switch1 与 switch2 实现控制层与转发层功能，由 host1 与 host2 实现物理主机层与虚拟租户层功能。

　　各 PC 节点实现情况如下。

　　在 switch1 与 switch2 中分别安装 OVS 交换机、POX 控制器，完成链路发现、拓扑管理、路由制定、流表下发等功能。在 host1 与 host2 中分别部署 KVM 运行环境、安装 virt-manger 工具、安装 OVS 交换机、配置 VXLAN 隧道、配置 NFS 共享存储池等。

　　实验所用 PC 配置如下：

　　CPU：Intel I5

　　内存：4 GB

　　硬盘：100 GB

　　操作系统：switch1 与 switch2 使用 ubuntu 14.04 操作系统，host1 与 host2 使用 ubuntu 12.04 操作系统。

　　网卡：10/100 MB 以太网网卡（switch1 与 switch2 每机两个网卡，host1 与 host2 每机一

个网卡）

IP 地址：switch1 eth0: 192.168.1.1/24，switch2 eth1: 192.168.2.1/24，host1 eth0: 192.168.1.10/24，host2 eth1: 192.168.2.20/24。

1. 系统实现

基于上文所述的云计算服务系统完成了在云系统内部 KVM 虚拟机的跨网段在线迁移工作。下面结合系统层次架构与 PC 集成状况，详细描述在云服务系统中 KVM 虚拟机跨网段在线迁移的实现过程。

（1）控制层与转发层实现

这里将控制层与转发层的功能集中到 switch1 与 switch2 这两台 PC 来实现。根据设计需要，switch1 与 switch2 分别完成了 OVS 交换机配置、POX 控制器部署，三层链路处理 L3_processing 组件、流表策略制定等工作。

① OVS 交换机配置与 POX 控制器部署。

OVS 交换机与 POX 控制器的配置与部署是实现 SDN 环境的基础。下面笔者给出 switch1 与 switch2 中 OVS 交换机与 POX 控制器配置与部署的实验过程。

a）在 switch1 与 switch2 上安装 ubuntu 14.04 操作系统。

b）安装操作系统编译与运行所必要的软件包。

c）布置 POX 控制器所需的 Python 环境。

d）从 Open vSwitch 官方论坛中下载 Open vSwitch 2.3.0 安装包。

e）解压后进入 Open vSwitch 相应目录下，编译并运行 OVS 交换机。

f）启动 ovsdb-server、ovs-vswitchd 等进程，维护 OVS 交换机正常应用。

g）从 git 库中下载 POX 控制器。

h）配置 OVS 交换机信息并部署 POX 控制器。

i）开启 switch1 与 switch2 的 IPv4 报文转发功能（使这两台机器具备路由器功能）。

在 switch1 中，创建 OVS 网桥 r1，并使用 r1 对各网卡进行管理。switch1 中 OVS 交换机的状态信息如图 8-14 所示。

```
root@sky:/home/sky# ovs-vsctl show
1d841258-0633-4574-98f3-5c220af2dbe4
    Bridge "r1"
        Controller "tcp:192.168.1.1:6633"
            is_connected: true
        Port "eth1"
            Interface "eth1"
        Port "r1"
            Interface "r1"
                type: internal
        Port "eth0"
            Interface "eth0"
```

图 8-14　switch1 中 OVS 交换机的状态信息

由图 8-14 可见，在 switch1 中，OVS 交换机通过网桥 r1 将两个物理网卡 eth0 与 eth1 管理起来，is_connected：true 表示 IP 地址为 192.168.1.1 的 POX 控制器通过 6633 端口控制这个 OVS 交换机。

switch2 中 OVS 交换机的状态信息与 switch1 中的相类似，如图 8-15 所示。

```
root@star:/home/star# ovs-vsctl show
6a9447fc-1822-458a-8063-2ff623902b3d
        Bridge "r2"
            Controller "tcp:192.168.2.1:6633"
                is_connected: true
            Port "r2"
                Interface "r2"
                    type: internal
            Port "eth1"
                Interface "eth1"
            Port "eth0"
                Interface "eth0"
```

图 8-15　switch2 中 OVS 交换机的状态信息

同样，在 switch2 中，OVS 交换机通过网桥 r2 将物理网卡 eth0 与 eth1 管理起来，IP 地址为 192.168.2.1 的 POX 控制器通过 6633 端口管理该 OVS 交换机。

由于 switch1 与 switch2 均使用 POX 控制器根据流表转发数据报文，因此必须知道这两台 PC 中 OVS 交换机各网卡的端口号信息，从而根据端口号信息制定流表规则。这里使用 ovs-ofctl 命令查看 OVS 交换机端口号信息，switch1 的 OVS 交换机端口号信息如图 8-16 所示。

```
root@sky:/home/sky# ovs-ofctl show r1
OFPT_FEATURES_REPLY (xid=0x2): dpid:00000014780c5cdb
n_tables:254, n_buffers:256
capabilities: FLOW_STATS TABLE_STATS PORT_STATS QUEUE_STATS ARP_MATCH_IP
actions: OUTPUT SET_VLAN_VID SET_VLAN_PCP STRIP_VLAN SET_DL_SRC SET_DL_DST SET_N
W_SRC SET_NW_DST SET_NW_TOS SET_TP_SRC SET_TP_DST ENQUEUE
 1(eth0): addr:00:23:ae:8c:9c:c6
     config:     0
     state:      0
     current:    100MB-FD COPPER AUTO_NEG
     advertised: 10MB-HD 10MB-FD 100MB-HD 100MB-FD 1GB-HD 1GB-FD COPPER AUTO_NEG
AUTO_PAUSE
     supported:  10MB-HD 10MB-FD 100MB-HD 100MB-FD 1GB-HD 1GB-FD COPPER AUTO_NEG
     speed: 100 Mbps now, 1000 Mbps max
 2(eth1): addr:00:14:78:0c:5c:db
     config:     0
     state:      0
     current:    100MB-FD AUTO_NEG
     advertised: 10MB-HD 10MB-FD 100MB-HD 100MB-FD COPPER AUTO_NEG
     supported:  10MB-HD 10MB-FD 100MB-HD 100MB-FD COPPER AUTO_NEG
     speed: 100 Mbps now, 100 Mbps max
 LOCAL(r1): addr:00:14:78:0c:5c:db
     config:     0
     state:      0
     speed: 0 Mbps now, 0 Mbps max
OFPT_GET_CONFIG_REPLY (xid=0x4): frags=normal miss_send_len=0
```

图 8-16　switch1 的 OVS 交换机端口号信息

由图 8-16 可知 eth0 端口号为 1，MAC 地址为 00:23:ae:8c:9c:c6；eth1 端口号为 2，MAC 地址为 00:14:78:0c:5c:db。这些信息将用于制定流表转发规则。

switch2 的 OVS 交换机端口号信息如图 8-17 所示。

```
root@star:/home/star# ovs-ofctl show r2
OFPT_FEATURES_REPLY (xid=0x2): dpid:0000000aeb7eb362
n_tables:254, n_buffers:256
capabilities: FLOW_STATS TABLE_STATS PORT_STATS QUEUE_STATS ARP_MATCH_IP
actions: OUTPUT SET_VLAN_VID SET_VLAN_PCP STRIP_VLAN SET_DL_SRC SET_DL_DST SET_N
W_SRC SET_NW_DST SET_NW_TOS SET_TP_SRC SET_TP_DST ENQUEUE
 1(eth0): addr:00:0a:eb:7e:b3:62
     config:     0
     state:      0
     current:    100MB-FD AUTO_NEG
     advertised: 10MB-HD 10MB-FD 100MB-HD 100MB-FD COPPER AUTO_NEG
     supported:  10MB-HD 10MB-FD 100MB-HD 100MB-FD COPPER AUTO_NEG
     speed: 100 Mbps now, 100 Mbps max
 2(eth1): addr:bc:30:5b:af:2c:c6
     config:     0
     state:      0
     current:    100MB-FD AUTO_NEG
     advertised: 10MB-HD 100MB-FD 100MB-HD 100MB-FD 1GB-HD 1GB-FD COPPER AUTO_NEG
AUTO_PAUSE AUTO_PAUSE_ASYM
     supported:  10MB-HD 100MB-FD 100MB-HD 100MB-FD 1GB-HD 1GB-FD COPPER AUTO_NEG
AUTO_PAUSE AUTO_PAUSE_ASYM
     speed: 100 Mbps now, 1000 Mbps max
 LOCAL(r2): addr:00:0a:eb:7e:b3:62
     config:     0
     state:      0
     speed: 0 Mbps now, 0 Mbps max
OFPT_GET_CONFIG_REPLY (xid=0x4): frags=normal miss_send_len=0
```

图 8-17 switch2 的 OVS 交换机端口号信息

由图 8-17 可知 eth0 端口号为 1，MAC 地址为 00:0a:eb:7e:b3:62；eth1 的端口号为 2，MAC 地址为 bc:30:5b:af:2c:c6。

② 三层链路处理 L3_processing 组件。

POX 链路发现、拓扑管理等功能由笔者编写的 L3_processing 组件来实现。L3_processing 组件并不支持完整的路由功能，它只是一个实现链路发现与拓扑管理的组件。该组件主要功能是通过处理 IP 或 ARP 报文来获取 IP 地址、MAC 地址、端口号等信息，从而实现网络中链路发现与拓扑管理的功能。

使用的 POX 控制器由 Core 模块、OpenFlow 组件以及一系列 Core 模块调用的功能性组件组成。POX 控制器大体可以分为两层：下层控制层，使用 Core 模块支撑整个 POX 控制器的架构，通过调用 OpenFlow 组件与 OVS 交换机交互；上层是应用层，该层通过将组件注册到 Core 模块的方式来提供对 POX 控制器的功能性服务支持。

L3_processing 组件是一种实现链路发现与拓扑管理功能的组件，它工作在 POX 的 APP 层。L3_processing 组件主要包含三个部分：引用部分、处理部分、注入部分。在引用部分中 L3_processing 组件引入了很多 Core 模块中调用的函数信息，并通过初始化函数载入相关信息，从而为实现 L3_processing 组件的功能打下基础。处理部分是 L3_processing 组件的核心，它通过将引用部分获取的信息加以处理，实现网络层的链路发现与拓扑管理等功能。注入部分负责将 L3_processing 组件注入到 POX 的 Core 模块中，这样在 POX 运行过程中 L3_processing 组件便可以监听事件，从而提供相关服务。使用 L3_processing 组件的 POX 控制器结构如图 8-18 所示。

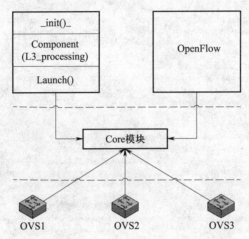

图 8-18　使用 L3_processing 组件的 POX 控制器结构

利用 L3_processing 组件的 POX 控制器运行流程如下。

a）启动 Core 模块和 OpenFlow 组件。

b）根据输入的参数启动 L3_processing 组件。

c）L3_processing 组件初始化。

d）L3_processing 组件处理收到的 ARP 与 IP 数据报文并返回结果。

e）使用 launch 函数。

f）在 Core 中注册组件。

g）在 Core 中注册 OpenFlow 组件。

③ 网络 IP 配置

依照设计需求，需要在 SDN 环境下完成 KVM 虚拟机的跨网段在线迁移工作。因此源主机与目的主机位于不同网段。根据"核心交换、边缘路由"的设计思想，边缘交换机与相连主机的 IP 地址位于同一网段。因此，转发层中运行的 OVS 交换机必须是不同网段的。由于在 switch1 与 switch2 中 OVS 交换机通过网桥管理各网卡，所以网络 IP 地址需要配置到 switch1 与 switch2 的网桥上。如此，便实现了实验所需的网络环境。switch1 的网络配置信息如图 8-19 所示。

图 8-19　switch1 的网络配置信息

由图 8-19 可见，在 switch1 中只有网桥 r1 具有 IP 地址，网卡 eth0 与 eth1 由 OVS 交换机根据流表通过端口号进行操作。

switch2 的网络配置信息与 switch1 相似，如图 8-20 所示。

④ 流表策略制定。

这里已知 host1 和 host2 的 IP 和 MAC 地址，它们分别是 host1: 192.168.1.10，a4:1f:72:51:15:75；host2: 192.168.2.20，28:92:4a:44:c2:27。这里依照"核心交换、边缘路由"的转发策略，实现 switch1 与 switch2 的流表规则。如图 8-21 所示为 switch1 的流表规则。

由图 8-21 可见，switch1 收到数据报文后，按照流表匹配规则，如果数据报文的目的 IP 地址与 host1 的 IP 地址相匹配，则执行将目的 MAC 地址修改成为 host1 主机 MAC 地址的操作；如果数据报文的目的 IP 地址与 switch2 的 IP 地址相同，则只需要将该报文做简单的交换，交给 switch2 即可。图中 output 后面的标号就是前文所述的 OVS 交换机的端口号，1 表示 eth0，2 表示 eth1。

```
root@star:/home/star# ifconfig
eth0      Link encap:Ethernet  HWaddr 00:0a:eb:7e:b3:62
          inet6 addr: fe80::20a:ebff:fe7e:b362/64 Scope:Link
          UP BROADCAST RUNNING MULTICAST  MTU:1500  Metric:1
          RX packets:703774 errors:0 dropped:0 overruns:0 frame:0
          TX packets:1375795 errors:0 dropped:0 overruns:0 carrier:0
          collisions:0 txqueuelen:1000
          RX bytes:49807316 (49.8 MB)  TX bytes:2039262068 (2.0 GB)

eth1      Link encap:Ethernet  HWaddr bc:30:5b:af:2c:c6
          inet6 addr: fe80::be30:5bff:feaf:2cc6/64 Scope:Link
          UP BROADCAST RUNNING MULTICAST  MTU:1500  Metric:1
          RX packets:1375722 errors:0 dropped:0 overruns:0 frame:0
          TX packets:703737 errors:0 dropped:0 overruns:0 carrier:0
          collisions:0 txqueuelen:1000
          RX bytes:2044753876 (2.0 GB)  TX bytes:52619629 (52.6 MB)
          Interrupt:16

lo        Link encap:Local Loopback
          inet addr:127.0.0.1  Mask:255.0.0.0
          inet6 addr: ::1/128 Scope:Host
          UP LOOPBACK RUNNING  MTU:65536  Metric:1
          RX packets:1437 errors:0 dropped:0 overruns:0 frame:0
          TX packets:1437 errors:0 dropped:0 overruns:0 carrier:0
          collisions:0 txqueuelen:0
          RX bytes:90862 (90.8 KB)  TX bytes:90862 (90.8 KB)

r2        Link encap:Ethernet  HWaddr 00:0a:eb:7e:b3:62
          inet addr:192.168.2.1  Bcast:192.168.2.255  Mask:255.255.255.0
          inet6 addr: fe80::20a:ebff:fe7e:b362/64 Scope:Link
          UP BROADCAST RUNNING MULTICAST  MTU:1500  Metric:1
          RX packets:179 errors:0 dropped:0 overruns:0 frame:0
          TX packets:128 errors:0 dropped:0 overruns:0 carrier:0
          collisions:0 txqueuelen:0
          RX bytes:20169 (20.1 KB)  TX bytes:15359 (15.3 KB)
```

图 8-20　switch2 的网络配置信息

```
root@sky:/home/sky# ovs-ofctl dump-flows r1
NXST_FLOW reply (xid=0x4):
 cookie=0x0, duration=1022.480s, table=0, n_packets=1373385, n_bytes=2038861038,
 idle_age=0, ip,nw_dst=192.168.1.10 actions=mod_dl_dst:a4:1f:72:51:15:75,output:
2
 cookie=0x0, duration=999.232s, table=0, n_packets=701329, n_bytes=49403584, idl
e_age=0, ip,nw_dst=192.168.2.20 actions=output:1
```

图 8-21　switch1 的流表规则

switch2 的流表规则与 switch1 相似，如图 8-22 所示。

```
root@star:/home/star# ovs-ofctl dump-flows r2
NXST_FLOW reply (xid=0x4):
 cookie=0x0, duration=1124.112s, table=0, n_packets=707497, n_bytes=50442420, id
le_age=0, ip,nw_dst=192.168.2.20 actions=mod_dl_dst:28:92:4a:44:c2:27,output:2
 cookie=0x0, duration=1105.664s, table=0, n_packets=1379567, n_bytes=2039908978,
 idle_age=0, ip,nw_dst=192.168.1.10 actions=output:1
```

图 8-22　switch2 的流表规则

（2）物理主机层与虚拟租户层实现

将物理主机层与虚拟租户层的功能集中到 host1 与 host2 这两台 PC 来实现。根据设计需要，host1 与 host2 分别完成了部署 KVM 运行环境、安装 virt-manger 工具、安装 OVS 交换机、配置 VXLAN 隧道、配置 NFS 共享存储池、部署 KVM 虚拟机、配置 KVM 虚拟机网络 IP、实现 KVM 虚拟机在线迁移等工作。下面具体说明 host1 与 host2 节点的相关功能实现。

① KVM 环境部署。

在本系统中，使用 virt-manager 与 virsh 指令调用 libvirt 库中对 KVM 虚拟机的函数操作。因此首先分别在 host1 与 host2 机器中配置了 libvirt 运行环境、virsh 指令环境、virt-manager 工具。这些环境与工具是云系统使用 KVM 虚拟机的基础。实现步骤如下。

a）安装 KVM 内核。

b）安装 qemu-kvm、libvirt、virt-manager 等软件。

c）运行 libvirt 环境。

② OVS 交换机部署。

在主机 host1 与 host2 中分别安装 OVS 交换机 1.4.6 版本，使用它来管理网桥，支撑 VXLAN 隧道、维护 virt-manager 生成的 KVM 虚拟机的虚拟网卡。OVS 交换机安装与配置过程如下。

a）安装 openvswitch-datapath-source 软件包。

b）使用 module-assistant 编译并安装 Open vSwitch 内核模块。

c）安装 Linux 网桥兼容模块。

d）在 openvswitch-switch 文件中开启 Linux 网桥兼容模块。

e）运行 OVS 1.4.6。

f）使用 OVS 创建 br0 网桥，由 br0 网桥管理物理网卡 eth0 及其他生成的虚拟网卡。

g）host1 与 host2 分别添加 switch1 与 switch2 作为默认网关（数据转发时使用）。

③ VXLAN 隧道实现。

在 host1 与 host2 机器中，使用 OVS 1.4.6 部署 VXLAN 隧道的 VTEP，从而实现位于不同网段主机的 VXLAN 隧道连接。

host1 中 OVS 配置信息如图 8-23 所示。

由图 8-23 可见，使用网桥 br0 管理 OVS 中所有网卡。其中 eth0 是 host1 的物理网卡，该网卡使用网线与 switch1 相连。vnet0、vnet1 是 host1 的虚拟网卡，它们分别与虚拟租户层中的 KVM 虚拟机相连。vx1 是笔者创建的 VXLAN 隧道的 VTEP，remote_ip 表示 VXLAN

隧道另一端的 VTEP 的 IP 地址，通过这一对 VTEP 完成了 VXLAN 隧道连接。

```
root@moon:/home/moon# ovs-vsctl show
feb6b090-a760-4a80-a247-5812163fcff6
    Bridge "br0"
        Port "vnet1"
            Interface "vnet1"
        Port "eth0"
            Interface "eth0"
        Port "vx1"
            Interface "vx1"
                type: vxlan
                options: {remote_ip="192.168.2.20"}
        Port "br0"
            Interface "br0"
                type: internal
        Port "vnet0"
            Interface "vnet0"
    ovs_version: "1.4.6"
```

图 8-23　host1 中 OVS 配置信息

同理，host2 中也要做类似于 host1 的配置工作，其 OVS 配置信息如图 8-24 所示。

```
root@sun:/home/sun# ovs-vsctl show
276e2241-4892-4b02-b951-a6a16096e122
    Bridge "br0"
        Port "eth0"
            Interface "eth0"
        Port "vnet1"
            Interface "vnet1"
        Port "vx1"
            Interface "vx1"
                type: vxlan
                options: {remote_ip="192.168.1.10"}
        Port "br0"
            Interface "br0"
                type: internal
        Port "vnet0"
            Interface "vnet0"
    ovs_version: "1.4.6"
```

图 8-24　host2 中 OVS 配置信息

④ NFS 共享存储池配置。

这里使用基于 NFS 共享存储的动态迁移方式实现 KVM 虚拟机的迁移。由于机器数量的限制，选用主机 host2 作为 NFS 服务器，host2 中的/home/sun/nfs 文件作为共享存储空间。主机 host1 与 host2 作为客户机，分别将共享存储空间挂载到各自主机的/var/lib/libvirt/images/share 文件下，然后再通过 virt-manager 工具配置 NFS 共享存储池，完成 KVM 虚拟机迁移的准备工作。

由于主机 host1 与 host2 的配置工作大体相同，下面以主机 host2 为例详细介绍 NFS 配置过程。

a）安装 NFS 工具（nfs-kernel-server）。

b）修改/etc/exports 文件，将共享文件、权限等信息填写入文件中。配置内容如图 8-25 所示。

```
# /etc/exports: the access control list for filesystems which may be exported
#               to NFS clients.  See exports(5).
#
# Example for NFSv2 and NFSv3:
# /srv/homes       hostname1(rw,sync,no_subtree_check) hostname2(ro,sync,no_subtree_check)
#
# Example for NFSv4:
# /srv/nfs4        gss/krb5i(rw,sync,fsid=0,crossmnt,no_subtree_check)
# /srv/nfs4/homes  gss/krb5i(rw,sync,no_subtree_check)

/home/sun/nfs*(rw,sync,no_root_squash,no_subtree_check)
```

图 8-25　NFS 文件配置

图 8-25 中/home/sun/nfs 为共享文件目录，*表示允许所有的网段访问，rw 表示客户端对共享目录具有读写权限，sync 表示资料同步写入硬盘，no_root_squash 表示 root 用户对权限目录具有完全管理权限，no_subtree_check 表示不检查父目录的权限。

c）创建/home/sun/nfs 文件目录。

d）运行 NFS 软件。

e）使用 virt-manager 工具设置 NFS 共享存储池，配置过程如图 8-26 所示。

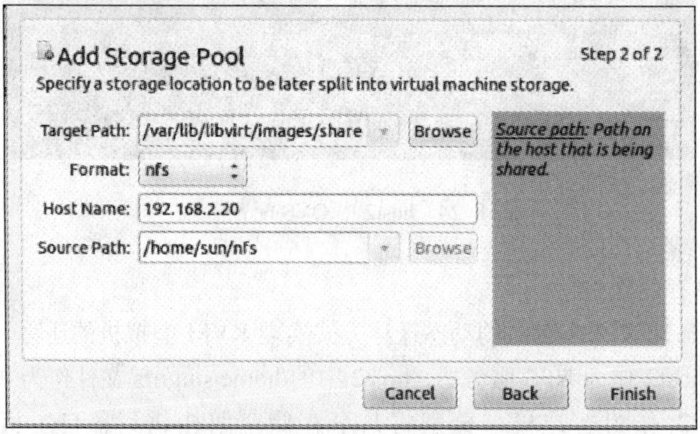

图 8-26　NFS 共享存储池配置

图 8-26 中 Target Path 是客户机中挂载的文件，Source Path 为共享存储池目录，Host Name 则是 NFS 服务器的 IP 地址。

⑤ 创建 KVM 虚拟机。

如前文所述，云系统中由虚拟租户层的 KVM 虚拟机对外提供服务，要迁移的目标也是这些 KVM 虚拟机。在虚拟租户层实现中使用 virsh 命令与 virt-manager 工具管理 KVM 虚拟机。由于在云系统中 KVM 虚拟机的迁移工作是基于 NFS 共享存储池的，因此在 KVM 创建过程中需要将虚拟机存储镜像存放到 NFS 共享文件中。KVM 虚拟机的创建过程如下。

a）设定虚拟机名称、内存、CPU 等基本信息。

b）选择 KVM 虚拟机所用操作系统的安装路径。

c）选用配置好的 NFS 共享存储池分配并命名 KVM 虚拟机镜像空间。

d）使用该命名的镜像空间做 KVM 虚拟机存储镜像。

e）使用网桥 br0 以桥接的方式创建 KVM 虚拟机。

⑥ 使用 OVS 交换机管理 KVM 虚拟机网卡

在主机 host1 与 host2 中，笔者使用 virt-manager 生成并管理 KVM 虚拟机。由于 OVS 1.4.6 使用 Linux 网桥兼容模块，因此 virt-manager 以 br0 桥接的方式每创建一个新的 KVM 虚拟机，OVS 交换机就会动态的添加一个 vnet 虚拟网卡与 KVM 虚拟机的 eth0 网卡相连接，这样便可以使用 OVS 交换机管理 KVM 虚拟机的网卡了。图 8-27 为 host1 中 OVS 交换机信息情况。

```
root@moon:/home/moon# ovs-ofctl show br0
OFPT_FEATURES_REPLY (xid=0x1): ver:0x1, dpid:0000a41f72511575
n_tables:255, n_buffers:256
features: capabilities:0xc7, actions:0xfff
 1(eth0): addr:a4:1f:72:51:15:75
     config:     0
     state:      0
     current:    100MB-FD AUTO_NEG
     advertised: 10MB-HD 10MB-FD 100MB-HD 100MB-FD 1GB-HD 1GB-FD COPPER AUTO_NEG AUTO
_PAUSE AUTO_PAUSE_ASYM
     supported:  10MB-HD 10MB-FD 100MB-HD 100MB-FD 1GB-HD 1GB-FD COPPER AUTO_NEG
 2(vnet0): addr:fe:54:00:0e:d0:4c
     config:     0
     state:      0
     current:    10MB-FD COPPER
 3(vnet1): addr:fe:54:00:dc:9d:26
     config:     0
     state:      0
     current:    10MB-FD COPPER
LOCAL(br0): addr:a4:1f:72:51:15:75
     config:     0
     state:      0
OFPT_GET_CONFIG_REPLY (xid=0x3): frags=normal miss_send_len=0
```

图 8-27　host1 中 OVS 交换机信息

由图 8-27 可知，在主机 host1 中运行了 2 台 KVM 虚拟机，OVS 通过网桥 br0 生成了两个虚拟网卡 vnet0 与 vnet1，vnet0 与 vnet1 分别与运行的两台 KVM 虚拟机的虚拟网卡 eth0 相连接。

主机 host2 中 OVS 交换机信息如图 8-28 所示。

由图 8-28 可见，主机 host2 中运行一台 KVM 虚拟机，OVS 通过虚拟网桥 br0 生成虚拟网卡 vnet0，vnet0 与 KVM 虚拟机的虚拟网卡 eth0 相连接。

⑦ 虚拟租户层中 KVM 虚拟机的部署。

虚拟租户层中运行的 KVM 虚拟机是云系统对外服务的实体，同时也是实验系统中需要迁移的对象。在虚拟租户层中，将所有 KVM 虚拟机部署为同一个 IP 网段，即 10.0.0.0/24 网段。

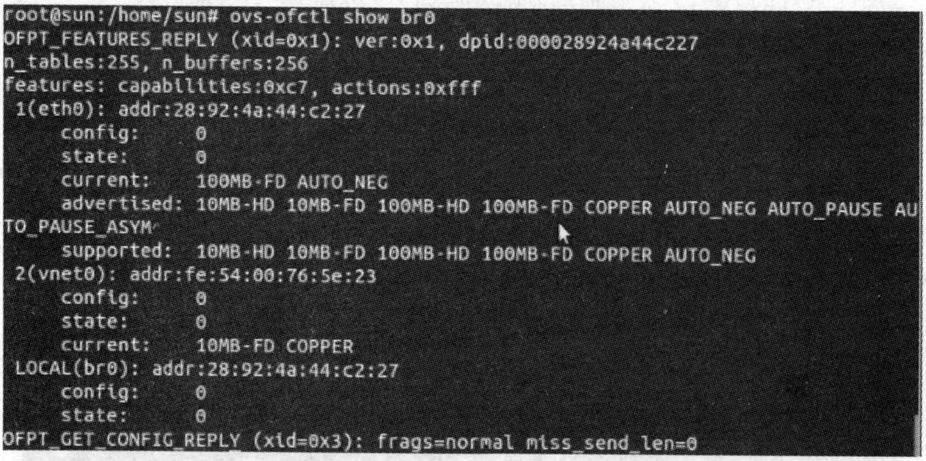

```
root@sun:/home/sun# ovs-ofctl show br0
OFPT_FEATURES_REPLY (xid=0x1): ver:0x1, dpid:000028924a44c227
n_tables:255, n_buffers:256
features: capabilities:0xc7, actions:0xfff
 1(eth0): addr:28:92:4a:44:c2:27
     config:     0
     state:      0
     current:    100MB-FD AUTO_NEG
     advertised: 10MB-HD 10MB-FD 100MB-HD 100MB-FD COPPER AUTO_NEG AUTO_PAUSE AU
TO_PAUSE_ASYM
     supported:  10MB-HD 10MB-FD 100MB-HD 100MB-FD COPPER AUTO_NEG
 2(vnet0): addr:fe:54:00:76:5e:23
     config:     0
     state:      0
     current:    10MB-FD COPPER
 LOCAL(br0): addr:28:92:4a:44:c2:27
     config:     0
     state:      0
OFPT_GET_CONFIG_REPLY (xid=0x3): frags=normal miss_send_len=0
```

图 8-28 主机 host2 中 OVS 交换机信息

⑧ KVM 虚拟机的跨网段在线迁移实现。

经过以上各步部署，实验系统已经具备了在 SDN 环境下实现 KVM 虚拟机的跨网段迁移工作的条件，下面使用 virt-manager 执行迁移工作。在主机 host1 下运行的 KVM 虚拟机有 VM1 和 VM2，其中 VM1 的 IP 地址为 10.0.0.101/24，VM2 的 IP 地址为 10.0.0.102/24。在主机 host2 下运行的 KVM 虚拟机有 VM3，IP 地址为 10.0.0.103/24。将 VM1 从主机 host1 下迁移到主机 host2 下，迁移过程如图 8-29 所示。

2. 实验结果分析

下面从两方面来分析实验工作。一是评估 KVM 虚拟机在迁移过程中能否继续与其他 KVM 虚拟机通信；二是评估 KVM 虚拟机在线迁移过程中停机时间是否足够短暂。

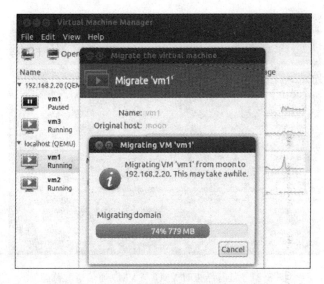

图 8-29　KVM 虚拟机跨网段在线迁移截图

首先验证 KVM 虚拟机在迁移过程中能够与系统内其他主机下的 KVM 虚拟机通信。实验环境为在主机 host1 下的虚拟机 VM1 从 host1 迁移到 host2 时，主机 host1 下的 VM2 和主机 host2 下的 VM3 依然能够与 VM1 通信。通信方式选用 ping 协议，在 VM1 迁移之前分别从 VM2、VM3 向 VM1 发送 ping 命令，VM1 分别回复应答报文从而实现通信。由于 VM2 与 VM3 是互为对称的，所以仅对 VM1 迁移过程中 VM3 与 VM1 通信情况进行分析。

虚拟机 VM1 在迁移过程中与 VM3 通信情况如图 8-30、图 8-31 所示。

由图 8-30 可见，在 icmp 报文号为 28 左右时虚拟机 VM1 开始迁移，这时 VM3 依旧能与 VM1 通信，由于迁移过程中需要传送内存状态等信息，所以网络延迟明显增大。

```
      root@vm3: /home/vm3
64 bytes from 10.0.0.101: icmp_req=18 ttl=64 time=1.04 ms
64 bytes from 10.0.0.101: icmp_req=19 ttl=64 time=1.08 ms
64 bytes from 10.0.0.101: icmp_req=20 ttl=64 time=0.893 ms
64 bytes from 10.0.0.101: icmp_req=21 ttl=64 time=0.698 ms
64 bytes from 10.0.0.101: icmp_req=22 ttl=64 time=0.743 ms
64 bytes from 10.0.0.101: icmp_req=23 ttl=64 time=0.821 ms
64 bytes from 10.0.0.101: icmp_req=24 ttl=64 time=0.733 ms
64 bytes from 10.0.0.101: icmp_req=25 ttl=64 time=0.765 ms
64 bytes from 10.0.0.101: icmp_req=26 ttl=64 time=1.03 ms
64 bytes from 10.0.0.101: icmp_req=27 ttl=64 time=0.983 ms
64 bytes from 10.0.0.101: icmp_req=28 ttl=64 time=20.9 ms
64 bytes from 10.0.0.101: icmp_req=29 ttl=64 time=68.1 ms
64 bytes from 10.0.0.101: icmp_req=30 ttl=64 time=113 ms
64 bytes from 10.0.0.101: icmp_req=31 ttl=64 time=175 ms
64 bytes from 10.0.0.101: icmp_req=32 ttl=64 time=210 ms
64 bytes from 10.0.0.101: icmp_req=33 ttl=64 time=266 ms
```

图 8-30　迁移开始时 VM1 与 VM3 通信情况截图

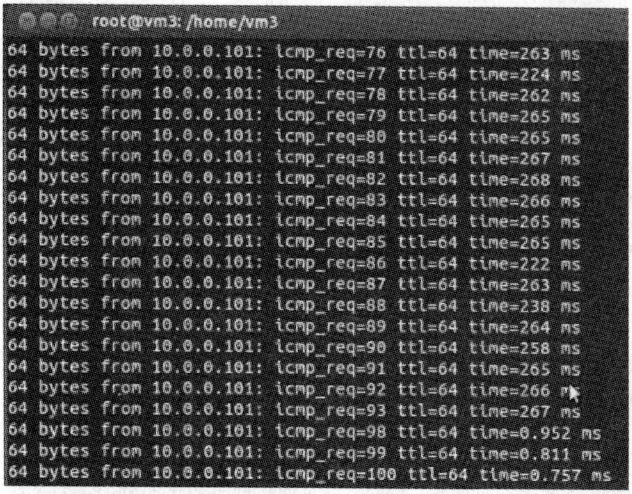

图 8-31　迁移结束时 VM1 与 VM3 通信情况截图

由图 8-31 所示，在 icmp 报文号为 93 左右时，虚拟机 VM1 迁移完成。这时，虚拟机 VM1 经过短暂的切换在主机 host2 下继续运行。虚拟机 VM1 在整个迁移过程中，VM3 几乎一直保持与 VM1 的通信服务。

接下来评估 KVM 虚拟机在线迁移过程中停机时间是否足够短暂。在网络信道良好的环境下，经过大量测试实验，随机抽取其中 10 次实验测试数据，得出 KVM 虚拟机在线迁移过程中相关数据值，如表 8-1 所示。

表 8-1　KVM 虚拟机迁移相关数据值

实验次数	Downtime（ms）	迁移时间(s)	丢包（个）
1	1 254	17.5	0
2	1 245	17.6	0
3	1 309	18.1	0
4	1 297	17.8	0
5	1 242	17.4	0
6	1 179	17.0	0
7	1 191	16.9	0
8	1 284	17.5	0
9	1 201	16.4	0
10	1 305	18.0	0
平均值	1 250.7	17.42	0

由表 8-1 可知，KVM 虚拟机在线迁移过程中，平均停机时间为 1.25 s 左右，用户几乎感觉不到迁移停机过程，满足在设计原则中提出的要求。

相比于传统网络中 KVM 虚拟机的跨网段在线迁移实现，本节完成的基于 SDN 的 KVM 虚拟机跨网段在线迁移工作具有如下优势。

① 使用 SDN 架构，使得网络控制更为集中，资源部署更为灵活。

② 通过可控的软件按需部署相应功能，方便快捷。

③ 整个系统开源，便于维护与升级，降低网络运营费用。

④ 实现网络虚拟化，能够最大限度的整合利用云系统中的资源。

与其他方式的 KVM 虚拟机跨网段迁移实现做对比，这里实现的实验也有很多自己的特点，具体表现如下。

① KVM 虚拟机跨网段在线迁移过程中，迁移的 KVM 虚拟机不改变 IP 地址与 MAC 地址，即实现了透明迁移。

② KVM 虚拟机跨网段在线迁移过程中，迁移的 KVM 虚拟机仍然能够与其他 KVM 虚拟机进行通信。

③ KVM 虚拟机跨网段在线迁移过程中，停机时间短暂，可以满足系统所需性能指标。

[1] B. Raghavan, M. Casado, T. Koponen, S. Ratnasamy, A. Ghodsi, S. Shenker, Software-defined internet architecture: decoupling architecture from infrastructure,2012.

[2] D. Kreutz, F. M. Ramos, P. Esteves Verissimo, C. Esteve Rothenberg, S. Azodolmolky, and S. Uhlig, Software-defined networking: A comprehensive survey,proceedings of the IEEE,2015,103: 14-76.

[3] L. Hu, X. Che, S. Q. Zheng, A Closer Look at GPGPU,Acm Computing Surveys, 2016,48:1-20.

[4] N. Mckeown, T. Anderson, H. Balakrishnan, G. Parulkar, L. Peterson, J. Rexford, et al..OpenFlow: enabling innovation in campus networks, Acm Sigcomm Computer Communication Review, 2008,38:69-74.

[5] S. Jain, A. Kumar, S. Mandal, J. Ong, L. Poutievski, A. Singh, et al..B4: experience with a globally-deployed software defined wan,Acm Sigcomm Computer Communication Review, 2013,43:3-14.

[6] R. Masoudi,A. Ghaffari.Software defined networks: A survey,Journal of Network & Computer Applications, 2016,67:1-25.

[7] N. Feamster, J. Rexford, E. Zegura. The Road to SDN, Queue, 2013,11:87-98.

[8] 黄韬, 刘江, 魏亮, 张娇, 刘韵洁.软件定义网络核心原理与应用实践[M].北京: 人民邮电出版社, 2015.

[9] A. Dixit, F. Hao, S. Mukherjee, T. V. Lakshman,R. Kompella, Towards an elastic distributed SDN controller,Acm Sigcomm Computer Communication Review, 2013,43:7-12.

[10] T. Koponen, K. Amidon, P. Balland, M. Casado, A. Chanda, B. Fulton, et al..Network virtualization in multi-tenant datacenters,in Usenix Conference on Networked Systems Design and Implementation, 2014:203-216.

[11] D. Erickson.The beacon openflow controller,in Proceedings of the second ACM SIGCOMM workshop on Hot topics in software defined networking, 2013:13-18.

[12] T. Koponen, M. Casado, N. Gude, J. Stribling, L. Poutievski, M. Zhu, et al.. Onix: a distributed control platform for large-scale production networks,in Usenix Symposium on Operating Systems Design and Implementation, OSDI 2010:351-364.

[13] P. Berde, M. Gerola, J. Hart, Y. Higuchi, M. Kobayashi, T. Koide, et al..ONOS: towards an open, distributed SDN OS,in Proceedings of the third workshop on Hot topics in software defined networking, 2014:1-6.

[14] M. Jarschel, T. Zinner, T. Hossfeld, P. Tran-Gia,W. Kellerer.Interfaces, attributes, and use cases: A compass for SDN, IEEE Communications Magazine2014,52:210-217.

[15] J. Medved, R. Varga, A. Tkacik, K. Gray.OpenDaylight: Towards a Model-Driven SDN Controller architecture, in World of Wireless, Mobile and Multimedia Networks, 2014:1-6.

[16] N. Foster, R. Harrison, M. J. Freedman, C. Monsanto, J. Rexford, A. Story, et al..Frenetic: a network programming language,Acm Sigplan Notices, 2011,46:279-291.

[17] C. J. Anderson, N. Foster, A. Guha, J. B. Jeannin, D. Kozen, C. Schlesinger, et al..NetKAT: semantic

foundations for networks, Acm Sigplan Notices, 2014,49:113-126.

[18] A. Krishnamurthy, S. P. Chandrabose, A. Gember-Jacobson.Pratyaastha: an efficient elastic distributed sdn control plane,in Proceedings of the third workshop on Hot topics in software defined networking, 2014:133-138.

[19] Z. A. Qazi, C. C. Tu, L. Chiang, R. Miao, V. Sekar, M. Yu.SIMPLE-fying middlebox policy enforcement using SDN,Acm Sigcomm Computer Communication Review,2013,43:27-38.

[20] C. Cleder Machado, L. Zambenedetti Granville, A. Schaeffer-Filho, J. Araujo Wickboldt.Towards SLA Policy Refinement for QoS Management in Software-Defined Networking,in IEEE International Conference on Advanced Information NETWORKING and Applications, 2014:397-404.

[21] 王国卿. 内容中心网络建模与内容放置问题研究[D].北京：北京邮电大学, 2015.

[22] M. Al-Fares, S. Radhakrishnan, B. Raghavan, N. Huang,A. Vahdat.Hedera: dynamic flow scheduling for data center networks,in Usenix Conference on Networked Systems Design and Implementation, 2010:19.

[23] T. Sato, S. Ata, I. Oka, Y. Sato.Abstract model of SDN architectures enabling comprehensive performance comparisons,in International Conference on Network and Service Management, 2015:99-107.

[24] S. Liu,B. Li.On Scaling Software-Defined Networking in Wide-Area Networks, Tsinghua Science & Technology, 2015,20:221-232.

[25] H. L. Fu Tao, Chai Sheng, Bao Jiyang, Hu Jiejun, Che Xilong.Autonomous Domain Correlation-Based Cross-domain Network View Caching Method for SDN Distributed Controller, Chinese Journal of Electronics, 2016.

[26] L. Hu, X. Che,Z. Xie.GPGPU Cloud: A Paradigm for General Purpose Computing,Tsinghua Science and Technology, 2013,18:22-23.

[27] B. Heller, R. Sherwood,N. Mckeown.The controller placement problem,Acm Sigcomm Computer Communication Review, 2012,42:7-12.

[28] N. M. M. K. Chowdhury,R. Boutaba.A survey of network virtualization,Computer Networks, 2010 ,54:862-876.

[29] N. Farooq Butt, M. Chowdhury,R. Boutaba.Topology-awareness and reoptimization mechanism for virtual network embedding,in Ifip Tc 6 International Conference on NETWORKING, 2010: 27-39.

[30] I. Houidi, W. Louati, W. B. Ameur,D. Zeghlache.Virtual network provisioning across multiple substrate networks,Computer Networks, 2011,55:1011-1023.

[31] C. Werle, P. Papadimitriou, I. Houidi, W. Louati, D. Zeghlache, R. Bless, et al..Building virtual networks across multiple domains,in ACM SIGCOMM 2011 Conference on Applications, Technologies, Architectures, and Protocols for Computer Communications,2011:412-413.

[32] C. Chaudet,Y. Haddad.Wireless Software Defined Networks: Challenges and opportunities,in IEEE International Conference on Microwaves, Communications, Antennas and Electronics Systems, 2013:1-5.

[33] Haque, Israat Tanzeena, et al.. Wireless Software Defined Networking: A Survey and Taxonomy, IEEE Communications Surveys & Tutorials, 2016, 4:2713-2737.

[34] C. J. Bernardos, l. O. De, A., P. Serrano, A. Banchs, L. M. Contreras, H. Jin, et al..An architecture for software defined wireless networking,IEEE Wireless Communications, 2014,21:52-61.

[35] X. Li,H. Zhang.Creating logical zones for hierarchical traffic engineering optimization in SDN-empowered 5G,in International Conference on Computing, NETWORKING and Communications, 2015:1071-1075.

[36] R. Riggio, K. M. Gomez, T. Rasheed,J. Schulz-Zander.Programming Software-Defined wireless networks,2015:118-126.

[37] Á. L. V. Caraguay, A. B. Peral, L. I. B. López, L. J. G. Villalba.SDN: Evolution and Opportunities in the Development IoT Applications,International Journal of Distributed Sensor Networks, 2014:1-10.

[38] C. M. Schneider, T. A. Kesselring, A. J. Jr,H. J. Herrmann.Box-covering algorithm for fractal dimension of complex networks,Physical Review E Statistical Physics Plasmas Fluids & Related Interdisciplinary Topics, 2012,86:3461-3463.

[39] V. J. Rayward-Smith.Introduction to Algorithms, Journal of the Operational Research Society, 1991,42:816-817.

[40] Peitgen, HeinzOtto, Jürgens, Harmut, Saupe,Dietmar.Chaos and Fractals: New Frontiers of Science[M]. Berlin: Springer-Verlag, 2004.

[41] J. Hu, C. Lin, X. Li, J. Huang.Scalability of control planes for Software defined networks: Modeling and evaluation, in Quality of Service, 2014:147-152.

[42] K. He, E. Rozner, K. Agarwal, W. Felter, J. Carter, A. Akella.Presto: Edge-based Load Balancing for Fast Datacenter Networks,Acm Sigcomm Computer Communication Review, 2015,45 :465-478.

[43] P. Patel, D. Bansal, L. Yuan, A. Murthy, A. Greenberg, D. A. Maltz, et al..Ananta: cloud scale load balancing, Acm Sigcomm Computer Communication Review,2013,43:207-218.

[44] B. Heller, S. Seetharaman, P. Mahadevan, Y. Yiakoumis, P. Sharma, S. Banerjee, et al..ElasticTree: saving energy in data center networks, in Usenix Symposium on Networked Systems Design and Implementation, NSDI 2010:249-264.

[45] C. Aurrecoechea, A. T. Campbell, L. Hauw.A survey of QoS architectures, Multimedia Systems, 1998,6:138-151.

[46] A. Vogel, B. Kerhervé, G. V. Bochmann,J. Gecsei.Distributed Multimedia and QOS: A Survey,IEEE Multimedia, 1995,2:10-19.

[47] J. C. Bolot.End-to-end packet delay and loss behavior in the internet,Acm Sigcomm Computer Communication Review, 1993,23:289-298.

[48] A. Voellmy, J. Wang, Y. R. Yang, B. Ford, P. Hudak.Maple: simplifying SDN programming using algorithmic policies,Acm Sigcomm Computer Communication Review, 2013,43:87-98.

    本书总结大量国内外相关资料，对软件定义网络的概念、特征、各种技术及产品进行了全方位的介绍。所涉及的知识内容和计算机网络、云计算数据中心、网络虚拟化等有着密不可分的关系，如何最大程度让读者直接通过本书理解软件定义网络一直是编写过程中的核心问题。软件定义网络在各种网络环境中应用广泛，很可能被用于构建下一代信息网络，从而深刻改变传统网络的管理模式和运维模式。篇幅所限，本书并未涉猎相对小众的子领域（如软件定义网络的测试方案等），随着各个子领域的不断成熟，我们会在后续版本中覆盖更多的工程问题，力争将本书做成软件定义网络经典专著。

    在构思本书的知识点时，分析了业内已有专著的特点，有些受限于早期相关标准不成熟，有些受限于产品项目的罗列，有些受限于著书的应用场景，本书编写过程中考虑了通过知识点全面、核心特征凸显、学术产业结合来加强本书内容的实用性。经过三年多的努力，本书基本达到了预期目标，我们依然需要继续追踪国内外进展，继续完善本书，让本书成为适用于各类想了解软件定义网络技术读者的实用教程。

    作者长年从事计算机网络体系结构的研究与教学，欢迎读者对软件定义网络的问题进行讨论，或对本书的改进提出宝贵的建议。

    本专著（《软件定义网络：结构、原理与方法》）的通讯联系人：车喜龙，chexilong@jlu.edu.cn，长春市前进大街 2699 号，邮编 130012。